教育部高等学校电子信息类专业教学指导委员会规划教材

高等学校电子信息类专业系列教材

Principle and Technology of Electromagnetic Compatibility

电磁兼容
原理与技术

何宏　主编　　杜明星　张志宏　副主编

He Hong　　　　Du Mingxing　Zhang Zhihong

U0249106

清华大学出版社

北京

内 容 简 介

在电子、电气、计算机、通信、铁路交通、航空航天、军事以及人们生活的各个方面,都会涉及电磁兼容(ElectroMagnetic Compatibility,EMC)问题,本教材深入浅出地介绍电磁兼容原理与技术。全书共分9章:第1章为电磁兼容技术概述;第2章为电磁兼容理论基础;第3章为干扰耦合机理;第4章为滤波技术;第5章为接地技术;第6章为屏蔽技术;第7章为印制电路板 PCB 的电磁兼容设计;第8章为计算机系统中的电磁兼容性;第9章为电磁兼容的预测与建模技术。

本教材适合于电子信息、电气工程、自动控制与机电一体化、计算机技术、仪器仪表、检测技术、生物医学工程等专业的本科生和研究生,还可作为从事电磁兼容测试、分析、设计,以及电气和电子产品研发、设计、制造、质量管理、检测与维修工程技术人员的参考书或相关专业的培训教材。

图书在版编目(CIP)数据

电磁兼容原理与技术/何宏主编. —北京:清华大学出版社,2017 (2022.9重印)
(高等学校电子信息类专业系列教材)
ISBN 978-7-302-44695-8

Ⅰ. ①电… Ⅱ. ①何… Ⅲ. ①电磁兼容性—高等学校—教材 Ⅳ. ①TN03

中国版本图书馆 CIP 数据核字(2016)第 184637 号

责任编辑:刘向威　梅栾芳
封面设计:李召霞
责任校对:李建庄
责任印制:杨　艳

出版发行:清华大学出版社
　　　网　　　址:http://www.tup.com.cn,http://www.wqbook.com
　　　地　　　址:北京清华大学学研大厦 A 座　　　　　邮　　编:100084
　　　社 总 机:010-83470000　　　　　　　　　　　邮　　购:010-62786544
　　　投稿与读者服务:010-62776969,c-service@tup.tsinghua.edu.cn
　　　质量反馈:010-62772015,zhiliang@tup.tsinghua.edu.cn
　　　课件下载:http://www.tup.com.cn,010-83470236

印 装 者:北京富博印刷有限公司
经　　销:全国新华书店
开　　本:185mm×260mm　　印　张:15　　　　　字　　数:362 千字
版　　次:2017 年 1 月第 1 版　　　　　　　　　　印　　次:2022 年 9 月第 7 次印刷
印　　数:4201～4800
定　　价:45.00元

产品编号:069849-02

高等学校电子信息类专业系列教材

序
FOREWORD

我国电子信息产业销售收入总规模在 2013 年已经突破 12 万亿元,行业收入占工业总体比重已经超过 9%。电子信息产业在工业经济中的支撑作用凸显,更加促进了信息化和工业化的高层次深度融合。随着移动互联网、云计算、物联网、大数据和石墨烯等新兴产业的爆发式增长,电子信息产业的发展呈现了新的特点,电子信息产业的人才培养面临着新的挑战。

(1) 随着控制、通信、人机交互和网络互联等新兴电子信息技术的不断发展,传统工业设备融合了大量最新的电子信息技术,它们一起构成了庞大而复杂的系统,派生出大量新兴的电子信息技术应用需求。这些"系统级"的应用需求,迫切要求具有系统级设计能力的电子信息技术人才。

(2) 电子信息系统设备的功能越来越复杂,系统的集成度越来越高。因此,要求未来的设计者应该具备更扎实的理论基础知识和更宽广的专业视野。未来电子信息系统的设计越来越要求软件和硬件的协同规划、协同设计和协同调试。

(3) 新兴电子信息技术的发展依赖于半导体产业的不断推动,半导体厂商为设计者提供了越来越丰富的生态资源,系统集成厂商的全方位配合又加速了这种生态资源的进一步完善。半导体厂商和系统集成厂商所建立的这种生态系统,为未来的设计者提供了更加便捷却又必须依赖的设计资源。

教育部 2012 年颁布了新版《高等学校本科专业目录》,将电子信息类专业进行了整合,为各高校建立系统化的人才培养体系,培养具有扎实理论基础和宽广专业技能的、兼顾"基础"和"系统"的高层次电子信息人才给出了指引。

传统的电子信息学科专业课程体系呈现"自底向上"的特点,这种课程体系偏重对底层元器件的分析与设计,较少涉及系统级的集成与设计。近年来,国内很多高校对电子信息类专业课程体系进行了大力度的改革,这些改革顺应时代潮流,从系统集成的角度,更加科学合理地构建了课程体系。

为了进一步提高普通高校电子信息类专业教育与教学质量,贯彻落实《国家中长期教育改革和发展规划纲要(2010—2020 年)》和《教育部关于全面提高高等教育质量若干意见》(教高【2012】4 号)的精神,教育部高等学校电子信息类专业教学指导委员会开展了"高等学校电子信息类专业课程体系"的立项研究工作,并于 2014 年 5 月启动了《高等学校电子信息类专业系列教材》(教育部高等学校电子信息类专业教学指导委员会规划教材)的建设工作。其目的是为推进高等教育内涵式发展,提高教学水平,满足高等学校对电子信息类专业人才培养、教学改革与课程改革的需要。

本系列教材定位于高等学校电子信息类专业的专业课程,适用于电子信息类的电子信息工程、电子科学与技术、通信工程、微电子科学与工程、光电信息科学与工程、信息工程及其相近专业。经过编审委员会与众多高校多次沟通,初步拟定分批次(2014—2017 年)建设约 100 门课程教材。本系列教材将力求在保证基础的前提下,突出技术的先进性和科学的前沿性,体现创新教学和工程实践教学;将重视系统集成思想在教学中的体现,鼓励推陈出新,采用"自顶向下"的方法编写教材;将注重反映优秀的教学改革成果,推广优秀的教学经验与理念。

为了保证本系列教材的科学性、系统性及编写质量,本系列教材设立顾问委员会及编审委员会。顾问委员会由教指委高级顾问、特约高级顾问和国家级教学名师担任,编审委员会由教育部高等学校电子信息类专业教学指导委员会委员和一线教学名师组成。同时,清华大学出版社为本系列教材配置优秀的编辑团队,力求高水准出版。本系列教材的建设,不仅有众多高校教师参与,也有大量知名的电子信息类企业支持。在此,谨向参与本系列教材策划、组织、编写与出版的广大教师、企业代表及出版人员致以诚挚的感谢,并殷切希望本系列教材在我国高等学校电子信息类专业人才培养与课程体系建设中发挥切实的作用。

教授

前 言
PREFACE

在电子、电气、计算机、通信、铁路交通、航空航天、军事以及人们生活的各个方面,都会涉及电磁兼容(ElectroMagnetic Compatibility,EMC)问题。随着科学技术的进步,电磁环境日趋复杂,电磁干扰及电磁防护问题日益突出。世界各发达国家均对此给予了高度重视,我国的相关部门与机构也积极开展电磁兼容性的理论和应用研究。国家3C(China Compulsory Certification,中国强制性产品认证)认证制度的实施,有力地促进了电磁兼容性技术的进步。

本书深入浅出地阐述了电磁兼容原理与技术。全书共分9章:第1章给出电磁兼容的基本概念和含义,对电磁干扰三要素和电磁骚扰源进行分析,介绍电磁兼容技术的发展及电磁认证;第2章用周期性函数的傅里叶变换和非周期性干扰信号的频谱分析对电磁干扰(骚扰)进行数学描述,讲述电路、磁路、分贝的概念与应用;第3章对传导耦合、高频耦合和辐射耦合等干扰耦合机理进行详细的分析;第4~6章详细地介绍电磁兼容的滤波技术、接地技术和屏蔽技术;第7章讨论印制电路板PCB的电磁兼容设计;第8章针对计算机电磁兼容性问题的特殊性,重点介绍计算机系统中的抗干扰技术电磁兼容性;第9章是电磁兼容的预测与建模技术,在明确EMC预测与建模的目的后选择所属电磁场的计算方法,包括有限差分法、有限元法、矩量法及几何绕射理论等,介绍电磁兼容预测常用软件的功能。

本教材图文并茂,内容丰富、翔实,适合于电子信息、电气工程、自动控制与机电一体化、计算机技术、仪器仪表、检测技术、生物医学工程等专业的本科生和研究生,还可作为从事电磁兼容测试、分析、设计,以及电气和电子产品研发、设计、制造、质量管理、检测与维修工程技术人员的参考书或相关专业的培训教材。

本书是在作者多年教学和科研积累之上完成的,由何宏教授任主编,杜明星、张志宏任副主编,参加本书编写工作的人员还有宋雅琦、李宇、徐骁骏、毛程倩等,全书由何宏教授统稿,赵磊、高艳囡、陈文浩、彭飞祥等人为本书的绘图做了大量的工作,在此一并向他们表示衷心感谢。

由于电磁兼容的内容涉及的技术领域和服务对象范围非常广,相关的理论和技术发展迅速,加上作者水平有限,书中难免存在不妥之处,敬请各位读者和专家批评指正。

作　者

于天津理工大学

2016 年 8 月

目 录
CONTENTS

第 1 章
CHAPTER 1

电磁兼容技术概述

1.1 电磁兼容概述

1.1.1 引言

随着科学技术的发展,人们在生产和生活中使用的电气及电子设备的数量越来越多,这些设备在工作的同时往往要产生一些有用或无用的电磁能量,这些能量将影响其他设备的工作,从而形成了电磁干扰。例如,继电器通、断所产生的瞬态电磁脉冲会使计算机工作失常;汽车驶过或飞机低空飞过住宅时,会干扰电视机的正常工作,使电视机出现杂乱的画面。严格地说,只要把两个以上的元件置于同一环境中,工作时就会产生电磁干扰。在两个系统之间会出现系统间的干扰,例如,飞机航行系统、船上电子系统、雷达系统、通信系统、电视和广播系统等,相互之间出现的干扰如图 1-1 所示。

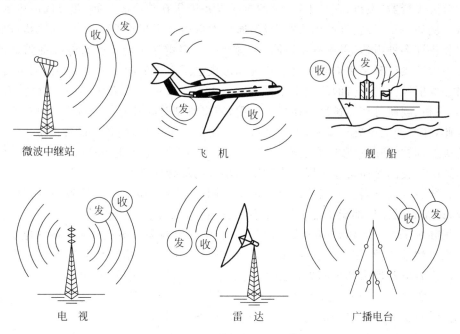

图 1-1 系统间的电磁干扰

在系统内部各设备之间也会出现设备间的干扰,称为系统内的干扰。例如,汽车内自动点火系统对车内收音机的干扰、雷达发射机对雷达接收机的干扰等。

同一电子设备中的各部分电路间会存在干扰,即一个电路可能受其他电路的干扰,也可能干扰周围其他电路。例如,数字电路对共用同一电源的低电平模拟电路的干扰,计算机中磁带驱动器的磁场对低电平数字电路的干扰,以及无线电接收机各级电路间的干扰(如图 1-2 所示),等等。

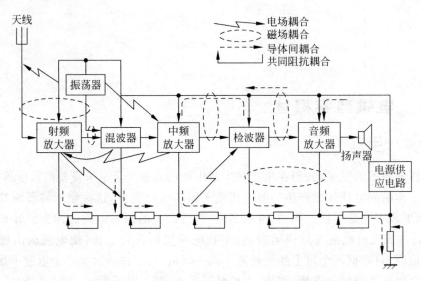

图 1-2　无线电接收机内各级电路间的干扰

在航天飞行器、飞机、舰艇中,大量的电子设备密集在狭小的空间,相互间的电磁干扰非常严重。例如,短波接收机遭到阻塞干扰,通信发射机会干扰雷达的工作,在飞机或舰艇上,一般要装备许多种雷达,当所有雷达同时工作时,一部雷达可能遭受其他几部雷达的干扰,在战斗中由于飞机和军舰上防御电子系统和进攻电子系统的相互干扰不能同时兼容工作而遭到对方发射导弹的攻击的战例是屡见不鲜的。由于电磁干扰问题不能解决,使新型航天飞行器、飞机、舰艇等产品长期不能投入使用,使得研制时间和研制经费增加更是不乏其例。

因此,在复杂的电磁环境中,如何降低相互间的电磁干扰,使各种设备正常运转,是一个亟待解决的问题;另外,恶劣的电磁环境还会对人类及生态产生不良的影响。电磁兼容学正是为解决这类问题而迅速发展起来的一门新兴的综合性学科。

电磁兼容这门学科主要研究的是如何使在同一电磁环境下工作的各种电气电子系统、分系统、设备和元器件都能正常工作,互不干扰,达到兼容状态。在某种程度上也可以说是研究干扰和抗干扰的问题。但作为一门学科,它的研究对象已不仅仅限于电气电子设备,而是拓宽到自然干扰源、核电磁脉冲、静电放电、频谱管理工程、电磁辐射对人体的生态效应、信息处理设备电磁泄漏产生的失密、地震前的电磁辐射检测、震前预报等方面。因此电磁兼容学科包含的内容十分广泛,实用性很强,几乎所有的现代工业(包括航天、军工、电力、通信、交通、计算机、医疗卫生)部门都必须解决电磁兼容问题。

1.1.2　电磁干扰的危害

在人们的生活中,电磁兼容效应普遍存在,形式各异。如果电磁兼容效应严重,将导致严重的故障或事故,同时对人体健康也会产生影响。

1. 电磁干扰对设备的危害

随着科学技术的发展,人们在生产和生活中使用的电气及电子设备的数量越来越多,这些设备在运转的同时,往往要产生一些有用或无用的电磁能量,这些能量会影响其他设备或系统的工作,这就是电磁干扰。有人将电磁干扰的危害程度分为灾难性的、非常危险的、中等危险的、严重的和使人烦恼的五个等级。

1) 电磁干扰会破坏或降低电子设备的工作性能

电磁干扰会对电子设备或系统产生影响,特别是对包含半导体器件的设备或系统产生严重的影响。强电磁发射能量将使电子设备中的元器件性能降低或失效,最终导致设备或系统损坏。例如,强电磁场照射可使半导体器件的结温升高,造成 PN 结击穿,使器件性能降低或失效;强电磁脉冲在高阻抗、非屏蔽线上感应的电压或电流可使高灵敏度部件受到损坏等。

据不完全统计,全世界电子电气设备由于电磁干扰而发生故障,每年都造成数亿美元的经济损失。例如,移动电话信号干扰可使仪表显示错误,甚至可能造成核电站运转失灵。

美国航空无线电委员会(Radio Technical Commission for Aeronautics,RTCA)曾在一份文件中提到,由于没有采取对电磁骚扰的防护措施,一位旅客在飞机上使用调频收音机,使导航系统的指示偏离 10°以上。因此,在国际上,对舰载、机载、星载及地面武器、弹药的电磁环境都有严格要求。1993 年美国西北航空公司曾发表公告,限制乘客使用移动电话和调频收音机等,以免骚扰导航系统。

2) 电磁干扰造成的灾难性后果

电磁信息泄密使企业科技和商业机密被竞争对手轻易获取,严重影响企业的生存和发展;电磁波的辐射造成国家政治、经济、国防和科技等方面的重要情报泄密,关系到国家的保密安全问题。

1976—1989 年我国南京、茂名和秦皇岛等地的油库及武汉石化厂,均因遭受雷击引爆原油罐,造成惨剧。雷击引起的浪涌电压属于高能电磁骚扰,具有很大的破坏力。1992 年 6 月 22 日傍晚,雷电击中北京国家气象局,造成一定的破坏和损失。因为雷击有直接雷击和感应雷击两种,而避雷针只能局部地防护直接雷击,对感应雷击则无能为力,故对感应雷击应采用电磁兼容防护措施。据悉,绝大部分的雷灾事故中受损的是电视、电话、监测系统和电脑等高科技产品。受灾单位中有寻呼台、信息计算机中心、医院和银行等。

灾情有的造成整个计算机网络系统瘫痪,有的造成通信系统不畅,有的还造成辖区大面积停电。据悉,2000 年 1～8 月份,广州市因雷击造成的死伤多达 67 人,其中死亡人数多达 20 人。雷击已经成为酿成广州电气火灾的第二大罪魁祸首。房屋和电器等损毁也较 1999 年严重,经济损失逾亿元。

下面介绍几个由于电磁干扰成国外航天系统故障的例子。

1969 年 11 月 14 日上午,土星 V-阿波罗 12 火箭一载人飞船发射后,飞行正常。起飞后 36.5s,飞行高度为 1920m 时,火箭遭到雷击。起飞后 52s,飞行高度为 4300m 时,火箭又遭到第二次雷击。这便是轰动一时的大型运载火箭一载人飞船在飞行中诱发雷击的事件。故障分析及试验研究的结果表明,此次事故是由于火箭及火箭发动机火焰所形成的导体(火箭与飞船共长 100m,火焰折合导电长度约 200m)在飞行中使云层至地面之间及云层至云层之间人为地诱发了雷电所造成的。1961 年秋,一系列的雷电使部署在意大利的美国丘比特导弹武器系统多次遭到严重损坏,甚至原以为系统中隔离较好而与外界环境无关的元件也受到了严重的影响。

1962 年开始进行的民兵Ⅰ导弹战斗弹状态的飞行试验,前两发均遭到失败。这两发导弹的故障现象相似,都是制导计算机受到脉冲干扰而失灵。经过分析,故障是由于导弹飞行到一定高度时,在相互绝缘的弹头结构与弹体结构之间出现了静电放电,它产生的骚扰脉冲破坏了计算机的正常工作而造成的。

1964 年在肯尼迪角发射场,德尔它运载火箭的Ⅲ级 X-248 发动机发生意外的点火事故,造成 3 人死亡。在塔尔萨城对德尔它火箭进行测试时,也发生过一起Ⅲ级 X-248 发动机意外点火事故。分析结果表明,肯尼迪角发射场的事故是由于罩在第三级轨道观测卫星上的聚乙烯罩衣,造成静电荷的重新分布,结果使漏电流经过发动机的一个零件到达点火电爆管的壳体而引起误爆。在塔尔萨城发生的事故是由于一位技术员戴着皮手套偶然摩擦发动机吸管的塑料隔板,使发动机点火电爆管引线上感应静电荷而引起的。

1967 年大力神 ⅢC 运载火箭的 C-10 火箭在起飞后 95s,飞行高度 26km 时,制导计算机发生故障。C-14 火箭起飞后 76s,飞行高度为 17km 时,制导计算机也发生了故障。经过分析,制导计算机中采用的金属网套没有接地的部分与火箭之间产生电压,当火箭飞行高度增加,气压下降到一定值时,此电压产生的火花放电使计算机发生了故障。

1982 年,英国与阿根廷马岛(马尔维那斯群岛)之战,英国的一艘导弹驱逐舰由于要进行远程通信而将雷达系统关闭,因此未能及时发现进攻之敌,被阿根廷发射的飞鱼导弹击沉。这是未解决好舰上的雷达系统与通信系统间的电磁兼容问题而造成灾难的事例。

综上所述,可以看到,电磁干扰有可能使设备或系统的工作性能偏离预期的指标或使工作性能出现不希望的偏差,即工作性能"降级"。甚至还可能使设备或系统失灵,或导致寿命缩短,或使系统效能发生不允许的永久性下降。严重时,还可能摧毁设备或系统。

2. 电磁场对人体的危害

在现代社会,随着电子产品的日益增多,电磁分布也日益复杂,只要有人的地方,无处不存在着电磁场。长期受到电磁辐射将会影响人体健康并造成电磁污染。高频辐射大于一定限值时,会使人产生失眠、嗜睡等植物神经功能紊乱以及脱发、白细胞下降、视力模糊、晶状体混浊、心电图改变等症状。由于电磁骚扰的频谱很宽,可以覆盖 0～40GHz 频率范围,因此电磁波辐射继水源、大气和噪声之后成为第四大环境污染源,正在引起人们极大的关注。

电磁污染源很广泛,它就在我们生活的周围,几乎包括所有的家电,只是污染程度有强弱之分罢了。计算机首当其冲,这是因为人们必须与它面对面地操作,而且长时间接触,不像电视机能远距离接触。据德国慕尼黑大学医学研究所自 1994 年以来对近万名长期操作计算机的职业女性进行的跟踪调查表明,长时间操作计算机的妇女患乳腺癌的危险性,比其他职业妇女的概率高出 43%。研究人员用雌性白鼠在电磁场中进行模拟实验,不久后发现白鼠的乳腺出现肿瘤,其成长速度与磁场强度有关。

微机等荧光屏可产生相当强的电磁辐射,对人体健康不利,对孕妇的影响更明显,对 1～3 个月的胎儿危害更大。据美国的一项报告,德伯特公司有 12 名孕妇在荧光屏前工作,一年间竟有 7 名孕妇流产,1 名孕妇早产;国防兵役局有 15 名孕妇在荧光屏前工作,有 7 人流产,3 人产下畸形婴儿。像这样的例子数不胜数。据来自美国的一项研究发现,每周操作计算机达 20 小时的孕妇,在妊娠 3 个月内流产的可能性是通常情况下的两倍。

当今世界移动通信发展迅速。我国手机用户已经超过美国与日本,成为世界上手机用户最多的国家。手机持有者希望在任何地方都能获得通信服务,这就势必要求移动通信基站无处不在。

手机对人体的危害及其防治措施是人们日常生活中最关注,同时也是国际上最热点的问题,因为它们用天线直接对着人的脑部辐射电磁波。更为严重的是,人们都习惯于将手机紧紧贴着耳朵讲话,20%以上的辐射功率都被脑部吸收了。关于手机辐射对人体的影响,世界各国都在研究。

移动通信器材运行时接收来自基站的无线电信号,对波及范围的人影响不大,但当发话时,其顶部的发射天线附近会产生较强的高频电磁波,5~10cm 范围处可达 $100 \sim 300 \mu \mathrm{W} / \mathrm{cm}^2$(我国规定卫生标准为 $50 \mu \mathrm{W} / \mathrm{cm}^2$)。当手机收发信号时,头部受到电磁辐射的辐照,头部解剖组织复杂,其分层结构及形状使电磁场偏向不均匀分布,组织的比吸收率(SAR)要增大,时间一长对大脑势必造成危害,严重者可形成癌瘤以致危及生命。一位意大利企业家使用手机后工作效率大增,可 3 年后他的头部发现癌瘤,从 CT 确诊癌瘤部位恰好位于手机天线顶端习惯放置的部位。1994 年一位美国商人使用移动电话 4 年后,同样也发现了头部癌肿,经治疗无效死亡。

据《纽约时报》报道,美国研究人员赖·亨利博士在布鲁塞尔召开的国际移动电话安全会议上报告说,移动电话发射的微波可导致实验室中的老鼠暂时丧失某些能力。他在一项实验中对老鼠进行了大约 45min 低能量辐射——大体上相当于一部移动电话发射的能量,结果发现,老鼠在接受辐射后短时间内产生了头脑混乱。他认为,移动电话很可能对哺乳动物的脑细胞造成不良影响,因为这种辐射改变了细胞组织,因此也改变了脑细胞执行任务的方法。欧洲的几位科学家同意此观点。英国政府主管放射研究的国家放射线保护委员会的科学家说,他们接受"移动电话可能改变人类细胞功能"的说法。另外,澳大利亚的研究人员最近也发现,经常使用移动电话可能会导致淋巴癌。

利用电磁场对人体的影响,目前产生了新式的杀伤性武器。科学家发现,当电子束以光速或接近光速的速度通过等离子体时,会产生出定向微波能量,这种微波能量比大功率雷达用的微波功率要高几个量级。如果将这种波束能量加以会聚,就可能研制出直接杀伤对方战斗成员的电磁武器。据报道,美国已研制成功强微波发生器和高增益定向天线,可以发射出高强度的微波射束。报道称,人员直接遭到这种波束的"闪击",可能造成神经细胞的功能混乱,出现神经错乱、晕头转向等现象;造成心房纤颤或心力衰竭,引起心脏病,甚至使心脏和呼吸功能停止,从而引起人员猝死。

1.1.3 电磁兼容的含义

电磁兼容(ElectroMagnetic Compatibility,EMC)一般指电气及电子设备在共同的电磁环境中能执行各自功能的共存状态,即要求在同一电磁环境中的上述各种设备都能正常工作又互不干扰,达到"兼容"状态。换句话说,电磁兼容是指电子线路、设备、系统相互不影响,从电磁角度具有相容性的状态。相容性包括设备内电路模块之间的相容性、设备之间的相容性和系统之间的相容性。

我国国家军用标准 GJB72—1985《电磁干扰和电磁兼容性名词术语》中给出电磁兼容性

的定义："设备(分系统、系统)在共同的电磁环境中能一起执行各自功能的共存状态,即:该设备不会由于受到处于同一电磁环境中其他设备的电磁发射而导致或遭受不允许的性能降级,它也不会使同一电磁环境中其他设备(分系统、系统)因受其电磁发射而导致或遭受不允许的性能降级"。可见,从电磁兼容性的观点出发,除了要求设备(分系统、系统)能按设计要求完成其功能外,还要求设备(分系统、系统)有一定的抗干扰能力,不产生超过规定限度的电磁干扰。

国际电工技术委员会(IEC)认为,电磁兼容是一种能力的表现。IEC给出的电磁兼容性定义为:"电磁兼容性是设备的一种能力,它在其电磁环境中能完成自身的功能,而不至于在其环境中产生不允许的干扰"。

进一步讲,电磁兼容学是研究在有限的空间、有限的时间、有限的频谱资源条件下,各种用电设备或系统(广义的还包括生物体)可以共存,并不致引起性能降级的一门学科。电磁兼容的理论基础涉及数学、电磁场理论、电路基础、信号分析等学科与技术,其应用范围几乎涉及所有用电领域。由于其理论基础宽、工程实践综合性强、物理现象复杂,所以在观察与判断物理现象或解决实际问题时,实验与测量具有重要的意义。对于最后的成功验证,也许没有任何其他领域像电磁兼容那样强烈地依赖于测量。在电磁兼容域中,所面对的研究对象(主要指电磁噪声)无论是时域特性还是频域特性都十分复杂。此外,研究对象的频谱范围非常宽,使得电路中的集中参数与分布参数同时存在,近场与远场同时存在,传导与辐射同时存在,为了在国际上对这些物理现象有统一的评价标准和统一实现设备或系统电磁兼容的技术要求,对测量设备与设施的特性以及测量方法等均予以严格的规定,并制定了大量的技术标准。

1.1.4　电磁干扰的三要素

电磁兼容学科研究的主要内容是围绕构成干扰的三要素进行的,即电磁骚扰源、传输途径和敏感设备。具体内容如下。

1. 电磁骚扰源

电磁骚扰(Electromagnetic Disturbance)的定义为:"任何可能引起装置、设备或系统性能降低或对有生命或无生命物质产生损害作用的电磁现象。"电磁骚扰可能是电磁噪声、无用信号或传播媒介自身的变化。电磁噪声(Electromagnetic Noise)是指"一种明显不传送信息的时变电磁现象,它可能与有用信号叠加或组合。"例如,电气设备运行中经常产生的放电噪声、浪涌噪声、振荡噪声等,不带任何有用信息。无用信号是指一些功能性的信号,例如,广播、电视、雷达等,本身是有用信号,但如果干扰其他设备的正常工作,则对被干扰的设备而言它们是"无用信号",所以电磁骚扰的含义比电磁噪声更广泛一些。有时人们常把骚扰、噪声和"干扰"混同起来,实际上"电磁干扰"是有明确定义的,即"由电磁骚扰引起的设备、传输通道或系统性能的下降"。"骚扰"是一种客观存在,只有在影响敏感设备正常工作时才构成了"干扰"。骚扰源可分为自然骚扰源和人为骚扰源。骚扰源的研究包括其发生的机理、时域和频域的定量描述,以便从源端来抑制骚扰的发射。

2. 传输途径

骚扰的传输途径有两条,通过空间辐射和通过导线传导,即辐射发射和传导发射。辐射发射主要研究在远场条件下骚扰以电磁波的形式发射的规律以及在近场条件下的电磁耦合。共模电流辐射也是重要研究内容之一。传导发射讨论传输线的分布参数和电流的传输方式对噪声传输的影响,例如共阻抗耦合、共模—差模电流转换等。

3. 敏感设备

敏感设备即指受干扰设备。设备的抗干扰能力用电磁敏感度(Susceptibility)来表示。设备的电磁干扰敏感性电平阈值越低,即对电磁干扰越灵敏,也即电磁敏感度越大,抗干扰能力越差,或称抗扰度(Immunity)性能越低。反之,接收器的电磁敏感度越低,抗干扰能力也越高。采用不同的结构和选用不同的元器件都将大大影响设备的抗干扰能力。这些都是在设备或系统的设计阶段要考虑的。各种设备的抗扰度指标都可从 EMC 手册中查到。

1.1.5　电磁干扰(骚扰)源的分类

电磁干扰的分类可以有许多种分法。例如,按传播途径分,有传导干扰和辐射干扰,其中传导干扰的传输性质有电耦合、磁耦合及电磁耦合;按辐射干扰的传输性质分,有近场区感应耦合和远场区辐射耦合;按频带分,有窄带干扰和宽带干扰;按干扰频率范围分,可细分为 5 种(见表 1-1);按实施干扰者的主观意向分,可分为有意干扰源和无意干扰源;按干扰源性质分,有自然干扰和人为干扰(如图 1-3 所示),等等。这里主要讨论自然干扰(骚扰)和人为干扰(骚扰)。

表 1-1　电磁干扰的频率范围分类

根据频率范围电磁干扰的分类	频率范围	典型电磁干扰源
工频及音频干扰源	50Hz 及其谐波	输电线、电力牵引系统、有线广播
甚低频干扰源	30kHz 以下	雷电等
载频干扰源	10～300kHz	高压直流输电高次谐波、交流输电及电气铁路高次谐波
射频、视频干扰源	300kHz～300MHz	工业、科学、医疗设备,电动机,照明电器,宇宙干扰
微波干扰源	300MHz～100GHz	微波炉、微波接力通信、卫星通信

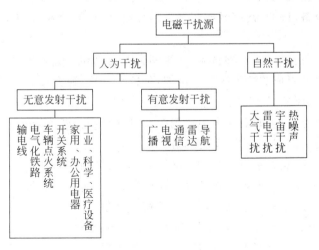

图 1-3　电磁干扰源的分类

1. 自然干扰（骚扰）源

自然电磁干扰源存在于地球和宇宙，自然电磁现象会产生电磁噪声。由自然界的电磁现象产生的电磁噪声，比较典型的有：

（1）大气噪声，如雷电；

（2）太阳噪声，太阳黑子活动时产生的磁暴；

（3）宇宙噪声，来自银河系；

（4）静电放电（ESD）。

2. 人为干扰（骚扰）源

人为干扰分别来自有意发射干扰源和无意发射干扰源。

有意发射干扰源是专用于辐射电磁能的设备，例如广播、电视、通信、雷达、导航等发射设备，是通过向空间发射有用信号的电磁能量来工作的，它们对不需要这些信号的电子系统或设备将构成功能性干扰，而且是电磁环境的重要污染源。

有许多装置都无意地发射电磁能量，例如，汽车的点火系统、各种不同的用电装置和带电动机的装置、照明装置、霓虹灯广告、高压电力线，工业、科学和医用设备，以及接收机的本机振荡辐射等都在无意地发射电磁能量。这种发射可能是向空间的辐射，也可能是沿导线的传导发射，所发射的电磁能是随机的或是有规则的，一般占有非常宽的频带或离散频谱，所发射的功率可从微微瓦到兆瓦量级。

任何电气电子设备都可能产生人为骚扰，这里只是列出一些容易产生骚扰的设备。

（1）家用电器和民用设备。

- 有触点电器，例如，电冰箱、电熨斗、电热被褥、电磁开关、继电器等。
- 使用整流子电动机的机器，例如，电钻、电动刮胡刀、电按摩器、吸尘器、电动搅拌机、牙科医疗器械等。
- 家用电力半导体器件装置，例如，硅整流调光器、开关电源等。

（2）高频设备。

- 工业用高频设备，例如，塑料热合机、高频加热器、高频电焊机等。
- 高频医疗设备，例如，甚高频或超高频理疗装置、高频手术刀、电测仪、X光机等。

（3）电力设备。

- 电力传动设备。例如，各种直流、交流伺服电动机和步进电机、电磁阀、接触器等。
- 电力电子器件组成的变流装置。例如，可控整流器、逆变器、变频器、斩波器、无触点开关、交流调压器、UPS电源、高频开关电源等。
- 电力传输设备。例如，高压电力传输线、高压断路器、变压器等。
- 电气化铁道。例如，电力机车、接触网等。

（4）内燃机。包括点火系统、发电机、电压调节器、电刷等。

（5）无线电发射和接收设备。包括移动通信系统、广播、电视、雷达、导航设备等。

（6）高速数字电路设备。包括计算机及其相关设备。

各种不同的干扰源可能是周期性的，其频率范围可以从零赫兹到几万赫兹、几兆赫甚至千兆赫（GHz）或更高。干扰信号也可能是非周期性或脉冲形式的。能量也可能是极微弱的或者是兆瓦级的。表 1-2 给出了经常遇到的一些干扰源的频谱范围。

表 1-2　常遇干扰源的频谱范围

源	频谱	源	频谱
地磁测向	＜3Hz	雷电放电	几赫兹到几百兆赫
探测烧焦的金属	3～30Hz	电视	30MHz～3GHz
直流或工频输电	0 或 50/60Hz	移动通信(包括手机)	30MHz～3GHz
无线电灯塔气象预报站	(30～300)kHz	微波炉	300MHz～3GHz
电动机	(10～400)kHz	核脉冲	高达 GHz
照明(荧光灯)	(0.1～3.0)MHz	海上导航	10kHz～10GHz
电晕放电	(0.1～10)MHz	工、科、医用高频设备	几十千赫兹到几十吉赫兹
直流电源开关电路	100kHz～30MHz	无线电定位	(1～100)GHz
广播	150kHz～100MHz	空间导航卫星	(1～300)GHz
电源开关设备	100kHz～300MHz	先进的通信系统、遥测	(30～300)GHz

1.1.6　电磁干扰(骚扰)源的时、空、频谱特性

1. 干扰能量的空间分布

对于有意辐射干扰源,其辐射干扰的空间分布是比较容易计算的,主要取决于发射天线的方向性及传输路径损耗。

对于无意辐射源,无法从理论上严格计算,经统计测量可得到一些无意辐射源干扰场分布的有关数学模型及经验数据。

对于随机干扰,由于不能确定未来值,其干扰电平不能用确定的值来表示,需用其指定值出现的概率来表示。

2. 干扰能量的时间分布

干扰能量随时间的分布与干扰源的工作时间和干扰的出现概率有关,按照干扰的时间出现概率可分为周期性干扰、非周期性干扰和随机干扰三种类型。周期性干扰是指在确定的时间间隔上能重复出现的干扰。非周期干扰虽然不能在确定的周期重复出现,但其出现时间是确定的,而且是可以预测的;随机干扰则以不能预测的方式变化,其变化特性也是没有规律的,因此随机干扰不能用时间分布函数来分析,而应用幅度的频谱特性来分析。

3. 干扰的频率特性

按照干扰能量的频率分布特性可以确定干扰的频谱宽度,按其干扰的频谱宽度,可分为窄带干扰与宽带干扰。一般而言,窄带干扰的带宽只有几十赫兹,最宽只有几百千赫兹。而宽带干扰的能量分布在几十至几百兆赫兹,甚至更宽的范围内。在电磁兼容学科领域内,带宽是相对接收机的带宽而言的,窄带干扰指主要能量频谱落在测量接收机通带之内,而宽带干扰指能量频谱相当宽,当测量接收机在±2个脉冲宽内调谐时,它对接收机输出响应的影响不大于3dB。

有意发射源干扰能量的频率分布,可根据发射机的工作频带及带外发射等特性得出;而对无意发射源,则用统计规律来得出经验公式和数学模型。

为了确定干扰源在空间产生的干扰效应,必须知道干扰信号的空间、时间或频率分布。该分布可用功率密度 P 表示为 $P=(t,f,\Phi,r)$,括号中的变量分别为时间、频率、方位和距离。根据干扰源的频率分布特性可知干扰的频谱宽度,它分为窄带及宽带两种。"窄"、"宽"

都是相对于被干扰对象的工作带宽而言。在国军标 GJB72—85 中规定窄带干扰能量频谱落在对象的工作通频带之内，而宽带干扰的能量谱相当宽，其能量分布可在几十赫兹到上百兆赫兹，如雷电脉冲、静电放电及核脉冲的频谱可达到几兆赫兹或几千兆赫兹。

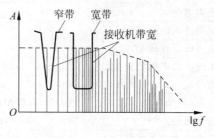

区别"窄带（NB）"、"宽带（BB）"的最简单的方法是：给定接收机（或被干扰设备的输入级）的通频带带宽（B_p）以及干扰源的基频 F_0，则干扰类型可判别如下：

当 $B_p > F_0$ 时，为宽带；当 $B_p < F_0$ 时，为窄带。

如图 1-4 所示，干扰信号的任意两个谐波的频率间隔大于接收机的带宽时为窄带干扰，反之为宽带干扰。

图 1-4 窄带及宽带干扰

1.1.7 电磁兼容性分析与设计方法

1. 电磁兼容性分析方法

随着电子技术的发展，电磁兼容技术也在不断向前发展，电磁兼容性分析方法逐步得到提高和完善，按其发展过程，通常分为三种方法，即问题解决法、规范法和系统法。

1）问题解决法

问题解决法是解决电磁兼容问题的早期方法，首先按常规设计建立系统，然后再对现场实验中出现的电磁干扰问题设法予以解决。由于系统已安装完工，要解决电磁干扰问题比较困难，为了解决问题可能进行大量的拆卸，甚至要重新设计，对于大规模集成电路要严重地破坏其图版。因此问题解决法是一种非常冒险的方法，而且这种头痛医头、脚痛医脚的方法是不能从根本上解决电磁干扰问题的。这种方法在设计阶段可节省电磁兼容支持所增加的成本，但在成品的最后阶段解决电磁兼容问题不仅困难大，而且成本很高。这种方法只适合比较简单的设备。

2）规范法

规范法是比问题解决法较为合理的一种方法，该方法是按现行电磁兼容标准（国家标准或军用标准）所规定的极限值来进行计算，使组成系统的每个设备或子系统均符合所规定的标准，并按标准所规定的试验设备和实验方法核实它们与规范中规定极限值的一致性。该方法可在系统实验前对系统的电磁兼容提供一些预见性。其缺点是：

（1）标准与规范中的极限值是根据最坏情况规定的，这就可能导致设备或子系统的设计过于保守，引起过储备保护设计。

（2）规范法没有定量地考虑系统的特殊性，这就可能遗留下许多电磁兼容问题在系统实验时才能发现，并需事后解决这些问题。

（3）该方法对系统之间的电磁耦合常常不做精确考虑和定量分析。

（4）设备或子系统数据与系统性能并不是用固定的规范法联系起来，为了符合对设备或子系统的固定要求，这导致提高成本来修改设计，但该固定要求不一定符合实际情况。

由上述可见，规范法的主要缺点在于既有可能过储备设计，同时谋求解决的问题又不一定是真正存在的问题。

3）系统法

系统法是近几年兴起的一种设计方法，它在产品的初始设计阶段对产品的每一个可能影响产品电磁兼容性的元器件、模块及线路建立数学模型,利用计算机辅助设计工具对其电磁兼容性进行分析预测和控制分配。从而为整个产品满足要求打下良好基础。

系统法是电磁兼容设计的先进方法,它集中了电磁兼容方面的研究成就,根据电磁兼容要求,给出最佳工程设计的方法。系统法从设计开始就预测和分析电磁兼容性,并在系统设计、制造、组装和实验过程中不断对其电磁兼容性进行预测和分析。由于在设计阶段采取电磁兼容措施,因此可以采取电路与结构相结合的技术措施。这种方法通常在正式产品完成之前解决90%的电磁兼容问题。

无论是问题解决法、规范法还是系统法设计,其有效性都应是以最后产品或系统的实际运行情况或检验结果为准则,必要时还需要结合问题解决法才能完成设计目标。

2. 电磁兼容性设计方法

在设备或系统设计的初始阶段,同时进行电磁兼容设计,把电磁兼容的大部分问题解决在设计定型之前,可得到最好的费/效比。如果等到生产阶段再去解决,非但在技术上带来很大的难度,而且会造成人力、财力和时间的极大浪费。其费效比如图1-5所示。

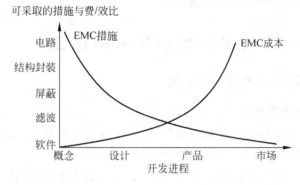

图 1-5 产品开发进程中可采取的 EMC 措施与费/效比

电磁兼容设计的基本方法是指标分配和功能分块设计,也就是首先要根据有关的标准(国际、国家、行业、特殊标准等)把整体电磁兼容指标逐级分配到各功能块上,细化成系统级、设备级、电路级和元件级的指标。然后,按照要实现的功能和电磁兼容指标进行电磁兼容设计。例如,按电路或设备要实现的功能、按骚扰源的类型、按骚扰传播的渠道,以及按敏感设备的特性等。

1.1.8 电磁兼容性研究的基本内容

1. 电磁骚扰特性及其传播方式的研究

人们为了有效地控制电磁骚扰,首先得摸清骚扰的特性和它的传播方式,如根据骚扰频谱分布可以了解骚扰特性是属窄带的还是宽带的;根据作用的时间可以把骚扰分成连续的、间歇的,或者是瞬变的;按传播方式骚扰又可分为传导、辐射、感应或共地阻抗耦合等几类。

2. 电磁兼容性设计的研究

它包括两方面:一是干扰控制技术的研究;二是费/效比的综合分析。干扰控制就是采用各种措施,从电路、结构、工艺和组装等方面控制电磁干扰。干扰控制技术的研究又必然促进高性能元器件、功能模块和新型防护材料的研制。

　　所谓费/效比,就是对采取的各种电磁兼容性措施进行成本和效能的分析比较。如果工程设计中既满足了高性能指标,又达到花钱最少的目的,就获得了很好的费/效比。

3. 电磁兼容性频谱利用的研究

　　无线电频谱是一个有限的资源,如何合理地利用无线电频谱,防止频谱污染,消除电磁骚扰对武器装备和人体的危害,预防电子系统之间和系统内设备间的相互干扰,已引起各国的高度重视。我国也已成立了专门的管理机构。

4. 电磁兼容性规范、标准的研究

　　电磁兼容性规范、标准是电磁兼容性设计的主要依据。通过制定规范、标准来限制电子系统或设备的电磁发射,提高敏感设备的抗扰度,从而使系统和设备相互干扰的可能性大大下降,力求防患于未然。

5. 电磁兼容性测试和模拟技术的研究

　　由于电磁环境复杂,频率范围宽广,干扰特性又各不相同,所以电磁兼容性测试不但项目繁多,而且还在不断地深化和扩展之中。这就要求不断改进和完善测试技术,研制适合于电磁兼容性测试用的各种模拟源和检测设备。

1.2　电磁兼容技术的发展及电磁认证

1.2.1　电磁兼容技术的发展

1. 电磁兼容技术发展简史

　　电磁兼容是通过控制电磁干扰来实现的,因此电磁兼容学是在认识电磁干扰、研究电磁干扰、对抗电磁干扰和管理电磁干扰的过程中发展起来的。

　　电磁干扰是人们早就发现的电磁现象,它几乎跟电磁效应的现象同时被发现。早在19世纪初,随着电磁学的萌芽和发展,1823年安培提出了电流产生磁力的基本定律,1831年法拉第发现电磁感应现象,总结出电磁感应定律,揭示了变化的磁场在导线中产生感应电动势的规律。1840年美国人亨利成功地获得了高频电磁振荡。1864年麦克斯韦综合了电磁感应定律和安培全电流定律,总结出麦克斯韦方程,提出了位移电流的理论,全面地论述了电和磁的相互作用并预言了电磁波的存在。麦克斯韦的电磁场理论为认识和研究电磁干扰现象奠定了理论基础。1881年英国科学家希维赛德发表了"论干扰"的文章,标志着研究干扰问题的开端。1888年德国物理学家赫兹首创了天线,第一次把电磁波辐射到自由空间,同时又成功地接收到电磁波,用实验证实了电磁波的存在,从此开始了对电磁干扰问题的实验研究。1889年英国邮电部门研究了通信中的干扰问题,使干扰问题的研究开始走向工程化和产业化。

　　显而易见,干扰与抗干扰问题贯穿于无线电技术发展的始终。电磁干扰问题虽然由来已久,但电磁兼容这一新的学科却是到近代才形成的。在对干扰问题的长期研究中,人们从理论上认识了电磁干扰产生的原因,明确了干扰的性质及其数学物理模型,逐渐完善了干扰传输及耦合的计算方法,提出了抑制干扰的一系列技术措施,建立了电磁兼容的各种组织,制定了电磁兼容系列标准和规范,解决了电磁兼容分析、预测设计及测量等方面一系列理论问题和技术问题,逐渐形成一门新的分支学科——电磁兼容学。

　　20世纪以来,由于电气电子技术的发展和应用,随着通信、广播等无线电事业的发展,人们逐渐认识到需要对各种电磁干扰进行控制,特别是工业发达国家,格外重视控制干扰,成立了国家级以及国际间的组织,并发布了一些标准和规范性文件。如德国的电气工程师协会、国际电工委员会(IEC)、国际无线电干扰特别委员会(CISPR)等,开始对电磁干扰问题进行世界性有组织的研究。为了解决干扰问题,保证设备可靠性,20世纪40年代初提出电磁兼容性的概念。1944年,德国电气工程师协会制定了世界上第一个电磁兼容性规范VDE—0878。1945年,美国颁布了最早的军用规范JAN-I-225。

20世纪60年代以后,电气与电子工程技术迅速发展,其中包括数字计算机、信息技术、测试设备、电信、半导体技术的发展。在所有这些技术领域内,电磁噪声和克服电磁干扰产生的问题引起人们的高度重视,这促进了世界范围内电磁兼容技术的研究。

20世纪70年代,电磁兼容技术逐渐成为非常活跃的学科领域之一。较大规模的国际性电磁兼容学术会议,每年召开一次。美国最有影响的电子电气工程师协会IEEE的权威杂志,专门设有EMC分册。美国学者B.E.凯瑟撰写了系统性的论著《电磁兼容原理》。美国国防部编辑出版了各种电磁兼容性手册,广泛应用于工程设计。

早期的专门刊物——美国的《Radio Frequency Interference》是有关射频干扰的专门刊物。到1964年,随着专刊内容范围的增加,改名为EMC专刊。

美国从1945年开始,颁布了一系列的军用标准和设计电磁兼容方面的规范,并不断加以充实和完善,这使得电磁兼容技术得到快速发展。前苏联在1948年制定了"工业无线电干扰的极限允许值标准"。有很多研究单位从事抗干扰的研究。其他国家也已相继加强了射频干扰的研究工作。

进入20世纪80年代以来,随着通信、自动化、电子技术的飞速发展,电磁兼容学已成为十分活跃的学科,许多国家(美国、德国、日本、法国等)在电磁兼容标准与规范、分析预测、设计、测量及管理等方面均达到了很高水平,有高精度的EMI及电磁敏感度(EMS)自动测量系统,可进行各种系统间的EMC试验,研制出系统内及系统间的各种EMC计算机分析程序,有的程序已经商品化,形成了一套较完整的EMC设计体系。在电磁干扰的抑制技术方面,已研制出许多新材料、新工艺及规范的设计方法。一些国家还建立了对军品和民品进行EMC检验及管理的机构,不符合EMC质量要求的产品不准投入市场。

电磁兼容技术已成为现代工业生产并行工程系统的实施项目组成部分。产品电磁兼容性达标认证已由一个国家范围发展到一个地区或一个贸易联盟采取的统一行动。从1996年1月1日开始,欧洲共同体12个国家和欧洲自由贸易联盟的北欧6国共同宣布实行电磁兼容性许可证制度,使电磁兼容性认证与电工电子产品安全性认证处于同等重要的地位。EMC技术涉及的频率范围宽达400GHz,随着科学技术的发展,对电磁兼容和标准不断提出新的要求,其研究范围也日益扩大。现在电磁兼容已不只限于电子和电气设备本身,还涉及从芯片直到各种舰船、航天飞机、洲际导弹,甚至整个地球的电磁污染、电磁信息安全、电磁生态效应及其他一些学科领域。因此,某些学者已将电磁兼容这一学科扩大,改称为环境电磁学。

对各种测试方法和测试标准已开展了全方位的研究,例如,VDE、FTZ、FCC、BS、MIL—STD、VG、PTB、NAC—SIM、IEC、CISPR和ITU—T等标准逐年更新版本,并趋向于全球公认化。各种规模的EMC论证、设计、测试中心如雨后春笋般出现。各国都注重EMC教育和培训及学术交流。研究的热点已涉及许多方面,如计算机安全和电信设备、无线设备、工业控制设备、自动化设备、机器人、移动通信设备、航空航天飞机、舰船、武器系统及测量设备等的 EMC 问题,以及各种线缆的辐射和控制、超高压输电线及交流电气铁道的电磁影响、电磁场生物效应、地震电磁现象、接地系统和屏蔽系统等。

2. 我国电磁兼容技术的发展

我国开展对电磁兼容理论和技术的研究起步较晚,第 1 个干扰标准是 1966 年由原第一机械工业部制定的部级标准 JB854—66《船用电气设备工业无线电干扰端子电压测量方法与允许值》;1986 年我国颁布 GJB151—86 标准后,电磁兼容问题逐步得到重视,到 1997 年颁布并强制执行了 GJB151A—97,即《军用设备和分系统电磁发射和敏感度要求》;GJB152A—97 即《军用设备和分系统电磁发射和敏感度测量》电磁兼容国军标及保密委标准后,电磁兼容技术水平提高很快。

20 世纪 80 年代以后,国内电磁兼容学术组织纷纷成立,学术交流频繁。1984 年,中国通信学会、中国电子学会、中国铁道学会和中国电机工程学会在重庆召开了第一届全国性电磁兼容学术会议。1992 年 5 月,中国电子学会和中国通信学会在北京成功地举办了"第一届北京国际电磁兼容学术会议(EMC'92/Beijng)",这标志着我国电磁兼容学科的迅速发展并参与世界交流。

我国在 1986 年成立了"全国无线电干扰标准化技术委员会"(简称无干委),并先后对应 IEC/CISPR 成立了 A、B、C、D、E、F、G、S 共 8 个分技术委员会,见表 1-3。

表 1-3　全国无线电干扰标准化技术委员会

分会	分会名称	成立时间
A 分会	无线电干扰测量方法和统计方法	1987 年
B 分会	工业、科学、医疗射频设备的电子干扰	1988 年
C 分会	电力线高压设备和电牵引系统的无线电干扰	1987 年
D 分会	机动车辆和内燃机无线电干扰	1988 年
E 分会	无线电接收设备干扰特性	1987 年
F 分会	家用电器、电动工具、照明设备及类似电器的无线电干扰	1988 年
G 分会	信息技术设备的无线电干扰	1993 年
S 分会	全国无线电与非无线电系统电磁兼容特性	1989 年

表 1-3 所示 A~G 分会分别对应于 CISPR 的相应分会,其名称与任务完全与 CISPR 各分会相同。而 S 分会是根据我国的实际情况为处理各系统之间的电磁兼容而成立的。

1997 年,为全面规划和推进我国 EMI 标准的制定和修订工作,促进国内电磁兼容技术的发展和保护电磁环境,成立了"全国电磁兼容标准化联合工作组",其主要目的是促进 EMI 标准的制定和修改工作,协调我国各相关 EMC 标准化组织,进而更好地适应电子产业的 EMI 认证和市场需要。

20 世纪 90 年代以后,随着国民经济和高新科技的迅速发展。在航空、航天、通信、电子、军事等部门,电磁兼容技术受到格外重视,并投入了较大的人力和财力,建立了一批电磁兼容试验和测试中心及电磁兼容性实验室。引进了许多现代化的电磁干扰和敏感度自动测试系统和试验设备。各电子、电气设备研究、设计及制造单位也都纷纷配备了电磁兼容性设计、测试人员,电磁兼容性工程设计和预测分析在实际的科研工作中得到了长足的发展。

在国家标准组织的基础上,各部委日益重视电磁兼容问题,纷纷制定相关电磁兼容标准。在这方面,原电子部和原邮电部都有一定数量的 SJ 和 YD 的电磁兼容行业标准,对国家电磁兼容标准做了有益的补充和完善。随着信息产业部的成立和我国电信业的迅猛发展,通信设备的安全性和可靠性越来越受到人们的重视,特别是无线通信的发展对国家的频谱管理和空间电磁波的骚扰以及人身安全等方面提出了更高的要求,信息产业部科技司标准处根据实际情况特别制定了《信息产业部"十五"标准制定规划——通信电磁兼容标准体系》。

2001 年 12 月,国家发布《强制性产品认证管理规定》,英文名称为 China Compulsory Certification,英文缩写简称为 CCC,3C 认证作为国家安全认证(CCEE)、进口商品安全质量许可制度(CCIB)、中国电磁兼容认证(EMC)三合一的 CCC 的权威认证,简称 3C 认证。3C 认证是中国质检总局和国家认监委与国际接轨的一个先进标志,有着不可替代的重要性,从 2003 年 5 月 1 日开始,我国对 19 类 132 种产品实施强制性认证,《第一批实施强制性产品认证的产品目录》19 类 132 种产品如下:

(1) 电线电缆(共 5 种);

(2) 电路开关及保护或连接用电器装置(共 6 种);

(3) 低压电器(共 9 种);

(4) 小功率电动机(共 1 种);

(5) 电动工具(共 16 种);

(6) 电焊机(共 15 种);

(7) 家用和类似用途设备(共 18 种);

(8) 音视频设备类(共 16 种)(不包括广播级音响设备和汽车音响设备);

(9) 信息技术设备(共 12 种);

(10) 照明设备(共 2 种)(不包括电压低于 36V 的照明设备);

(11) 电信终端设备(共 9 种);

(12) 机动车辆及安全附件(共 4 种);

(13) 机动车辆轮胎(共 3 种);

(14) 安全玻璃(共 3 种);

(15) 农机产品(共 1 种);

(16) 乳胶制品(共 1 种);

(17) 医疗器械产品(共 7 种);

(18) 消防产品(共 3 种);

(19) 安全技术防范产品(共 1 种)。

对列入目录的产品,未获得强制性产品认证证书和未加施强制性认证标志的产品不得出厂、进口和销售。这将进一步促进全民的电磁兼容性意识,促进电磁兼容技术更深入的发展。

1.2.2 电磁兼容技术的认证

随着科学技术的发展,电磁污染越来越严重,直接影响人类生命和电子设备的正常运转。世界各国均采用颁布标准、法规或法律的形式,对电子产品电磁兼容性能提出强制要求,比如日本的电取法、美国的FCC等。随着欧共体CE指令的发布实施,中国在原来强制贯彻执行部分标准的基础上,自1996年开始酝酿电磁兼容认证工作。在1998年国家机构改革后,国务院对国家质量技术监督局的职责更加明确地进行了规定,国家质量技术监督局于1999年1月发文《关于批准筹建中国电磁兼容认证委员会的通知》(质检监局(1999)06号),批准筹建电磁兼容认证委员会,于1999年10月8日发文《关于引发电磁兼容认证管理办法的通知》(质检监局认发(1999)223号),批准实施《电磁兼容认证管理办法》,2000年8月24日国家质量技术监督局正式颁发首批强制监督管理的电磁兼容认证产品目录(质检监局认发(2000)136号),正式启动了中国电磁兼容认证制度。自2001年质检总局和认监委、标准委成立之后,发布了一系列规章及规范性文件。质检总局第5号令《强制性产品认证管理规定》作了一系列严格规定,认证标志的名称为"中国强制认证"(China Compulsory Certification,缩写为CCC,也可以简称为3C标志)。根据认监委的公告,强制性产品认证新制度自2002年5月1日起实施。

1. 开展电磁兼容认证的重要性

电磁波频谱是一种资源。人类赖以生存、发展文明和促进社会进步,都离不开环境中的三大要素——空气、水和资源(矿山、森林等)。然而到20世纪中叶以后,随着无线电科技的发展,电磁波频谱资源已广泛应用于各个方面。人们开始意识到这个由空间、时间和无线电三要素组成的电磁波频谱资源是人类的重要资源。电磁波频谱资源是一种有限的自然资源,但同时也是一种比较独特的资源。电磁波频谱是不可见的,它虽然是有限的,但不是消耗性的。因此,不利用它或不充分利用它是对这一资源的浪费。电磁波频谱各频段传播特性的不同又会因使用不当而造成本身利用率的下降,或干扰影响其他信道而再次造成资源的浪费。因此,对这一宝贵而特殊的资源,既要科学地管理,又要更有效地应用。各国为了保护各个科技部门领域的发展,建立了专门机构,实施科学的频谱分配与管理。国际电信联盟(ITU)对各种不同的用途规定了相应的可使用的频率范围。在某一规定的频率上工作的设备或系统,不希望工作在其他频率上的设备对其施加干扰,但往往电磁干扰信号是宽带的,频谱分布十分广泛,产生干扰是不可避免的。例如汽车点火产生的电磁干扰信号就会对电视接收机造成干扰,问题的关键是将这些干扰信号限制在标准规定的限值之下。实施电磁兼容认证,可有效地保证产品的电磁兼容性能符合标准要求,提高产品的环境适应能力,抑制电磁干扰,从而提高频谱的综合利用密度,合理利用电磁波频谱资源。

随着各种用电设备的广泛使用,人们的生活空间充满了电磁波,其中有的是为通信、广播而有意发射的;有的是非有意发射的,如计算机工作时对外界辐射的电磁波,这些电磁波的存在对环境造成了污染。早在1969年联合国人类发展大会上就将电磁波列为环境污染源之一,随着社会的发展,电磁污染必将越来越严重,从保护环境出发必须加以防治。实施电磁兼容认证可有效地抑制用电设备的电磁干扰,保护和净化电磁环境。

电磁兼容是以电磁场理论为基础,涉及信息、电子、通信、材料和生物医学等学科的一门边缘学科。电磁兼容跨学科的特点使得影响产品电磁兼容性的参数繁多,也使电磁兼容的技术复杂,测试要求高。而随着电工、电子产品向智能化、信息化方面发展,电子技术含量越来越高,对电磁兼容技术提出了更高的要求。产品的电磁兼容性能直接影响产品性能指标的实现和提高。实施电磁兼容认证可提高产品的技术水平和竞争力,促进企业的技术进步。电磁兼容问题的日益突出,使世界上许多国家纷纷采取措施对产品的电磁兼容性进行控制,并将其作为市场准入的条件,电磁兼容认证已成为国际上电磁兼容领域的发展趋势和一种技术壁垒。例如,1989 年 5 月 3 日欧共体在官方公报上颁布了 89/336/EEC 指令,官方公报编号为 L139/19、89/336/EEC 电磁兼容指令适用于最终用户使用的所有电子和电气器具以及包含有电子元件和(或)电气元件的设备和系统,在 89/336/EEC 指令中,将电子和电气器具及系统称为“装置”。欧共体的 89/336/EEC 电磁兼容指令大大推进了全球电磁兼容标准的强制执行和电磁兼容认证工作,使其向更加规范化与法制化方向发展。除欧共体外,一些工业发达国家也在推进这方面的工作。如德国的电气工程师协会(VDE),早在 1949 年就制定了“高频设备运行法(HfrG)”;美国的联邦通信委员会(FCC)与政府、企业合作制定的 FCC 标准、法规,内容涉及无线电、通信等各方面,特别是无线通信设备和系统的无线电子干扰问题,包括无线电干扰限值与测量方法、认证体系与组织管理制度等。

我国实施电磁兼容认证可适应国际发展趋势,有效保护国内市场。一方面,可防止不符合 EMC 标准的产品进入中国市场;另一方面,在欧洲与国际上加紧实施 EMC 认证的国际贸易环境下,若没有建立自己的认证体系,则国内产品的出口只得求助于国外的认证机构。与此同时,海外公司也将进驻我国内地,在内地开展 EMC 认证业务,占领我国的这一领域,使我国企业受制于人。

2. 国内的电磁兼容认证

产品质量认证是依据产品标准和相应技术要求,经认证机构确认并通过颁发认证证书和认证标志来证明某一产品符合相应标准和相应技术要求的活动。认证分为安全认证和合格认证,其认证产品必须分别符合《中华人民共和国标准化法》中有关强制性标准和法定的国家标准或行业标准的要求。

电磁兼容认证是针对产品的电磁兼容性进行的认证,是一项高技术含量的评价活动,涉及的产品门类多,覆盖的范围广。为贯彻国家有关电磁兼容标准,降低电磁干扰所造成的危害,提高产品的电磁兼容性能,国家质量技术监督局决定对相关产品开展电磁兼容认证,并发布了《电磁兼容认证管理办法》。国家将对有强制性电磁兼容国家标准或强制性电磁兼容行业标准以及标准中有电磁兼容强制条款的产品实行安全认证制度,实施电磁兼容安全认证的产品在进入流通领域时实施强制性监督管理;对有推荐性电磁兼容国家标准或推荐性电磁兼容行业标准的产品实行合格认证制度,企业可根据自愿的原则向认证机构申请认证。

在组织管理方面,国务院标准化行政主管部门的职责是组织贯彻国家有关标准化工作的法规、法律、方针、政策。认证工作主管部门负责制定认证工作的方针、政策、规划、计划,审批认证委员会的组成、章程,审批承担认证检验任务的检验机构,审批并发布可以开展认证的产品目录以及对认证工作实行监督等。

中国企业和外国企业在产品符合国家标准或者行业标准要求,产品质量稳定、能正常批量生产,生产企业的质量体系符合国家质量管理和质量保证标准及补充要求的条件下,均可按程序提出认证申请,认证委员会对认证合格的产品颁发认证证书,并准许使用认证标志。已获认证证书的企业,应接受认证委员会对其产品及质量体系进行的监督检查;对达不到认证时所具备的条件的企业,应当停止使用认证标志。

在我国,对于电气产品 EMC 的质量控制与管理技术标准制定和实施工作是遵循下列

有关法律和法规的要求而推行的:

- 《中华人民共和国标准化法》;
- 《中华人民共和国产品质量法》;
- 《中华人民共和国质量认证管理条例》;
- 《中华人民共和国进出口商品检验法》;
- 《建设项目环境保护管理办法》;
- 《中华人民共和国船舶登记法规》;
- 《中华人民共和国无线电管理法规》;
- 《进口机电产品标准化管理办法》;
- 《电磁兼容认证管理办法》。

3. 电磁兼容认证的技术要求

电磁兼容认证执行标准涵盖了电磁干扰和抗扰度两个方面的内容,产品根据认证执行标准,满足相应的限值要求。

辐射干扰是指通过空间传播的电磁干扰。电视广播接收机、信息技术设备、工科医疗设备等产品产生的电磁干扰在频谱大于 30MHz 时主要是以辐射的方式进行传播,相应的标准对此有明确的限值要求;而对于家用电器和电动工具的情况,对应的电磁兼容标准则根据这些器具的特点,通过限定骚扰功率的值,间接确定辐射骚扰限值。

传导骚扰是指通过传输线传播的电磁干扰。对于频率小于 30MHz 的电磁干扰,主要通过传导的方式传播。产品类电磁兼容标准中给出了电源端子的传导干扰限值,此外,针对不同的产品,标准中还增加了其他端子的限值。例如,对信息技术设备规定了电信端口的传导干扰限值,对家用电器、电动工具规定了负载端子和附加端子的传导骚扰限值。

谐波是指频率大于基波频率整数倍的正弦波分量,谐波次数为谐波频率与基波频率的整数比。对于公共电网,基波频率为 50Hz,谐波为大于 50Hz 整数倍的正弦波分量。公共电网中存在谐波电流和谐波电压会对电网造成污染,影响各种电气设备的正常工作,使电气设备过载、绝缘老化、使用寿命缩短,严重的会造成设备损坏。谐波还会对电网邻近的通信系统造成干扰,产生噪声,降低通信质量。标准 GB 17625.1 规定了输入电流小于 16A 的低压电气及电子设备发出的谐波电流限值。

抗扰度是指设备、装置或系统面临电磁干扰不降低运行性能的能力。家用电器等产品的电磁兼容认证包含了抗扰度要求,涉及静电放电、射频电磁场、电快速瞬变脉冲群、浪涌、注入电流、电压暂降和短时中断等项目。

4. 增强电磁兼容认证意识,提高产品竞争力

我国的电磁兼容研究起步比较晚,与国外发达国家相比有一定的差距,国内产品电磁兼容性能的整体技术水平还有待进一步提高。电磁兼容的技术特点决定了产品的电磁兼容技术复杂,质量控制的一致性要求高,企业应引起重视,从设计开发到生产过程适时加以控制。

在我国加入 WTO 之后,企业面临着新的竞争与压力,提高产品质量、占领市场,是国内企业的当务之急。企业应增强电磁兼容认证意识,适应政府当前目标实现的需要,通过认证提高产品的质量和竞争力,促进企业的技术进步,在新的竞争中处于有利的地位。

习题

1. 电磁干扰的危害程度分为几个等级？

2. 区别电磁骚扰和电磁干扰两个术语的不同。

3. 电磁干扰的三要素是什么？什么是设备的敏感度？

4. 在本书的图 1-1、图 1-2 中，指出哪些设备有可能是干扰源、敏感设备，并说明干扰耦合途径。

5. 电磁干扰(骚扰)源的分类有哪些？

6. 电磁兼容认证执行标准包括哪两方面的内容？

第 2 章

电磁兼容理论基础

电磁兼容学是一门综合性的边缘学科,其核心是电磁波,其理论基础涵盖很广,包括数学、电磁场理论、电路理论、微波理论与技术、天线与电波传播理论、通信理论、材料科学、计算机与控制理论、机械工艺学、核物理学、生物医学以及法律学、社会科学等内容。由于篇幅有限,不可能一一涉猎,本章仅就电磁干扰(骚扰)的数学描述方法、电路、磁路和分贝的概念与应用作简单的介绍。

2.1 电磁干扰(骚扰)的数学描述方法

电磁干扰(骚扰)和有用信号一样可以在时域和频域内进行描述。电磁干扰信号除了极少数为恒定的情况外,绝大部分的干扰信号都是时变的,它们可以是正弦的、非正弦的,周期性的、非周期性的,甚至是脉冲波形式的。但是无论从耦合途径的分析还是进一步采取消除干扰措施,对时变的干扰信号用频域的方法分析不仅是方便的,甚至有时是必需的。例如,在考虑滤波和屏蔽时都要知道干扰源所含的频率成分。因此,就有必要讨论信号的时、频域之间的转换以及它们之间存在的一些基本关系。

2.1.1 周期性函数的傅里叶变换

设 $f(t)$ 为周期性干扰信号,周期为 T,即

$$f(t) = f(t + nT) \tag{2-1}$$

其傅里叶变换公式为

$$f(t) = F_0 + \sum_{n=1}^{\infty}(A_n\cos n\omega t + B_n\sin n\omega t) = F_0 + \sum_{n=1}^{\infty}F_n\cos(n\omega t + \varphi_n) \tag{2-2}$$

通过式(2-2)就可以知道各频率分量的幅值、相位。式中 A_n、B_n、φ_n 的计算公式可在许多书中找到,也可直接用工具软件求得。

周期信号的频谱由不连续的谱线组成,每一条线代表一个正弦分量,且每个高次频率都是基频 $f_1 = 1/T$(式(2.2)中的 $n=1$)的整倍数($f_n = nf_1, \Delta f = f_1 = 1/T$)。各高次频率的幅值都随频率的增高而逐渐减小。图 2-1 为脉宽都是 τ,但周期 T 不同的矩形脉冲的频谱图。周期 T 越大,谱线越密。若 $T \to \infty$,谱线将完全连续。

2.1.2 非周期性干扰信号的频谱分析

对非周期性信号 $f(t)$,傅里叶变换变为傅里叶积分

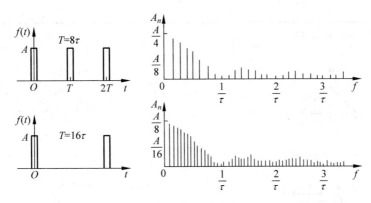

图 2-1　周期矩形脉冲的频谱

$$F(\omega) = \int_{-\infty}^{+\infty} f(t) e^{-j\omega t} \, dt \tag{2-3}$$

当周期 $T \to \infty$ 时,式(2.2)中的频率间隔 $\Delta\omega$ 成为无穷小量 $d\omega$,变量 $n\omega$ 由离散量变为连续量 ω,求和 $\left(\sum\right)$ 变为积分 $\left(\int\right)$,因此非周期脉冲的谱线变为连续谱。单个幅度为 A、脉宽为 τ 的方波脉冲的频谱为

$$F(\omega) = \int_{-\tau/2}^{\tau/2} A e^{-j\omega t} \, dt = \int_{-\tau/2}^{\tau/2} A \cos\omega t \, dt = \frac{2A}{\omega} \sin\frac{\omega\tau}{2} \tag{2-4}$$

其图形如图 2-2 所示。表 2-1 给出了几种简单脉冲的频谱图。

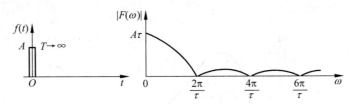

图 2-2　单个矩形脉冲的频谱

表 2-1　几种简单脉冲的频谱图

时 域 波 形	幅 频 特 性
$f(t)$ E 时域方波脉冲,宽度 $-\frac{\tau}{2}$ 到 $\frac{\tau}{2}$	$\lvert F(\omega)\rvert$ Et $\frac{2\pi}{\tau}$
$f(t)$ 1 $e^{-\beta t}$	$\lvert F(\omega)\rvert$ $\frac{1}{\beta}$

时 域 波 形	幅 频 特 性
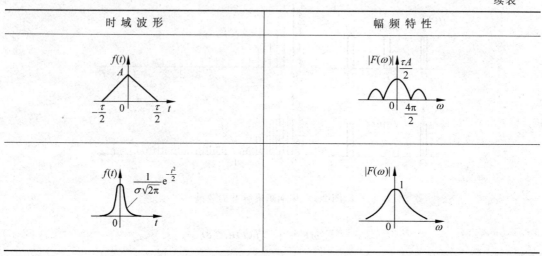	

2.1.3 脉冲信号的傅里叶积分

在 EMC 问题中经常遇到非周期性的脉冲干扰。例如,雷电、静电及核脉冲信号的特征多用其波形的上升时间参数 t_r(t_r 是指脉冲上升到峰值的 10% 的点与脉冲上升到峰值的 90% 的点之间的时间)及下降时间参数 t_d(脉冲上升到峰值的 50% 与从峰值下降至峰值的 50% 之间的时间)来表示。图 2-3 显示了 5/50ns 的脉冲波形的 t_r 和 t_d。通常又把 t_d 称为半脉宽时间。

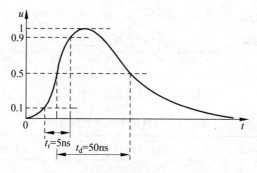

图 2-3 5/50ns 的脉冲的 t_r 和 t_d

为方便起见,对雷电及核脉冲等波形通常都用双指数函数,即

$$i(t) = kI_0\left[e^{-\omega t} - e^{-\beta t}\right] \tag{2-5}$$

式中,I_0 为脉冲的峰值,α、β 为两个指数函数的衰减常数,k 是系数。用式(2-3)即可分解出其中包含的频谱成分。图 2-4 画出了 1.2/50μs 的雷电脉冲及 2/23ns 的核电磁脉冲(这是美军标 MIL-STD-461E 标准中的值)的波形及频谱图。在已知了各种脉冲的 t_r、t_d 及峰值后,就可算出波形的 α、β 及 k 值,可容易地应用工具软件 MATLAB 调用快速傅里叶变换 fft 画出波形图及频谱图(频谱曲线的直线部分向左延伸到零频)。不同脉冲波形的 α、β 及 k 值见表 2-2。

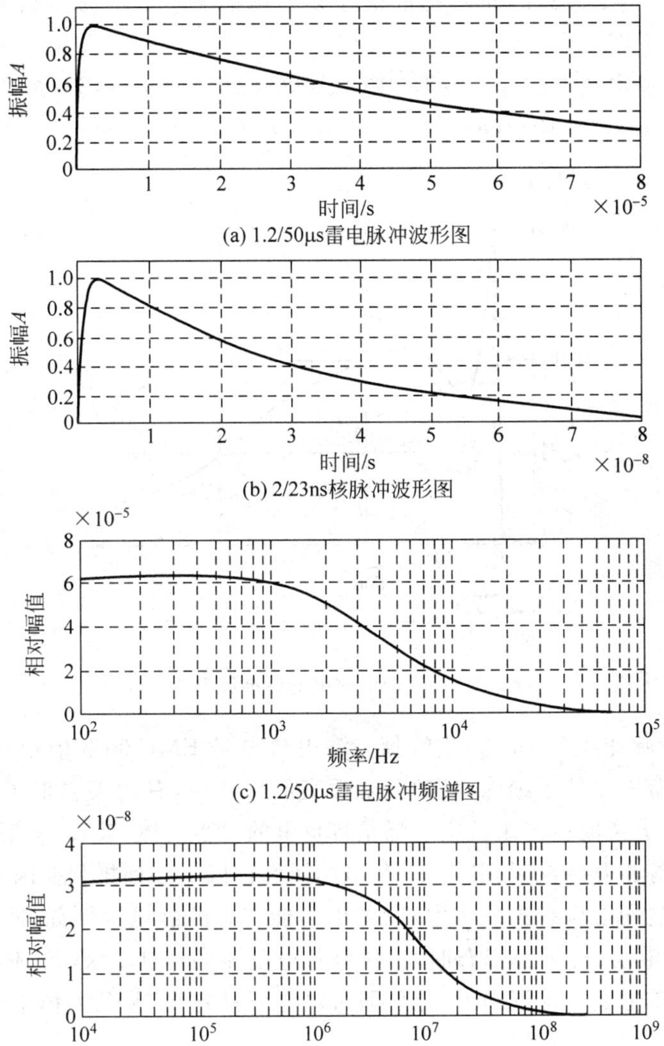

(a) 1.2/50μs雷电脉冲波形图

(b) 2/23ns核脉冲波形图

(c) 1.2/50μs雷电脉冲频谱图

(d) 2/23ns核脉冲的频谱图

图 2-4 1.2/50μs 的雷电脉冲及 2/23ns 的核脉冲的波形及频谱图

表 2-2 常用双指数脉冲波形的衰减常数

双指数脉冲波形参数	衰减常数 α	衰减常数 β	系数 k
1.2/50μs(雷电压波)	1.625×10^4	2.456×10^6	1.0409
8/20μs(雷电流波)	1.2895×10^5	1.2905×10^5	3506.6
2.6/40μs(雷电流波)	1.859×10^4	1.365×10^5	1.0758
10/350μs(雷电流波)	0.211×10^4	3.513×10^5	1.0304
2/23ns(核脉冲)	34.896×10^6	1461.857×10^6	1.1224
0.7/60ns(静电放电)	11.896×10^6	3661.857×10^6	1.0222

显而易见,脉冲上升越陡,高频分量越丰富,纳秒级的脉冲比微秒级的脉冲所含的高频分量多 10^4 的数量级。例如,1.2/50μs 的波形在频率为 1kHz 时,谱线开始下降,频率到

100kHz 时幅值趋于零;2/23ns 的波形的谱线要到频率大于 1MHz 以后开始下降,频率到
1GHz 时幅值才趋于零。

图 2-5 给出了静电放电的标准波形(IEC-61000-4-2)。它也可用双指数函数描述:

$$u(t) = 1943(e^{-0.455t} - e^{-0.5t}) + 857(e^{-0.0455t} - e^{-0.05t})$$

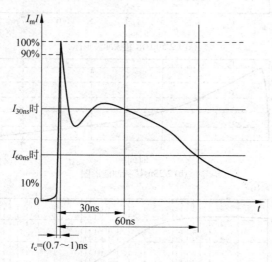

图 2-5　静电放电的标准波形

由上式而得的脉冲经 1.2ns 到达峰值。静电放电是 EMC 问题中很棘手的问题,当两
种不同材料(其中有一个处于绝缘状态)接触后突然分开时,有的失去电子,有的获得电子。
而当正负电荷突然分离时就产生放电。烯是带负电的。当人体、玻璃、羊毛、纸、金属、聚酯、
尼龙、聚四氟乙烯等相互摩擦时,其带正、负电的属性按以上序列排列。因此,为减少静电放
电,在材料的搭配选用上应有充分考虑,以减少可能产生的静电。例如,防静电的工作服当
上衣是维尼龙与棉混纺,裤子为棉布时,工作服带电电压高达 39.9kV,人体带电达 19.2kV。
当衣服、裤子都是维尼龙与棉混纺时,工作服带电电压只有 0.5kV,人体带电 0.3kV。

2.1.4　脉冲信号的快速时频域转换

为了直观、方便地看出脉冲波形所含的频率分量,在电磁兼容领域已公认应用最大包络
线法作快速变换。图 2-6(a)为峰值为 A 的一次性梯形脉冲 $u(t)$,根据其上升时间 t_r 及半脉
宽时间 t_d 就可获得如图 2-6(b)所示的频谱特征,图 2-6(c)为周期为 T 的梯形脉冲的频谱
图。选梯形脉冲为例是因为当 $t_r = 0$ 时,梯形脉冲变为矩形脉冲;当 $t_d = t_r$ 时梯形脉冲成为
三角形脉冲。因此,梯形脉冲包含了现实中大部分干扰脉冲。

图 2-6(b)、图 2-6(c)中折线的两个转折点 f_1、f_2 决定于波形的上升及下降时间,即

$$f_1 = 1/\pi t_d, \quad f_2 = 1/\pi t_r \tag{2-6}$$

式(2-6)是通过以下推导得来的。

对一次性的梯形脉冲,其频谱密度为

$$u(f) = 2At_d \frac{\sin\pi f t_d}{\pi f t_d} \times \frac{\sin\pi f t_r}{\pi f t_r} \tag{2-7}$$

当 $f \leqslant f_1$ 时,正弦函数可近似等于它的幅角。频谱的包络线是常数,即平行于横轴,

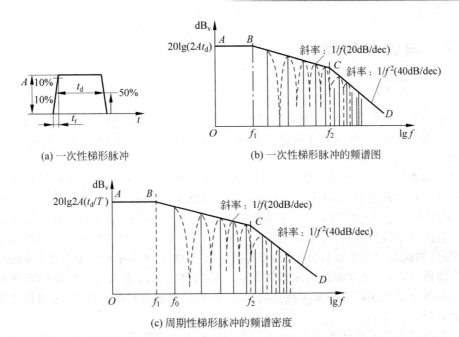

(a) 一次性梯形脉冲

(b) 一次性梯形脉冲的频谱图

(c) 周期性梯形脉冲的频谱密度

图 2-6　脉冲波及其频谱

所以有

$$u(f) = 2At_d \tag{2-8}$$

即图 2-6(c) 中的 AB 段。若用 dB 表示，则 AB 段的幅值为 $20\lg(2At_d)$。

当 $1/\pi t_d \leqslant f \leqslant 1/\pi t_r$，令 $\sin\pi f t_d = 1$ (最坏状态)，并且当 t_r 很小时，由于 $\sin x \approx x$，$\sin\pi f t_r/\pi f t_r = 1$，所以在图 2-6(c) 的 BC 段内有

$$u(f) = 2At_d \frac{1}{\pi f t_d} = 2A/\pi f \tag{2-9}$$

表示幅密度是正比于 $1/f$，所以 BC 段的斜率为 $1/f$，表示频率每增加 10 倍，幅值衰减 10 倍。图中指出该段的变化率为：频率每增加 10 倍，幅值下降 20dB。式(2-9)若用 dB 表示则为

$$u(f)_{\mathrm{dB}_{\mu V}} = 20\lg \frac{2A/\pi f}{1\mu V} \mathrm{dB}_{\mu V}$$

注意，这里以 $\mathrm{dB}_{\mu V}$ 为计量基础，上式中的 A 应以 μV 为单位(dB_V 与 $\mathrm{dB}_{\mu V}$ 差 120dB)。

当 $f > \pi t_r$ 时，不仅取 $\sin\pi f t_d = 1$，而且 $\sin\pi f t_r = 1$(最坏状态)，则

$$u(f) = 2A/\pi^2 f^2 t_r \tag{2-10}$$

也就是说，幅密度是正比于 $1/f^2$ 的，所以 CD 段的斜率为 $1/f^2$，表示频率每增加 10 倍，幅值衰减 100 倍，即幅度下降 40dB。用 dB 表示则为

$$u(f)_{\mathrm{dB}_{\mu V}} = 20\lg \frac{2A}{\pi^2 f^2 t_r 1\mu V} \mathrm{dB}_{\mu V}$$

用这样的近似变换方法可以很快地从脉冲的上升时间及半脉宽时间知道各种脉冲信号的频谱特征。对周期性的脉冲也一样适用，并且它的基频 $f_0 = 1/T$(T 为周期)，AB 段的值为 $2At_d/T$，如图 2-6(c) 所示。

对于以双指数函数表示的脉冲波形，除了用 2.1.3 小节中介绍的快速傅里叶变换以及 MATLAB 工具以外，也可用此法，虽然精度要差些，但数量级相当。即使对图 2-5 所示的静电脉冲，人们也用这样的方法处理。

2.2 电路与磁路

2.2.1 电路

电路是由若干电气器件或设备,按一定的方式和规律组成的总体,它构成电流的通路。

随着电流的流通,电路实现了电能的传输、分配和转换,或者实现了各种电信号的传递、处理和测量。

电路的基本组成为 4 部分:电源、负载、连接导线和开关。实际的电气器件在应用时产生的电磁过程是比较复杂的,例如,一个实际电阻器除了消耗电能外,还会在电流流过时产生磁场,因而兼有电感的性质;而一个实际电容器或电感线圈除了分别具有存储电场能量或磁场能量的基本性质外,也有电能消耗。这样,讨论实际电气器件组成的电路会给电路分析带来困难,因此在对电路进行分析时,往往在一定条件下对实际电气器件加以理想化,略去其次要性质,用一个足以表征实际器件主要性质的理想元件来表示。即先用理想元件建立在一定条件下反映实际电路基本特性的模型,使问题得到合理的简化,然后对该电路模型进行定量分析。

实际的电气器件虽然种类繁多,但可按它们所属的电磁性质和现象,用反映其主要性质的理想元件来表示它们,如电阻器、灯泡和电炉等,它们主要是消耗电能的。这样,可以用一个理想电阻元件来表示所有具有消耗电能特征的实际电气器件。同理,由于电容器主要是储存电场能,因此可用一个理想电容元件来表示具有储存电场能量的实际器件;而可用一个理想电感元件来表示具有储存磁场能量的实际器件,如电感线圈等。因此,理想元件就是可精确定义并能表征实际器件的主要电磁性质的一种理想化元件。

1. 理想电源

实际电路中,电源向各种用电设备提供能量。实际电源种类繁多,但在一定条件下构成电路模型时,电源通常有理想电压源(如图 2-7 所示)和理想电流源(如图 2-8 所示)两种,它们均属有源二端理想元件。理想电压源无论外部电压如何,其端电压总能保持定值或一定的时间函数。理想电压源的端电压与通过它自身的电流大小无关,其电压总保持定值或为某给定的时间的函数。然而,流经理想电压源的电流则是由其端电压及外接电路所共同决定的。由于理想电压源的电压与外接电路无关,其电流自然随外电路元件阻值的大小而改变,电流越大,理想电压输出的能量越大。若将理想电压源两端短接,则两端电阻为零,根据欧姆定律,电流将为无穷大;理想电流源无论外部电路如何,其输出电流总保持定值或一定的时间函数。理想电流源的输出电流与其两端电压大小无关,其电流总保持定值或为某给定的时间的函数。但理想电流源两端的电压则由其电流及外接电路所共同决定。由于理想电流源的电流与外电路无关,故其电压就随外电路元件阻值的大小而改变。

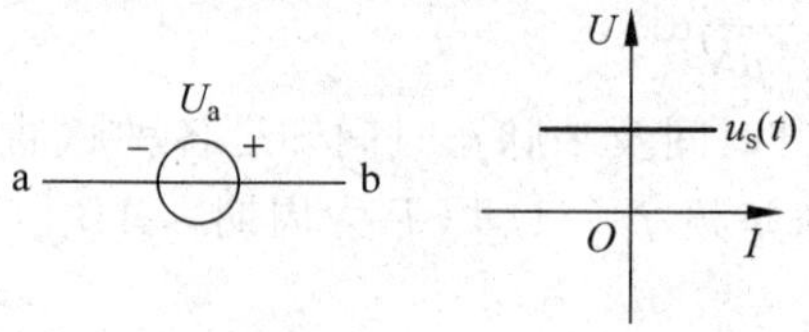

(a) 电路符号	(b) U-I 特性

图 2-7 理想电压源

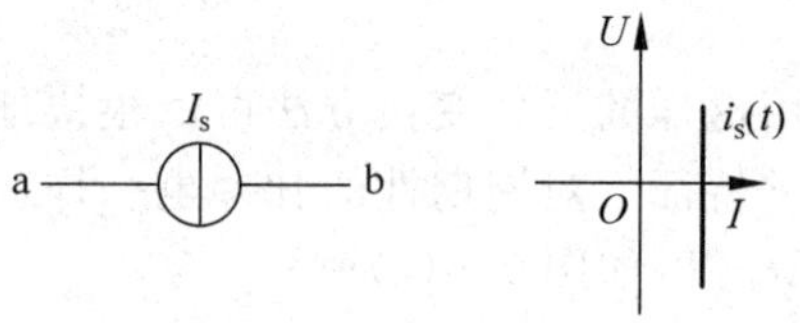

(a) 电路符号	(b) U-I 特性

图 2-8 理想电流源

2. 电阻元件

电阻元件是从对电流呈现阻力而且消耗电能的实际电气器件中抽象出来的理想化元件。任何两端元件,如果在任何时刻,其两端电压和通过元件的电流之间的关系可以在伏安特性平面上用曲线表示,则称为电阻元件。用来描述电阻元件性能的参数是电阻 R 或电导 G,其关系为 $G=1/R$。线性电阻元件的伏安特性曲线(如图 2-9 所示)是通过坐标原点的直线,电阻元件上两端的电压与流过它的电流成正比,服从欧姆定律。常用的电阻器件有线绕电阻、金属膜电阻和碳膜电阻等。当温度、电压和电流在一定范围内时,可以用线性电阻元件作为它们的模型;非线性电阻元件的伏安特性不是一条过原点的直线,或者说非线性电阻的电压与电流之间不满足欧姆定律,即元件的电阻值随电压或电流改变而改变。计算非线性电阻的阻值时必须表明它的工作电压或电流,即表明是伏安特性某点上的阻值,此点称为工作点。非线性电阻元件的电阻(如图 2-10 所示)有两种:一种是所谓的静态电阻或直流电阻,是其工作点处的静态电压与静态电流之比,即 $R=\dfrac{U}{I}$;另一种为动态电阻或交流电阻,是其工作点处电压的微变量与电流的微变量之比的极限,即 $r=\lim\limits_{\Delta I \to 0}\dfrac{\Delta U}{\Delta I}$。显然,非线性电阻的静态电阻与动态电阻是不同的。

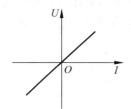 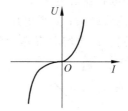

图 2-9　线性电阻 U-I 特性曲线　　　图 2-10　非线性电阻 U-I 特性曲线

3. 电感元件

电感元件是实际电感器的理想化元件,它体现了元件储存磁场能量的性质。任意两端元件,如果在任意时刻,其电流和由它产生的磁链 ψ 之间的关系可以在 ψ-i 平面上用曲线来表示,则称其为电感元件,在 ψ-i 平面上的关系曲线如图 2-11 所示,称为韦安特性。电感元件的符号如图 2-12 所示。表征电感元件产生磁通储存磁场能量的参数为电感量 L。如果电感元件的韦安特性是一条过原点的直线,则称之为线性电感元件。对于线性电感元件,其自感 L 为一正值实常数。若如图 2-12 所示电感线圈的匝数为 N 匝,当线圈中通以电流 i_L 时,则产生磁通 Φ。因磁通 Φ 与 N 匝线圈相交链,所以 N 匝线圈总磁通链为 $\psi=N\Phi$。Φ 与 ψ 都是由线圈自身的电流产生的,故称自感磁通和自感磁链。L 称为该元件的电感或自感,其值为自感磁链因 ψ 与电流 i 之比,即 $L=\dfrac{\psi}{i}=\dfrac{N\Phi}{i}$。电感元件上任意时刻的电压与电流有下列关系 $u=L\dfrac{\mathrm{d}i}{\mathrm{d}t}$,这就是电感元件的特性方程。由特性方程知,某一时刻电感线圈的电压取决于该时刻电流的变化率,当电感线圈中通以直流电流时,$\mathrm{d}i/\mathrm{d}t=0$,感应电势为零,电压为零,所以,在直流电路中理想电感元件相当于短路。

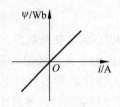

图 2-11 韦安特性曲线

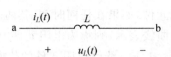

图 2-12 电感元件的图形符号

4. 电容元件

电容元件是实际电容器的理想化元件,它体现了元件储存电场能量的性质。任意两端元件,如果在任意时刻,其极板上的电荷和元件两端的电压之间的关系可以在 q-u 平面上用曲线来表示,如图 2-13 所示,则称其为电容元件。在 q-u 平面上的关系曲线称为库伏特性。电容元件的符号如图 2-14 所示。表征电容元件聚集电荷和储存电场能量的参数为电容 C。如果电容元件的库伏特性曲线是一条过原点的直线,如图 2-13 所示,则称之为线性电容元件。对于线性电容元件,其电容值 C 为一正实常数。其值为电容任一极板上积累的电荷量 q 与其上的电压 u 的比值,即 $C=q/u$。电容元件的特性方程为 $i_C = C\dfrac{du_C}{dt}$。从特性方程可知,在某一时刻电容器的电流取决于该时刻电容器两端电压的变化率。电压随时间变化(如交流)越快,电流就越大;如果电压不随时间变化(即直流),则 $du/dt=0$,电流为零,这时电容器相当于开路。故电容器有隔"直"通"交"之说。

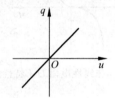

图 2-13 库伏特性曲线

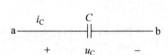

图 2-14 电容元件的图形符号

2.2.2 磁路

磁通(磁力线)所通过的闭合路径称为磁路。线圈中通以电流就会产生磁场,磁力线将分布在线圈周围的整个空间,如图 2-15 所示。如果把线圈绕在铁心上,如图 2-16 所示,由于铁磁物质的优良导磁性能,电流所产生的磁力线基本上都局限在铁心内。不仅如此,在同样大小的电流作用下,有铁心时磁通将大大增加。也就是说,用较小的电流可以产生较大的磁通。这就是在电磁器件中采用铁心的原因。

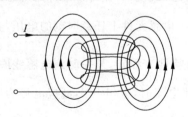

图 2-15 空芯线圈的磁场

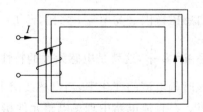

图 2-16 铁心线圈的磁场

在通常情况下,空气是不导电的,电流只在铜线中流动。导电材料的电导率一般比电路周围绝缘材料的电导率大几千亿倍,因此,漏电流是极其微弱的。而铁磁材料的磁导率一般比非磁性材料(空气、铜、铝、纸等)大几千倍。因此,只能说磁通基本上在铁心里,空气中仍然还会有少量的漏磁通。工程上常用近似方法去处理它们,作初步分析时可略去不计。

1. 磁路中的基本单位

在磁场中画一些曲线,使这些曲线上任何一点的切线都在该点的磁场方向上,这些曲线就称为磁通。磁场的强弱和方向可用洒铁屑的方法以磁力线的形式表示出来。磁通(磁力线)Φ 的单位在国际单位制中为韦伯,简称韦,单位符号 Wb。磁体周围的磁力线方向,规定从北极出来,通过空间进入南极,走最近的路线,且优先通过磁导率高的物质。

除了用磁通外,还要用到磁通密度 B 这一物理量,它是在与磁场相垂直的单位面积内的磁通,在均匀磁场中

$$B = \frac{\Phi}{S} \tag{2-11}$$

式中 Φ 就是与磁场相垂直的面积 S 中所有的磁通。磁通密度是表示磁路中某一点的磁场性质的。在国际单位制中,磁通密度 B 的单位为特斯拉(Tesla),简称特,单位符号 T。特斯拉即韦/米²。

磁场是由电流产生的。在磁路中,电流越大,线圈匝数越多,产生的磁场强度越强。即取决于电流与线圈匝数的乘积 NI。这一乘积叫做磁动势(magneto motive force)或磁通势。

以 F 表示,即

$$F = NI \tag{2-12}$$

磁动势是磁路中产生磁通的"推动力"。磁动势的国际制单位为安(A)。

磁场的强弱用磁场强度 H 表示。对于图 2-16 所示粗细均匀的磁路来说,若磁路的平均长度(即磁路中心线的长度)为 l,则

$$H = \frac{F}{l} = \frac{NI}{l} \tag{2-13}$$

即磁场强度是磁力线路径每单位长度的磁动势。在国际单位制中,H 的单位是安/米(A/m)。磁场强度是这样规定的:一个向量磁场中某点磁场方向为磁场中小磁针受磁场力的作用,发生偏转停止后小磁针的北极所指的方向,就是小磁针所在磁场强度的方向。而磁场中某点的磁场强度 H 在数值上等于该点上单位磁极所受的力。如果单位磁极所受的力正好是 1 达因,那么这点的磁场强度 H 就是 1 奥斯特(Oersted)。

由式(2-13)可以看出,图 2-16 所示磁路不论是由什么材料做成的,只要 F、l 对应相等,则磁路的磁场强度将相等。因此,磁场强度是反映由电流产生磁场强弱的一个物理量。

磁力线从 N 极到 S 极的途径称为磁路,在磁路中阻止磁力线通过的力量称为磁阻,导磁的力量则称为磁导。实际上,即使几何尺寸完全相同的磁路,在相同的磁动势的作用下,磁场的强弱程度也有很大的差别,这是由于不同的物质导磁能力不同的缘故,用来衡量物质导磁能力的物理量称为导磁率(permeability),用 μ 来表示。

所有物质根据磁性分为三大类:即顺磁质、反磁质和铁磁质。磁性大小则根据物质的磁导率(不同物质被磁化的程度)的大小(μ)来表示。磁导率常用符号 μ 表示,μ 为介质的磁导率,或称绝对磁导率。真空磁导率用 μ_0 表示,其值为 $\mu_0 = 4\pi \times 10^{-7}$ 牛顿/安培²,在高斯单位制(CGS)中,真空磁导率为无量纲的数,其值为 1。

- 顺磁质的导磁率略大于真空,即 $\mu > 1$,如氧气、锂、钠、铝、铂、氧和硬橡胶等。

- 反磁质的导磁率略小于真空，即 $\mu<1$，如水、玻璃、水银、铍、铋和锑等。
- 铁磁质属于顺磁质，但它们的磁导率很大，即 $\mu\gg1$，在外加磁场作用下极易被磁化，是良好的磁性材料，如铁、镍、钴和磁性合金等，其 μ 可达几十、几百和几千，甚至数百万。

人体组织多属反磁质，也有少数顺磁质，如自由基等。人体的磁导率近于 1，即 $\mu\approx1$。

为便于比较，通常将磁性材料的磁导率与真空（空气或其他非磁性材料）的磁导率 μ_0 的比值，称为这种材料的相对磁导率 μ_r，即

$$\mu_r = \frac{\mu}{\mu_0} \tag{2-14}$$

表 2-3 中列举了几种常用磁性材料的相对磁导率。

表 2-3　常用磁性材料的相对磁导率

材 料 名 称	μ_r
铸铁	240～400
铸钢	510～2200
硅钢片	7000～10 000
坡莫合金	20 000～200 000
铝硅铁粉心	2.5～7
用于 $f=1\times10^6$ 以下的镍锌铁氧体	300～5000
用于 $f=1\times10^6$ 以下的镍锌铁氧体	10～1000

磁导率与磁场强度的乘积称为磁感应强度 B，即

$$B = \mu H \tag{2-15}$$

式(2-15)表明，在相同的磁场强度的情况下，物质的磁导率越高，整体的磁场效应将越强，由前述可知，磁场强度 H 是正比于电流 I 的，因此，磁感应强度（磁通密度）B 是既体现励磁电流大小，又体现磁性材料性质的一个反映整体磁场强弱的物理量。虽然国际单位制在 1960 年经国际计量大会通过，世界各国已相继正式采用，但鉴于过去在磁路方面多采用 cgs 单位制，为使读者对此有所了解，特将磁路物理量的两种单位列在表 2-4 中，单位制换算关系如表 2-5 所示。

表 2-4　磁路物理量的两种单位列表

物 理 量	S1 单位	cgs 单位
磁通 Φ	韦伯 Wb	马克斯威尔 M_x
磁通密度 B	特斯拉 T	高斯 G
磁动势 F	安培 A	吉尔伯 G_i
磁场强度 H	安培/米 A/m	奥斯特 O_e

表 2-5　单位制换算关系

物 理 量	换算关系
Φ	$1Wb=10^8\,M_x$
B	$1T=10^4\,G$
F	$1A=1.26\,G_i$
H	$1A/m=1.26\times10^{-2}\,O_e$

2. 磁性材料的磁性能

磁性材料主要指铁、镍、钴及其合金。它们的磁性能主要由其磁化曲线，即 B-H 曲线或其磁导率 μ 来表示。

磁性材料在磁场中被磁化后，其磁感强度(B)和磁场强度(H)的关系可用一条曲线表示，即磁化曲线(B-H 曲线)。当外磁场磁感强度(H)增加时，磁通密度(B)增加的很少，说明材料进入"饱和域"(saturation region)。此时的磁感强度叫做该磁性材料的饱和磁感强度(B_m)，单位为高斯。使某磁性材料达到饱和磁感强度所需的磁场强度称为饱和磁场强度(H_m)，单位为奥斯特。

外加磁场取消后，磁性材料的磁感强度沿另一条曲线变化。当 $H=0$ 时，$B \neq 0$，而仍有一定值，这就是剩磁(B_r)，单位为高斯，这一现象称为磁滞。为了消除剩磁，必须加反向磁场，随反向磁场的增加，剩磁可逐渐退去，当 $H=HC$ 时，$B=0$，B_r 才完全退去。从 B_r 到完全退磁，这段曲线叫退磁曲线，使磁的材料完全退磁所需要的磁场强度(HC)，就是该材料的矫顽力，单位为奥斯特。矫顽力的大小反映磁性材料保存剩余的能力。若将反向磁场(H)继续增大，该磁性材料又可被反向磁化，则同样能达到饱和点 d。此时，若使反向磁场减小至 0，再增大正向正磁场强度，则 B-H 关系将沿 $d \to e \to f \to a$ 变化，完成一个循环，这就构成了一个具有方向性的闭合曲线，称之为磁滞曲线，如图 2-17 所示。在退磁曲线上，任一点上的 B 值和 H 值的乘积，称为磁能积(BH)，单位为高斯奥斯特(GO)，其最大值就是最大磁能积，$((BH)_{max}$ 单位为兆高奥(MGO)。

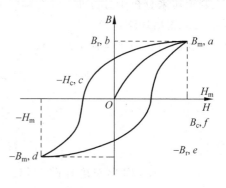

图 2-17　磁滞回线

磁性材料在反复磁化时，磁畴(磁性材料内部存在的许多很小的自发的磁化区域)不断地翻转，以改变排列方位，彼此之间产生摩擦而发热，因此要消耗能量，这能量是由电源供给的。可以证明，反复磁化一周，单位体积内所损耗的能量与磁滞回线所包围的面积成正比，这种损耗称为磁滞损耗。

3. 磁路的基本定律

1) 磁路的欧姆定律

磁动势是磁路中产生磁通的根源。当磁路中有磁动势存在时，便有磁通通过，其大小为

$$\Phi = BS = \mu \frac{F}{l} S = \frac{F}{\dfrac{l}{\mu S}}$$

上式可以理解为，当磁通通过由某种磁性材料组成的磁路时，将受到该材料对磁通的阻碍作用。如用磁阻(reluctance)R_m 来表示这一阻碍，上式可以写成

$$\Phi = \frac{F}{R_m} \tag{2-16}$$

由磁滞回线可知，B-H 曲线是非线性的，因此，由 B 与 H 的比值定义的磁导率 μ 不是常数。由于磁性材料磁导率不是常数，故使用磁阻来计算磁路并不方便。磁阻这一概念一般只用于定性说明问题。式中 $R_m = \dfrac{l}{\mu S}$，磁阻是一个与磁路的长度、截面积以及磁性材料的

性质有关的物理量。当磁路由不同材料或不同截面积的几部分组成时，整个磁路中的磁阻将由这几部分的磁阻串联而成，其总磁阻为各部分磁阻之和。磁阻的国际制单位是 $1/H$。例如，在图 2-18 所示的继电器磁路中，总磁阻为

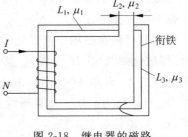

图 2-18 继电器的磁路

$$R_m = R_{m1} + R_{m2} + R_{m3} = \frac{l_1}{\mu_1 S_1} + \frac{l_2}{\mu_2 S_2} + \frac{l_3}{\mu_3 S_3}$$

磁路里的磁通为

$$\Phi = \frac{F}{R_m} = \frac{F}{\dfrac{l_1}{\mu_1 S_1} + \dfrac{l_2}{\mu_2 S_2} + \dfrac{l_3}{\mu_3 S_3}} \qquad (2\text{-}17)$$

式(2-16)与电路的欧姆定律相似，称为磁路欧姆定律。磁路欧姆定律是对磁路进行分析时所用的最基本的定律，当磁路中某些参数发生变化，讨论对其他参数的影响时，用磁路欧姆定律来分析十分方便。

2) 安培环路定律

式(2-12)经过变换可以写成

$$F = IN = \Phi R_m = \Phi \frac{l_1}{\mu_1 S_1} + \Phi \frac{l_2}{\mu_2 S_2} + \Phi \frac{l_3}{\mu_3 S_3}$$

$$= B_1 \frac{l_1}{\mu_1} + B_2 \frac{l_2}{\mu_2} + B_2 \frac{l_3}{\mu_3}$$

$$= H_1 l_1 + H_2 l_2 + H_3 l_3 = \sum Hl \qquad (2\text{-}18)$$

式(2-18)称为安培环路定律。式中 $H_1 l_1$、$H_2 l_2$ 和 $H_3 l_3$ 称为磁路各段的磁压降。式(2-18)说明，磁路中任一个闭合路径上的磁压降的代数和等于总磁动势。此式与电路中的基尔霍夫电压定律相似，故又称为磁路的基尔霍夫定律。

为了加深对磁路的理解，表 2-6 中列出了磁路与电路的对照关系。

表 2-6   电路与磁路的对比

电 路	磁 路
电动势 E	磁动势 F
电流 I	磁通 Φ
电流密度 J	磁通密度 B
电阻率 ρ	磁导率 μ
电阻 $R = \rho \dfrac{l}{S}$	磁阻 $R_m = \dfrac{l}{\mu S}$
欧姆定律 $I = \dfrac{E}{R}$	欧姆定律 $\Phi = \dfrac{F}{R_m}$

应当指出，表 2-6 中磁路与电路的相似只是数学形式上的，本质上两者有根本的区别。首先它们是两种不同的物理现象，其次两者在特性上也有很大差别，例如电路有断路的情况，断路时电动势仍存在，但电路内的电流等于零，磁路则没有断路，磁动势的存在总伴随着磁通的存在。同时，如果电路内没有电动势，则电流等于零，而磁路内没有磁动势时，由于磁性材料有剩余磁感应强度，所以总存在着或多或少的磁通量。此外，电流在电路内流动时有

功率损耗 I^2R,而在磁路内 Φ^2R_m 并不代表功率损耗。就磁通本身来说,恒定的磁通量的维持并不需要消耗任何能量,磁路也不会引起发热。维持恒定磁通所消耗的能量,是由电流通过励磁绕组时,在绕组的电阻上有能量损耗造成的。

2.3 分贝的概念与应用

2.3.1 分贝的定义

在电磁兼容测量中,常用不同的单位表述测量值的大小。分贝(decibel)这个单位常被工程技术人员采用。

1. 功率

电磁兼容测量中,干扰的幅度可用功率来表述。功率的基本单位为瓦(W),为了表示变化范围很宽的数值关系,常常应用两个相同量比值的常用对数,以贝尔(bel)为单位。对于功率损失,贝尔定义为

$$损失(bel) = \lg \frac{输入功率}{输出功率} \tag{2-19}$$

当输入功率等于 10 倍的输出功率时,其损失为 $\lg10=1\mathrm{bel}$;换言之,1bel 的损失对应于 10∶1 的功率损失。

但是贝尔是一个较大的值,为使用方便,工程技术人员常采用 1/10 的贝尔单位 decibel,简称为分贝(dB)。这样 dB 被定义为

$$损失(dB) = 10\lg \frac{输入功率}{输出功率} \tag{2-20}$$

dB 也常用来表示两个相同量比值的大小,如功率 P_1 和 P_2 的比值为 P_dB,则有

$$P_\mathrm{dB} = 10\lg \frac{P_2}{P_1} \tag{2-21}$$

式中,P_1 和 P_2 应采用相同的单位。必须明确 dB 仅为两个量的比值,是无量纲的。随着 dB 表示式中的基准参考量的单位不同,dB 在形式上也带有某种量纲。比如基准参考量 P_1 为 1W,则 P_1/P_2 是相对于 1W 的比值,即以 1W 为 0dB。此时是以带有功率量纲的分贝 dBW 表示 P_2,所以

$$P_\mathrm{dBW} = 10\lg \frac{P_\mathrm{W}}{1\mathrm{W}} = 10\lg P_\mathrm{W} \tag{2-22}$$

式中,P_W 是实际测量值,以 W 为单位;P_dBW 是用 dBW 表示的测量值。

功率测量单位通常还采用分贝毫瓦(dBmW)。它是以 1mW 为基准参考量,表示 0dBmW,即

$$P_\mathrm{dBmW} = 10\lg \frac{P_\mathrm{mW}}{1\mathrm{mW}} = 10\lg P_\mathrm{mW} \tag{2-23}$$

显然,

$$0\mathrm{dBmW} = -30\mathrm{dBW} \tag{2-24}$$

类似地,$1\mu\mathrm{W}$ 作为基准参考量,表示 $0\mathrm{dB}\mu\mathrm{W}$,称为分贝微瓦。dBW、dBmW、dBμW 的换算关系为

$$P_\mathrm{dBW} = 10\lg P_\mathrm{W}$$

$$P_{\text{dBmW}} = 10\lg P_{\text{mW}} = 10\lg P_{\text{W}} + 30 \tag{2-25}$$

$$P_{\text{dB}\mu\text{W}} = 10\lg P_{\mu\text{W}} = 10\lg P_{\text{mW}} + 30 = 10\lg P_{\text{W}} + 60$$

2. 电压

电压的单位有伏(V)、毫伏(mV)、微伏(μV),电压的分贝单位(dBV、dBmV、dBμV)表示为

$$U_{\text{dBV}} = 20\lg \frac{U_{\text{V}}}{1\text{V}} = 20\lg U_{\text{V}}$$

$$U_{\text{dBmV}} = 20\lg \frac{U_{\text{mV}}}{1\text{mV}} = 20\lg U_{\text{mV}} \tag{2-26}$$

$$U_{\text{dB}\mu\text{V}} = 20\lg \frac{U_{\mu\text{V}}}{1\mu\text{V}} = 20\lg U_{\mu\text{V}}$$

电压以 V、mV、μV 为单位和以(dBV、dBmV、dBμV)为单位的换算关系为

$$U_{\text{dBV}} = 20\lg \frac{U_{\text{V}}}{1\text{V}} = 20\lg U_{\text{V}}$$

$$U_{\text{dBmV}} = 20\lg \frac{U_{\text{V}}}{10^{-3}\text{V}} = 20\lg U_{\text{V}} + 60 = 20\lg U_{\text{mV}} \tag{2-27}$$

$$U_{\text{dB}\mu\text{V}} = 20\lg \frac{U_{\text{V}}}{10^{-6}\text{V}} = 20\lg U_{\text{V}} + 120 = 20\lg U_{\text{mV}} + 60 = 20\lg U_{\mu\text{V}}$$

3. 电流

电流的单位是安(A)、毫安(mA)、微安(μA),电流的分贝单位(dBA、dBmA、dBμA)表示为

$$I_{\text{dBA}} = 20\lg \frac{I_{\text{A}}}{1\text{A}} = 20\lg I_{\text{A}}$$

$$I_{\text{dBmA}} = 20\lg \frac{I_{\text{mA}}}{1\text{mA}} = 20\lg I_{\text{mA}} \tag{2-28}$$

$$I_{\text{dB}\mu\text{A}} = 20\lg \frac{I_{\mu\text{A}}}{1\mu\text{A}} = 20\lg I_{\mu\text{A}}$$

电流以 A、mA、μA 为单位和以 dBA、dBmA、dBμA 为单位的换算关系为

$$I_{\text{dBA}} = 20\lg \frac{I_{\text{A}}}{1\text{A}} = 20\lg I_{\text{A}}$$

$$I_{\text{dBmA}} = 20\lg \frac{I_{\text{A}}}{10^{-3}\text{A}} = 20\lg I_{\text{A}} + 60 = 20\lg I_{\text{mA}} \tag{2-29}$$

$$I_{\text{dB}\mu\text{A}} = 20\lg \frac{I_{\text{A}}}{10^{-6}\text{A}} = 20\lg I_{\text{A}} + 120 = 20\lg I_{\text{mA}} + 60 = 20\lg I_{\mu\text{A}}$$

4. 电场强度

电场强度的单位是伏每分(V/m)、毫伏每分(mV/m)、微伏每分(μV/m),电场强度的分贝单位为 dBV/m、dBmV/m、dBμV/m。

$$E_{\text{dB}(\mu\text{V/m})} = 20\lg \frac{E_{\mu\text{V/m}}}{1\mu\text{V/m}} = 20\lg E_{\mu\text{V/m}} \tag{2-30}$$

因为

$$1\text{V/m} = 10^3 \text{mV/m} = 10^6 \mu\text{V/m} \tag{2-31}$$

则

$$1V/m = 0dBV/m = 60dBmV/m = 120dB\mu V/m \tag{2-32}$$

5. 磁场强度

磁场强度(H)的分贝 dBA/m 是以 1A/m 为基准的磁场强度的分贝数,同理可定义 dBmA/m 和 dBA/m 等,有些标准(例如在 GJB151—86 中)用的是磁通密度(B)单位,考虑到

$$B = \mu H \tag{2-33}$$

式中

$$\mu = 4\pi \times 10^{-7}\,H/m$$

所以在数量上有如下关系:

$$\{B\}_{dBT} = \{H\}_{dBA/m} - 118dB \tag{2-34}$$

因为

$$1T(特拉斯) = 10^{12}\,PT \tag{2-35}$$

则 0dBT=240dBPT,因此

$$\{B\}_{dBPT} = \{H\}_{dBT} + 240dB \tag{2-36}$$

$$\{B\}_{dBPT} = \{H\}_{dBA/m} + 122dB$$

6. 功率密度

功率密度的基本单位为 W/m^2,常用单位为 mW/cm^2 或 $\mu W/cm^2$。它们之间的关系是

$$S_{W/m^2} = 0.1S_{mW/cm^2} = 10^2 S_{\mu W/cm^2} \tag{2-37}$$

采用分贝表示时,有

$$S_{dB(W/m^2)} = S_{dB(mW/cm^2)} - 10dB = S_{dB(\mu W/cm^2)} + 20dB \tag{2-38}$$

7. 宽带电磁干扰(EMI)度量单位

宽带 EMI 测量单位是将上述规定的分贝单位再归一化到单位带宽即可得出。例如,dBmV/kHz 为归一化到每 1kHz 带宽内的以 1mV 为基准的电压分贝数。

表 2-7 列出了电磁发射和敏感度极限值的单位。

表 2-7 电磁发射和敏感度极限值的单位

类 型	窄 带	宽 带
传导发射	dBV、dBmV、dBμV 等 dBA、dBmA、dBμA 等	dBV/kHz、dBmV/MHz 等 dBA/kHz、dBmA/MHz 等
传导敏感度	dBV、dBmV、dBμV 等	dBV/kHz、dBmV/MHz 等
辐射发射	dBV/m、dBT 等	dBV/(m·kHz)等 dBmV/kHz 等
辐射敏感度	dBV/m、dBT 等	dBV/(m·kHz)等 dBmV/MHz 等

2.3.2 分贝的应用

1. 将 40W 转换为 dBW

$$(40W)_{dBW} = 10\lg\frac{40W}{1W} = 10\lg40 = 10 \times 1.602 = 16dBW$$

2. 将参考单位改为毫瓦（dBm）

$$1W = 10^3 \, mW$$

则

$$0dBW = 30dBmW$$

因此，16dBW 可表示为 30dBmW＋16dBmW＝46dBmW

3. 将 8mV 转换为 dBuV

$$(8mW)_{dB\mu V} = (8 \times 10^3 \mu V)_{dB\mu V} = 20lg8 + 20lg(10^3)$$

$$= 18dB\mu V + 60dB\mu V = 78dB\mu V$$

习题

1. 已知 $V=1mV$，请用 V_{dBmV}、$V_{dB\mu V}$、V_{dBnV} 和 V_{dBpV} 单位表示？

2. 功率信号发生器 XG26 最小输出功率 10^{-8} mW，最大输出功率 27W。请换算成 dBm。

3. 频谱分析仪和频率合成信号发生器采用阻抗为 50Ω、75Ω 和 300Ω 时，推导 dBp 和 dBn 之间的换算公式？

第 3 章

干扰耦合机理

无论在什么情况下,电磁兼容问题出现的情形总是存在两个互补的方面:一个干扰发射源和一个对此干扰敏感的受害设备。如果这两者中任何一个都不存在,那就不可能出现 EMC 问题。如果干扰源与受害设备都处于同一设备中,面临的则是一种"系统内部的" EMC 情况;如果它们处在两个不同的设备中,例如同一个计算机显示器与一个无线电接收机,则被称作"系统间的"EMC 情况。同一个设备在某一种情况下可能是一个干扰源,而在另一种情况下则可能是一个干扰敏感的受害设备。了解源产生的发射是如何被耦合到干扰敏感的受害设备上的,这是一个关键点,因为一个产品若想满足其性能规范,降低耦合因素通常是降低干扰影响的唯一途径。通常这两者之间是互易的,也就是说,用改善发射的方法也可以改善敏感性。

大多数电子硬件都包含了这样一些部件:它们具有类似于天线的特性,例如电缆、PCB布线、内部配线及机械结构等。这些部件能够通过与电路相耦合的电场、磁场或电磁场而不经意地转移能量。在实际情况下,设备之间和设备内部的耦合受到了屏蔽与绝缘材料的限制,同时也受到干扰与敏感设备,尤其是它们各自电缆的布局与接近程度的限制。电缆对电缆的耦合既可以是电容性的也可以是电感性的,并且取决于方位、长度及接近程度等因素。电缆是效率很高的电磁波接收天线,空间的电磁干扰往往首先被电缆接收到,然后传入到设备中,造成电路的误动作。电缆还是效率很高的电磁波辐射天线,当设备被屏蔽后,电缆是产生电磁波辐射的主要原因。当设备或系统不能满足有关电磁干扰的限制要求时,约 90% 是电缆的原因。

在电磁兼容设计时,必须分析传输电磁干扰的通路或媒介,即耦合途径。各种电磁干扰源与敏感设备间的耦合途径有传导、感应、辐射,以及它们的组合。

3.1 传导耦合

传导是干扰源与敏感设备之间的主要骚扰耦合途径之一。传导骚扰可以通过电源线、信号线、互连线、接地导体等进行耦合。

在音频和低频时,由于电源线、接地导体、电缆的屏蔽层等呈现低阻抗,故电流注入这些导体时易于传播。当噪声传导到其他敏感电路时,就可能产生骚扰作用。

传导耦合包括通过导体间的电容及互感而形成的干扰耦合。

3.1.1 电容性耦合

由于电容实际是由两个导体构成的,因此两根导线就构成了一个电容,称这个电容是导线之间的寄生电容。由于这个电容的存在,一个导线中的能量能够耦合到另一个导线上。这种耦合称为电容耦合或电场耦合。

1. 电容性耦合模型

图 3-1(a)表示一对平行导线所构成的两回路通过线间的电容耦合,其等效电路如图 3-1(b)所示。假设电路 1 为骚扰源电路,电路 2 为敏感电路,C 为导线 1 与导线 2 间的分布电容,由等效电路可计算出在回路 2 上的感应电压为

$$U_2 = \frac{R_2}{R_2 + X_c}U_1 = \frac{\mathrm{j}\omega CR_2}{1 + \mathrm{j}\omega CR_2}U_1 \tag{3-1}$$

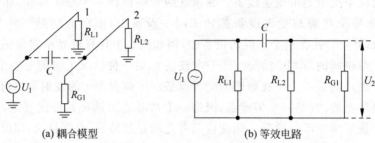

(a) 耦合模型   (b) 等效电路

图 3-1　电容性耦合模型

式中,

$$R_2 = \frac{R_{\mathrm{G1}}R_{\mathrm{L2}}}{R_{\mathrm{G1}} + R_{\mathrm{L2}}}, \quad X_C = \frac{1}{\mathrm{j}\omega C}$$

当耦合电容比较小时,即 $\omega CR_2 \ll 1$ 时,式(3-1)可以简化为

$$U_2 = \mathrm{j}\omega CR_2 U_1 \tag{3-2}$$

从式(3-2)可以看出,电容性耦合引起的感应电压正比于骚扰源的工作频率 ω、敏感电路对地的电阻 R_2(一般情况下为阻抗)、分布电容 C、骚扰源电压 U_1;电容性耦合主要在射频频率形成骚扰,频率越高,电容性耦合越明显;电容性耦合的骚扰作用相当于在电路 2 与地之间连接了一个幅度为 $I_n = \mathrm{j}\omega CU_1$ 的电流源。

一般情况下,骚扰源的工作频率 ω、敏感电路对地的电阻 R_2(一般情况下为阻抗)、骚扰电压 U_1 是预先给定的,所以,抑制电容性耦合的有效方法是减小耦合电容 C。

下面继续分析另一个电容性耦合模型。该模型是在前一模型的基础上除了考虑两导线(两电路)间的耦合电容外,还考虑每一电路的导线与地之间所存在的电容。地面上两导体之间电容性耦合的简单表示如图 3-2 所示。

图 3-2 中,C_{12} 是导体 1 与导体 2 之间的杂散电容,C_{1G} 是导体 1 与地之间的电容,C_{2G} 是导体 2 与地之间的电容,R 是导体 2 与地之间的电阻。电阻 R 出自于连接到导体 2 的电路,不是杂散元件,电容 C_{2G} 由导体 2 对地的杂散电容和连接到导体 2 的任何电路的影响组成。

作为骚扰源的导体 1 的骚扰源电压为 U_1,受害电路为电路 2。任何直接跨接在骚扰两端的电容,比如图 3-2 中的 C_{12} 能够被忽略,因为它不影响在导体 2 与地之间耦合的骚扰电压 U_N。根据图 3-2(b)的等效电路,导体 2 与地之间耦合的骚扰电压 U_N 能够表示为

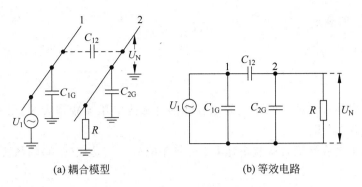

(a) 耦合模型　　　　　　(b) 等效电路

图 3-2　地面上两导线间电容性耦合模型

$$U_N = \frac{j\omega C_{12}R}{1 + j\omega R(C_{12} + C_{2G})}U_1 \qquad (3\text{-}3)$$

如果 R 为低阻抗,即满足

$$R \ll \frac{1}{j\omega(C_{12} + C_{2G})}$$

那么,式(3-3)可化简为

$$U_N \approx j\omega C_{12}RU_1 \qquad (3\text{-}4)$$

式(3-4)表明,电容性耦合的骚扰作用相当于在导体 2 与地之间连接了一个幅度为 $I_n = j\omega C_{12}U_1$ 的电流源。式(3-4)是描述两导体之间电容性耦合的最重要的公式,它清楚地表明了拾取(耦合)的电压依赖于相关参数。假定骚扰源的电压 U_1 和工作频率 f 不能改变,这样只留下两个减小电容性耦合的参数 C_{12} 和 R。减小耦合电容的方法是导体合适的取向、屏蔽导体、分隔导体(增加导体间的距离)。若两导体之间距离加大,C_{12} 的实际值会减小,因此降低了导体 2 上感应到的电压,若两平行导体间分隔距离为 D,且导体直径为 d,则

$$C_{12} = \pi\varepsilon_0 / \cosh^{-1}(D/d) \qquad (3\text{-}5a)$$

当 $D/d > 3$ 时,C_{12} 可简化为

$$C_{12} = \pi\varepsilon_0 / \ln(2D/d) \qquad (3\text{-}5b)$$

其中,$\varepsilon_0 = 8.85 \times 10^{-12}$ F/m。导体间的距离与电容性干扰之间的关系如图 3-3 所示。0dB 的参考点是取自导体间的相隔距离,为导体直径的 3 倍,而由图 3-3 中可看出相隔距离超过 40 倍的导体直径后,再增加隔开的距离也无法得到显著的衰减量。

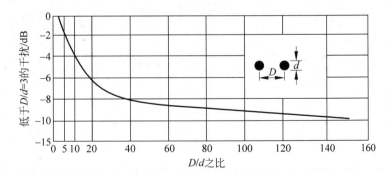

图 3-3　导体间的间隔对电容性干扰耦合的影响

如果 R 为高阻抗,即满足

$$R \gg \frac{1}{\mathrm{j}\omega(C_{12} + C_{2G})}$$

那么,式(3-3)可简化为

$$U_N = \frac{C_{12}}{C_{12} + C_{2G}} U_1 \tag{3-6}$$

式(3-6)表明,在导体 2 与地之间产生的电容性耦合骚扰电压与频率无关,且在数值上大于式(3-4)表示的骚扰电压。

图 3-4 给出了电容性耦合骚扰电压 U_N 的频率响应。它是式(6-3)的骚扰电压 U_N 与频率的关系曲线图。

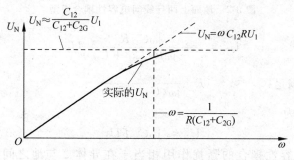

图 3-4 电容性骚扰耦合与频率的关系

正如前面已经分析的那样,式(3-6)给出了最大的骚扰电压 U_N。图 3-4 也说明,实际的骚扰电压 U_N 总是小于或等于式(3-4)给出的骚扰电压 U_N。当频率满足下式关系时:

$$\omega = \frac{1}{R(C_{12} + C_{2G})} \tag{3-7}$$

式(3-4)就给出了实际骚扰电压 U_N(式(3-3)的值)的 $\sqrt{2}$ 倍的骚扰电压值。在几乎所有的实际情况中,频率总是小于式(3-7)所表示的频率,式(3-4)表示的骚扰电压 U_N 总是适合的。表 3-1 列出了几种典型传输线的电容计算公式。表 3-2 列出几种导线及传输线间的互感公式。

表 3-1 几种典型传输线电容计算公式

传 输 类 型	图 示	单位长度地电容/(F·m⁻¹)
平行直导线	$a=2r$,线长为 l,两导体半径为 r,间距为 d	$\dfrac{C}{l} = \dfrac{\pi\varepsilon_0}{\mathrm{arcch}\,\dfrac{d}{a}} = \dfrac{\pi\varepsilon_0}{\ln\left(\dfrac{d+\sqrt{d^2-a^2}}{a}\right)}$ 当 $d \gg a$ 时,$\dfrac{C}{l} \approx \dfrac{\pi\varepsilon_0}{\ln\dfrac{2d}{a}}$
	两导体半径为 r_1、r_2,间距为 d	当 $d \gg r_1, r_2$ 时,$\dfrac{C}{l} \approx \dfrac{2\pi\varepsilon_0}{\ln\dfrac{d^2}{r_1 r_2}}$

续表

传 输 类 型	图　　示	单位长度地电容/$(F \cdot m^{-1})$
与大地平行的直导线		$$\frac{C}{l} = \frac{2\pi\varepsilon_0}{\ln\left(\dfrac{h+\sqrt{h^2+r^2}}{r}\right)}$$
		$$\frac{C}{l} = \frac{4\pi\varepsilon_0 \ln\dfrac{f}{d}}{\ln\dfrac{2h_1}{r_1}\ln\dfrac{2h_2}{r_2} - \left(\ln\dfrac{f}{d}\right)^2}$$ 当 $r_1 = r_2 = r, h_1 = h_2 = h$ 时, $$\frac{C}{l} = \frac{4\pi\varepsilon_0 \ln\dfrac{f}{d}}{\left(\ln\dfrac{2h}{r}\right)^2 - \left(\ln\dfrac{f}{d}\right)^2}$$
同轴电缆		$$\frac{C}{l} = \frac{2\pi\varepsilon}{\ln\dfrac{b}{a}}$$
		$$\frac{C}{l} = \frac{2\pi}{\dfrac{1}{\varepsilon_1}\ln\dfrac{b}{a} + \dfrac{1}{\varepsilon_2}\ln\dfrac{c}{b}}$$

表 3-2　几种导线及传输线间的互感公式

类　　型	图　　示	互 感 公 式
两平行导线		$$\frac{M}{l} = \frac{\mu_0}{2\pi}\left[\ln\left(\frac{l+\sqrt{l^2+d^2}}{d}\right) - \sqrt{1-\frac{d^2}{l^2}} + \frac{d}{l}\right]$$ 当 $l \gg d$ 时, $$\frac{M}{l} = \frac{\mu_0}{2\pi}\left(\ln\frac{2l}{d} + \frac{d}{l} - 1\right)$$
平行于大地两平行导线		$$\frac{M}{l} = 0.1\ln\left(1 + 4\frac{h^2}{d^2}\right)$$
		$$\frac{M}{l} = 0.2\ln\left(1 + 2\frac{h}{d}\right)$$

续表

类　　型	图　　示	互感公式
长导线与矩形框同轴圆线圈		$M = \dfrac{\mu_0 l}{2\pi} \ln \dfrac{b}{a}$
		$M = \dfrac{\mu_0 \pi a_1^2 a_2^2}{2(a_1^2 + a_2^2)^{3/2}} \cos\theta$
两组平行传输线		$\dfrac{M}{l} = 0.2\ln \dfrac{\sqrt{(D-b\sin\theta)^2 + (a+b\cos\theta)^2}}{\sqrt{(D-b\sin\theta)^2 + (a-b\cos\theta)^2}}$ $\cdot \dfrac{\sqrt{(D+b\sin\theta)^2 + (a+b\cos\theta)^2}}{\sqrt{(D+b\sin\theta)^2 + (a-b\cos\theta)^2}}$
		$\dfrac{M}{l} = 0.2\ln \dfrac{\sqrt{(D-b)^2 + (a+d)^2}}{\sqrt{(D-b)^2 + (a-d)^2}}$ $\cdot \dfrac{\sqrt{(D+b)^2 + (a-d)^2}}{\sqrt{(D+b)^2 + (a+d)^2}}$

2. 屏蔽体对电容性耦合的作用

现在考虑导体 2 有一管状屏蔽体时的电容性耦合，如图 3-5 所示。其中 C_{12} 表示导体 2 延伸到屏蔽体外的那一部分与导体 1 之间的电容，C_{2G} 表示导体 2 延伸到屏蔽体外的那一部分与地之间的电容，C_{1S} 表示导体 1 与导体 2 的屏蔽体之间的电容，C_{2S} 表示导体 2 与其屏蔽体之间的电容，C_{SG} 表示导体 2 的屏蔽体与地之间的电容。

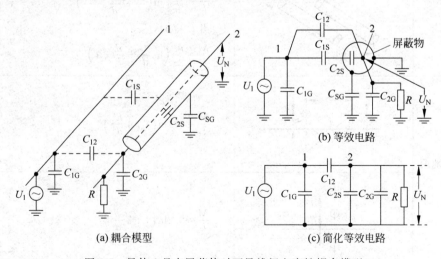

(a) 耦合模型　　　　　(b) 等效电路　　　　　(c) 简化等效电路

图 3-5　导体 2 具有屏蔽体时两导线间电容性耦合模型

首先考虑导体 2 的对地电阻为无限大的值,导体 2 完全屏蔽,此时 C_{12}、C_{2G} 均为零。由图 3-5(b)可知,屏蔽体拾取到的骚扰电压为 U_s:

$$U_s = \frac{C_{1S}}{C_{1S} + C_{SC}} U_1 \tag{3-8}$$

由于没有耦合电流通过 C_{2S},所以完全屏蔽的导体 2 所拾取的骚扰电压为

$$U_N = U_s \tag{3-9}$$

如果屏蔽体接地,那么电压 $U_s = 0$,从而 $U_N = 0$。导体 2 完全屏蔽,即导体 2 不延伸到屏蔽体外的情况是理想情况。

实际上,导体 2 通常延伸到屏蔽体外,如图 3-5(a)所示。此时,C_{12}、C_{2G} 均需要考虑。

屏蔽体接地,且导体 2 的对地电阻为无限大的值时,导体 2 上耦合的骚扰电压为

$$U_N = \frac{C_{12}}{C_{12} + C_{2G} + C_{2S}} U_1 \tag{3-10}$$

C_{12} 的值取决于导体 2 延伸到屏蔽体外的那一部分的长度。良好的电场屏蔽必须使导体 2 延伸到屏蔽体外的那一部分的长度最小,必须提供屏蔽体的良好接地。假定电缆的长度小于一个波长,单点接地就可以实现良好的屏蔽体接地。对于长电缆,多点接地是必须的。

最后,考虑导体 2 的对地电阻为有限值的情况。根据图 3-5(c)的简化等效电路可知,导体 2 上耦合的骚扰电压为

$$U_N = \frac{j\omega C_{12} R}{1 + j\omega R (C_{12} + C_{2G} + C_{2S})} U_1 \tag{3-11}$$

$R \ll \dfrac{1}{j\omega(C_{12} + C_{2G} + C_{2S})}$ 时,式(3-11)可简化为

$$U_N \approx j\omega R C_{12} U_1 \tag{3-12}$$

式(3-12)和式(3-4)的形式完全一样,但是由于导体 2 此时被屏蔽体屏蔽,C_{12} 的值取决于导体 2 延伸到屏蔽体外的那一部分的长度,因此 C_{12} 大大减小,从而降低了 U_N。

3.1.2 电感性耦合

当一根导线上的电流发生变化而引起周围的磁场发生变化时,若另一根导线在这个变化的磁场中,则这根导线上会感应出电动势。于是,一根导线上的信号就耦合进了另一根导线。这种耦合称为电感性耦合或磁耦合。

1. 电感性耦合模型

电感性耦合也称为磁耦合,它是由磁场的作用所引起的。当电流 I 在闭合电路中流动时,该电流就会产生与此电流成正比的磁通量 Φ。I 与 Φ 的比例常数称为电感 L,由此能够写出

$$\Phi = LI \tag{3-13}$$

电感的值取决于电路的几何形状和包含场的媒质的磁特性。

当一个电路中的电流在另一个电路中产生磁通时,这两个电路之间就存在互感 M_{12},其定义为

$$M_{12} = \frac{\Phi_{12}}{I_1} \tag{3-14}$$

Φ_{12} 表示电路 1 中的电流 I_1 在电路 2 产生的磁通量。

由法拉第定律可知,磁通密度为 B 的磁场在面积为 S 的闭合回路中感应的电压为

$$U_N = \frac{d}{dt} \int_S \vec{B} \cdot d\vec{S} \qquad (3\text{-}15)$$

其中 $\vec{B}$ 与 $\vec{S}$ 是向量,如果闭合回路是静止的,则磁通密度随时间作正弦变化且在闭合回路面积上是常数,$\vec{B}$ 与 $\vec{S}$ 的夹角为 θ,那么式(3-15)可简化为

$$U_N = j\omega B S \cos\theta \qquad (3\text{-}16)$$

如图 3-6 所示,S 是闭合回路的面积,B 是角频率为 ω(rad/s)的正弦变化磁通密度的有效值,U_N 是感应电压的有效值。

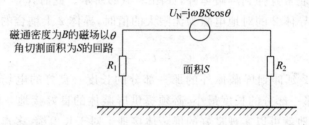

图 3-6　感应电压取决于回路包围的面积 S

因为 $BS\cos\theta$ 表示耦合到敏感电路的总磁通量,所以能够把式(3-14)和式(3-16)结合起来,用两电路之间的互感 M 表示感应电压 U_N,有

$$U_N = j\omega M I_1 = M \frac{di_1}{dt} \qquad (3\text{-}17)$$

式(3-16)和式(3-17)是描述两电路之间电感性耦合的基本方程。

图 3-7 表示由式(3-17)描述的两电路之间的电感性耦合。I_1 是干扰电路中的电流,M 是两电路之间的互感。式(3-16)和式(3-17)中出现的角频率为 ω/(rad/s),表明耦合与频率成正比。为了减小骚扰电压,必须减小 B、S、$\cos\theta$。

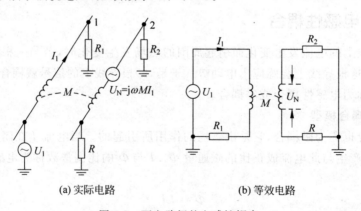

(a) 实际电路　　　　　　　　　　(b) 等效电路

图 3-7　两电路间的电感性耦合

欲减少 B 的值,可加大电路间的距离或将导线绞绕,使绞线产生的磁通密度 B 能互相抵消掉。至于受干扰电路的面积 S,可将导线尽量置于接地面上,使其减至最小;或利用绞线的其中一条为地电流回路,使地电流不经接地平面,以减少回路所围的面积。$\cos\theta$ 的减小则可通过重新安排干扰源与受干扰者的位置来实现。

磁场与电场间的干扰有区别：第一，减小受干扰电路的负载阻抗未必能使磁场干扰的情况改善；而对于电场干扰的情况，减小受干扰电路的负载阻抗可以改善干扰的情况。第二，磁场干扰中，电感耦合电压串联在被干扰导体中，而电场干扰中，电容耦合电流并联在导体与地之间。

利用这一特点，可以分辨干扰是电感耦合还是电容耦合。在被干扰导体的一端测量干扰电压，在另一端减小端接阻抗。如果测量的电压减小，则干扰是通过电容耦合的；如果测量的电压增加，则干扰是通过电感耦合的（如图 3-8 所示）。

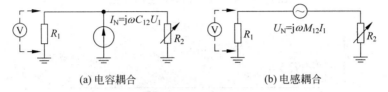

(a) 电容耦合　　　　　　　　(b) 电感耦合

图 3-8　电容耦合与电感耦合的判别

2. 带有屏蔽体的电感性耦合

（1）如果在图 3-7 的导体 2 外放置一管状屏蔽体，如图 3-9 所示。考查一个屏蔽体是否对电感耦合起作用，只要看屏蔽体的引入是否改变了原来的磁场分布。设屏蔽体是非磁性材料构成的，且只有单点接地或没有接地。由于屏蔽是非磁性材料的，它的存在对导体周围的磁通密度没有影响，因此导体 1 与导体 2 的互感 M_{12} 没有变化。所以导体 1 在导体 2 上感应的电压与没有屏蔽时是相同的。

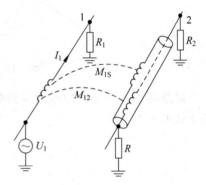

图 3-9　导体 2 带有屏蔽体的电感耦合

在磁场的作用下，屏蔽体上也会感应出电压，设导体 1 与屏蔽体间的互感为 M_{1S}，则导体 1 上的电流 I_1 在屏蔽体上感应的电压为

$$U_S = j\omega M_{1S} I_1 \tag{3-18}$$

但由于屏蔽体只单点接地或没有接地，因此屏蔽体上没有电流，不会产生额外的磁场，因此这个屏蔽层对磁场耦合没有任何影响，如果屏蔽体的两端接地，则屏蔽层上会有电流流过，这个电流会产生一个附加的磁场。引起导体 2 周围磁场的变化，因此对电感耦合有一定影响。

为了分析这种情况，首先研究屏蔽层与内导体之间的耦合。

当一个空心管上有均匀电流 I_S 时，所有的磁场在管子外部，在管子的内部没有磁场。因此，当管子内部有一个导体时，管子上流过电流产生的磁场同时包围管子和内导体（如图 3-10 所示）。管子的电感（自感）为 $L_S = \Phi / I_S$，内导体与管子之间的互感为 $M = \Phi / I_S$，由于包围这两个导体的磁通相同，因此，

$$M = L_S \tag{3-19}$$

即屏蔽层与内导体之间的互感等于屏蔽层的电感（自感）。这个结论是假设管子上的电流均匀分布，而没有规定内导体的位置，因此这个结论不局限于同轴电缆。图 3-11 显示了屏蔽层的磁场耦合屏蔽效果。

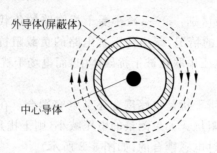

图 3-10　屏蔽层与内导体之间互感

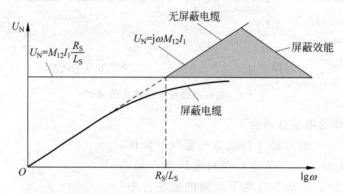

图 3-11　屏蔽层的磁场耦合屏蔽效果

屏蔽体与中心导体的等效电路如图 3-12 所示,屏蔽体上的电流 I_S 在中心导体上感应的干扰电压为

$$U_N = j\omega M I_S \tag{3-20}$$

$$I_S = \frac{U_S}{R_S + j\omega L_S} \tag{3-21}$$

其中 L_S 及 R_S 为屏蔽体的电感和电阻,考虑到 $M = L_S$,由式(3-20),可得式(3-21)有

$$U_N = \left[\frac{j\omega}{j\omega + \dfrac{R_S}{L_S}}\right] U_S \tag{3-22}$$

当 $\omega \ll \omega_C$(即 $\omega \ll R_S/L_S$)时,$U_N \approx j\omega L_S U_S/R_S$;

当 $\omega = \omega_C = R_S/L_S$ 或 $f = f_C = R_S/(2\pi L_S)$ 时,$|U_N| = 0.5|U_S|$;

当 $\omega = 5\omega_C = 5R_S/L_S$ 时,$|U_N| = 0.98|U_S|$。

这就是说,当屏蔽体有电流 I_S 时,中心导体上感应的干扰电压小于屏蔽体上的感应电压,而当 $\omega \geqslant 5\omega_C$ 时,$|U_N| \approx |U_S|$(如图 3-13 所示)。

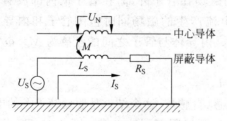

图 3-12　屏蔽体的等效电路

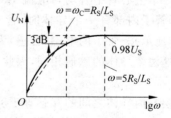

图 3-13　同轴电缆屏蔽体电流引起的
中心导体上的感应电压

当图 3-9 所示的屏蔽体两端接地时,由于屏蔽体两端接地,屏蔽体电流流动且产生一个干扰(骚扰)电压进入导体 2,因此,感应进入导体 2 的干扰(骚扰)电压有两部分:导体 1 的直接感应骚扰电压 U_{12} 和感应的屏蔽体电流产生的骚扰电压 U_{S2}。注意,这两个感应电压具有相反的极性。因此,感应进入导体 2 的干扰(骚扰)电压可以表示为

$$U_N = U_{12} - U_{S2} \tag{3-23}$$

根据上面的分析有

$$U_{12} = j\omega M_{12} I_1 \tag{3-24}$$

$$U_{S2} = \left[\frac{j\omega}{j\omega + \dfrac{R_S}{L_S}}\right] U_S = \left[\frac{j\omega}{j\omega + \dfrac{R_S}{L_S}}\right] j\omega M_{1S} I_1 \tag{3-25}$$

注意到导体 1 与屏蔽体间的互感 M_{1S} 等于导体 1 与导体 2 间的互感 M_{12}(相对于导体 1,屏蔽体和导体 2 放置于空间的相同位置),则式(3-23)变为

$$U_N = j\omega M_{12} I_1 \left[\frac{\dfrac{R_S}{L_S}}{j\omega + \dfrac{R_S}{L_S}}\right] \tag{3-26}$$

当频率很低时,即 $j\omega L_S \ll R_S$,有

$$U_N = j\omega M_{12} I_1 \tag{3-27a}$$

这时,电感耦合与无屏蔽相同。

当频率较高时,即 $j\omega L_S \gg R_S$,有

$$U_N = M_{12} I_1 \frac{R_S}{L_S} \tag{3-27b}$$

这时,感应的干扰(骚扰)电压不随频率增加而增加,保持一个常数,这个数与没有屏蔽时的差值就是屏蔽效果,如图 3-11 中阴影所示部分。

(2) 当图 3-7 所示的导体 1(干扰源)带有一管状屏蔽体时,其干扰耦合与屏蔽体的接地方式有关,当屏蔽体两端同时接地时,如图 3-14 所示。

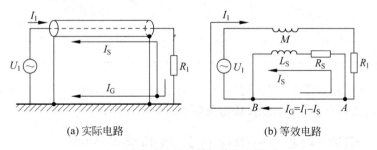

(a) 实际电路　　　　　　　　　(b) 等效电路

图 3-14　屏蔽体与接地面间的分流

由图 3-14(b)中接地回路($A \rightarrow R_S \rightarrow L_S \rightarrow B \rightarrow A$)可列出方程:

$$j\omega M I_1 = (j\omega L_S + R_S) I_S \tag{3-28}$$

考虑到 $L_S = M$,由上式可得

$$I_\mathrm{s} = \frac{\mathrm{j}\omega L_\mathrm{s}}{\mathrm{j}\omega L_\mathrm{s} + R_\mathrm{s}} I_1 = \frac{\mathrm{j}\omega}{\mathrm{j}\omega + \dfrac{R_\mathrm{s}}{L_\mathrm{s}}} I_1 = \frac{\mathrm{j}\omega}{\mathrm{j}\omega + \omega_\mathrm{C}} I_1 \tag{3-29}$$

式中，$\omega_\mathrm{C} = R_\mathrm{s}/L_\mathrm{s}$，$\omega_\mathrm{C} = 2\pi f_\mathrm{C}$，$f_\mathrm{C}$ 是屏蔽体的截止频率(其值参见表 3-3)，当 $\omega \gg \omega_\mathrm{C}$ 时(例如 $\omega = 5\omega_\mathrm{C} = 5R_\mathrm{s}/L_\mathrm{s}$)，则 $I_\mathrm{s} \approx I_1$，即屏蔽体上的电流 I_s 大小与中心导体上的电流 I_1 相同，而方向相反，因此屏蔽体上电流 I_s 产生的磁场与中心导体上电流 I_1 产生的磁场相抵消，此时屏蔽体外不再有磁场存在，从而抑制了磁(电感)耦合。但这种措施只有当 $\omega > 5\omega_\mathrm{C}$ 时，才能有效地减少磁场外泄，当频率较低时，由于 $|I_\mathrm{s}| < |I_1|$，屏蔽体上的电流 $|I_\mathrm{s}|$ 产生的磁场不能抵消中心导体电流 $|I_1|$ 产生的磁场。为了解决这一问题，可将屏蔽体的一端不接地面而与负载连接，如图 3-15 所示。

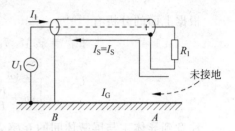

图 3-15 屏蔽体单端接地

表 3-3 屏蔽体截止频率的测量值

电 缆	阻抗/Ω	截止频率/kHz	5 倍截止频率/kHz	备 注
同轴电缆				
RG-6A	75	0.6	3.0	双层屏蔽
RG-213	50	0.7	3.5	
RG-214	50	0.7	3.5	双层屏蔽
RG-62A	93	1.5	7.5	
RG-59C	75	1.6	8.0	
RG-58C	50	2.0	10.0	
屏蔽地绞线				
754E	125	0.8	4.0	双层屏蔽
24Ga	—	2.2	11.0	
22Ga		7.0	35.0	铝箔屏蔽物
屏蔽的单线				
24Ga		4.0	20.0	

此时不管在任何频率上，$|I_\mathrm{s}|$ 均与 $|I_1|$ 相等，方向相反，故 I_s 产生的磁场抵消了 I_1 产生的磁场，使屏蔽体外不存在磁场，从而抑制了磁场(电感)耦合。

3.1.3 电容性耦合与电感性耦合的综合考虑

前面研究的电容性耦合及电感性耦合的模型及计算，是假定只有单一类型的干扰耦合而没有其他类型耦合的情况，但事实上各种耦合途径是同时存在的。当耦合程度较小且只考虑线性电路分量时，电容性耦合(电耦合)和电感性耦合(磁耦合)的电压可以分开计算，然后再找出其综合干扰效应。

由前面的分析可知，电容性耦合与电感性耦合的干扰有两点差别：首先，电感性耦合干扰电压是串联于受害电路上,而电容性耦合干扰电压是并联于受害电路上;其次,对于电感性耦合干扰,可用降低受害电路的负载阻抗来改善干扰情况,而对于电容性耦合,其干扰情况与电路负载无关。

根据第一点差别不难看出,在靠近干扰源的近端和远端,电容耦合的电流方向相同,而电感耦合的电流方向相反。图 3-16(a)给出电容耦合和电感耦合同时存在的示意图,设在 R_{2G} 及 R_{2L} 上的电容耦合电流分别为 I_{C1} 及 I_{C2},而电感耦合电流分别为 I_{L1} 及 I_{L2},显然 $I_{L1}=-I_{L2}=I_L$,在靠近干扰源近端 R_{2G} 上的耦合干扰电压为

$$U_{2G} = (I_{C1} + I_L)R_{2G} \tag{3-30}$$

远端负载 R_{2L} 上的耦合干扰电压为

$$U_{2L} = (I_{C2} - I_L)R_{2L} \tag{3-31}$$

由式(3-30)、式(3-31)可见,对于靠近干扰源端(近端)电容性耦合电压与电感性耦合电压相叠加,而对于靠近负载端,或者说远离干扰源端,总干扰电压等于电容性耦合电压减去电感性耦合电压,在进行相减计算时,是以复数形式进行的。

图 3-16(b)为图 3-16(a)的等效电路,由上面的分析可求得在靠近干扰源端(近端)干扰电压为

$$U_{2G} = U_{(电容性耦合)} + U_{(电容性耦合)}$$
$$= U_0\left[\frac{R_1}{R_1+R_0}\cdot\frac{R_2}{R_2+X_C}\right] + U_0\left[\frac{j\omega M}{R_1+R_0}\cdot\frac{R_{2G}}{R_{2G}+R_{2L}}\right] \tag{3-32}$$

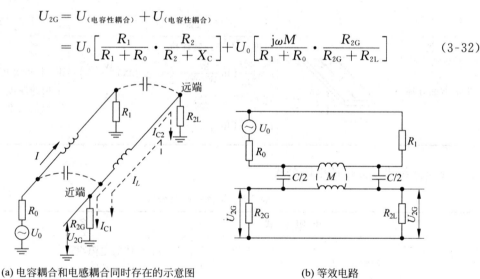

(a) 电容耦合和电感耦合同时存在的示意图　　(b) 等效电路

图 3-16　电容性耦合与电感性耦合的综合影响

靠近负载端(远端)的干扰电压为

$$U_{2L} = U_{(电容性耦合)} - U_{(电容性耦合)}$$
$$= U_0\left[\frac{R_1}{R_1+R_0}\cdot\frac{R_2}{R_2+X_C}\right] - U_0\left[\frac{j\omega M}{R_1+R_0}\cdot\frac{R_{2G}}{R_{2G}+R_{2L}}\right] \tag{3-33}$$

式中,
$$X_C = \frac{1}{j\omega C}$$
$$R = \frac{R_{2L}R_{2G}}{R_{2L}+R_{2G}}$$

表 3-4 给出了几种导线及传输线的电感(自感)公式。

表 3-4 几种导线及传输线的电感（自感）公式

类　型	图　示	电感（自感）公式	备　注
平行双导线		$\dfrac{L}{l}=\dfrac{\mu}{\pi}\left(\ln\dfrac{2D}{d}+\dfrac{1}{4}\right)$	D：两导线间的距离/m； d：导线的直径/m； l：导线的长度/m； μ：导体间介质导磁率 $\mu=\mu_0\mu_r$
同轴电缆		$\dfrac{L}{l}=\dfrac{\mu}{2\pi}\left(\ln\dfrac{b}{a}+\dfrac{1}{4}\right)$	a：内导线的半径/m； b：外导线的半径/m； l：同轴线的长度/m； μ：导体间介质导磁率 $\mu=\mu_0\mu_r$
单根直导线		若导线的半径小于趋肤深度： $L=\dfrac{\mu_0 l}{2\pi}\left(\ln\dfrac{4l}{d}-1+\dfrac{\mu_r}{4}+\dfrac{d}{2l}\right)$ 若导线的半径大于趋肤深度： $L=\dfrac{\mu_0 l}{2\pi}\left(\ln\dfrac{4l}{d}-1\right)$	D：导线的直径/m； l：导线的长度/m； μ_r：导线的相对导磁率， 对于非铁磁物质 $\mu_r=1$； $\mu_0=4\pi10^{-7}$
矩形截面导体		厚度远小于趋肤深度： $L=\dfrac{\mu_0 l}{2\pi}\left(\ln\dfrac{2l}{W+t}+\dfrac{1}{2}+0.2235\dfrac{W+t}{l}\right)$ 若 $l\gg W+t$ 时： $L=\dfrac{\mu_0 l}{2\pi}\left(\ln\dfrac{2l}{W+t}+\dfrac{1}{2}\right)$	W：板的宽度/m； t：板的厚度/m； l：板的长度/m

表 3-5 给出了导体的电阻公式。

表 3-5 导体的电阻公式

类　型	电阻公式	备　注
直流电阻	导体的电阻 $R_d=\dfrac{\rho l}{A}=\dfrac{l}{\sigma A}$ $\sigma=\dfrac{1}{\rho}=\sigma_0\sigma_r$	ρ：导体的电阻率； l：导体的长度； σ：导体的电导率； σ_0：铜的电导率； σ_r：导体对铜的相对电导率； A：导体的横截面积
	对于金属接地面 $R_d=\dfrac{\rho l}{A}=\dfrac{l}{\sigma lt}=\dfrac{1}{\sigma t}=\dfrac{1}{\sigma_0\sigma_r t}$	l：两接地点间的距离； t：接地板的厚度； σ：接地板的导体的电导率； σ_0：铜的电导率； σ_r：接地板金属相对铜的相对电导率

续表

类　型	电阻公式	备　注
交流电阻	低频时 $$R=R_\mathrm{d}\left(1+\frac{x^4}{3}\right)$$ $$x=0.5r\sqrt{\pi f\sigma\mu}$$	R_d：直流电阻； r：导线半径； f：频率； σ：导线的电导率； μ：导线的磁导率，$\mu=\mu_0\mu_\mathrm{r}$； μ_0：真空磁导率； μ_r：相对磁导率
	高频时 $$R=R_\mathrm{d}\left(x+\frac{1}{4}+\frac{3}{64x}\right)$$ $$x=0.5r\sqrt{\pi f\sigma\mu}$$	R_d：直流电阻； r：导线半径； f：频率； σ：导线的电导率； μ：导线的磁导率，$\mu=\mu_0\mu_\mathrm{r}$； μ_0：真空磁导率； μ_r：相对磁导率
	工程上近似计算常用 $$R\approx R_\mathrm{d}K\sqrt{f}$$ $$K=0.5r\sqrt{\pi\sigma\mu}$$	R_d：直流电阻； r：单线半径； f：频率； σ：导线的电导率； μ：导线的磁导率，$\mu=\mu_0\mu_\mathrm{r}$； μ_0：真空磁导率； μ_r：相对磁导率

3.2　高频耦合

前面所研究的线间耦合是低频情况下的耦合，即导线长度较波长小得多的情况，在高频时，导体的电感和电容将不可忽略。此时电抗值将随频率而变化，感抗随频率增加而增加，容抗随频率增加而减小。在无线电频率范围内，长电缆上的骚扰传播，应按传输线特性来考虑，而不能按集总电路元件来考虑。

根据传输线特性，对于长度与频率所对应的 $\lambda/4$ 可以比拟（或大于）的导体，其特性阻抗为 $\sqrt{L/C}$。其端接阻抗应等于该导体的特性阻抗，实际上这是不大可能的。因此，在其终端会出现反射，形成驻波。在无线电频率范围内，许多实际系统中的驻波现象均有明显的骚扰耦合作用。

当频率较高，其导线长度等于或大于 1/4 波长时，前面的公式就不再适用了，因为不能用集总阻抗的方法来处理分布参数阻抗。此时，区别电容耦合或电感耦合已没有意义，需要用分布参数电路理论，求解线上的电流波与电压波来计算线间的干扰耦合。

3.2.1　分布参数电路的基本理论

由电磁场理论可知，在导线或传输线上有分布电阻及分布电感，导线间存在分布电容和由于绝缘不完善而产生的分布电导。在低频时，或者说当波长远大于线长时，这些分布参数对线上传输的电流、电压的影响很小,故把电路作为集总参数电路来处理。当频率很高使得线长可以和波长相比较时,线上的分布参数对电流、电压的影响很大,此时需要用分布参数理论来研究。

对于分布参数电路,线上任一无限小线元 Δz 上都分布有电阻 $R\Delta z$、电感 $L\Delta z$ 及线间分布电导 $G\Delta z$ 和电容 $C\Delta z$。这里 R、L、G 和 C 分别为线上单位长度的分布电阻、电感、电导和电容,其数值与传输线的形状、尺寸、导线材料及周围填充的介质参数有关。

对于距传输线始端 z 处线元 Δz 的等效电路可用图 3-17 表示,设 z 处的电压和电流分别为 $u(z)$ 和 $i(z)$,$z+\Delta z$ 处的电压和电流分别为 $u(z+\Delta z)$ 和 $i(z+\Delta z)$,由于 $\Delta z \ll \lambda$,所以可将线元 Δz 看成集总参数电路,应用基尔霍夫定律可导出均匀传输线方程:

$$\frac{\mathrm{d}U}{\mathrm{d}z} = -ZI \tag{3-34a}$$

$$\frac{\mathrm{d}I}{\mathrm{d}z} = -YU \tag{3-34b}$$

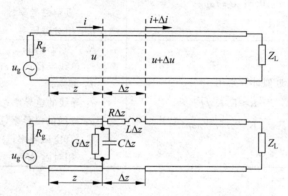

图 3-17　传输线上 z 线元 Δz 的等效电路

式中,

$$Z = R + \mathrm{j}\omega L \tag{3-35a}$$

$$Y = G + \mathrm{j}\omega C \tag{3-35b}$$

U、I 为 $U(z)$、$I(z)$ 的简写,分别为线上 z 处电压和电流的复振幅值(设电压、电流简谐变化),对于无耗传输线,忽略 R 和 G 的影响,则式(3-34)变为

$$\frac{\mathrm{d}U}{\mathrm{d}z} = -\mathrm{j}\omega LI \tag{3-36a}$$

$$\frac{\mathrm{d}I}{\mathrm{d}z} = -\mathrm{j}\omega CU \tag{3-36b}$$

该式为均匀无耗传输线方程。

由式(3-36)还可进一步得到如下方程:

$$\frac{\mathrm{d}^2 U}{\mathrm{d}z^2} = -\beta^2 U \tag{3-37a}$$

$$\frac{\mathrm{d}^2 I}{\mathrm{d}z^2} = -\beta^2 I \tag{3-37b}$$

式中,$\beta = \omega\sqrt{LC}$,方程式(3-37)的解为

$$U(z) = A_1 \mathrm{e}^{-\mathrm{j}\beta z} + A_2 \mathrm{e}^{\mathrm{j}\beta z} \tag{3-38a}$$

$$I(z) = \frac{1}{Z_0}(A_1 e^{-j\beta z} + A_2 e^{j\beta z}) \qquad (3\text{-}38\text{b})$$

式中，$Z_0 = \sqrt{\dfrac{L}{C}}$，为无耗传输线上的特性阻抗。若已知在始端 $z=0$ 处的电压与电流，$U(0) = U_0$，$I(0) = I_0$，则由式(3-38)可将线上一点的电压和电流用三角函数表示为

$$U(z) = U_0 \cos\beta z - j Z_0 I_0 \sin\beta z \qquad (3\text{-}39\text{a})$$

$$I(z) = I_0 \cos\beta z - j\frac{U_0}{Z_0}\sin\beta z \qquad (3\text{-}39\text{b})$$

由上式可得出任一点的等效阻抗为

$$Z(z) = Z_0 \frac{Z_1 - jZ_0 \tan\beta z}{Z_0 - jZ_0 \tan\beta z} \qquad (3\text{-}39\text{c})$$

式中，$Z_1 = U_0/I_0$，为传输线始端的输入阻抗。表 3-6 列出了两种典型传输线的特性参数。

表 3-6　两种典型传输线的特性参数

特性参数 ＼ 传输线形式		
分布电容 $C/(\text{F} \cdot \text{m}^{-1})$	$\dfrac{2\pi\varepsilon}{\ln\dfrac{D}{d}}$	$\dfrac{\pi\varepsilon}{\ln\dfrac{2D}{d}}$
分布电感 $L/(\text{H} \cdot \text{m}^{-1})$	$\dfrac{\mu}{2\pi}\ln\dfrac{D}{d}$	$\dfrac{\mu}{\pi}\ln\dfrac{2D}{d}$
分布电导 $G/(\text{S} \cdot \text{m}^{-1})$	$\dfrac{2\pi\sigma}{\ln\dfrac{D}{d}}$	$\dfrac{\pi\sigma}{\ln\dfrac{2D}{d}}$
分布电阻 $R/(\Omega \cdot \text{m}^{-1})$	$\dfrac{R_S}{\pi}\left(\dfrac{1}{D} + \dfrac{1}{d}\right)$	$\dfrac{2R_S}{\pi d}$
特性阻抗 Z_0/Ω	$\dfrac{\eta}{2\pi}\ln\dfrac{D}{d}$	$\dfrac{\eta}{\pi}\ln\dfrac{2D}{d}$

注：

(1) $\varepsilon = \varepsilon_0 \varepsilon_r$，$\varepsilon_0 = 1/36\pi \times 10^{-9}\,\text{F/m}$；

(2) $\mu = \mu_0 \mu_r$，$\mu_0 = 4\pi \times 10^{-7}\,\text{H/m}$；

(3) R_S 的取值见表 3-7，σ 为介质的电导率。

表 3-7　几种常用金属的 R_S 值

材　　料	R_S/Ω
银	$2.25 \times 10^{-7}\sqrt{f}$
紫铜	$2.61 \times 10^{-7}\sqrt{f}$
铝	$3.62 \times 10^{-7}\sqrt{f}$
黄铜	$5.01 \times 10^{-7}\sqrt{f}$

注：f 的单位为 Hz。

3.2.2 高频线间的耦合

如图 3-18 所示为地面上方的两平行传输线,图中的地面还可看成二芯屏蔽电缆的屏蔽外导体或三线传输线的参考导体。设接有干扰源的导线为发射线,而受干扰的为接收线。线长为 l,其坐标由 $x=0$ 到 $x=l$,在 $x=0$ 处,发射线与参考导体间外加一激励电压 $u_g = U_s\sin\omega t$,线长 $l>\lambda$,导线周围是无耗均匀媒质,其介电常数与导磁率分别为 ε 和 μ,在 $x=0$ 和 $x=l$ 处发射电路端接阻抗分别为 Z_{0G} 和 Z_{1G},而接收电路的端接阻抗分别为 Z_{0R} 和 Z_{1R},其等效电路如图 3-19 所示。

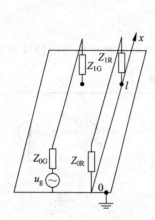

图 3-18 传输线的高频耦合

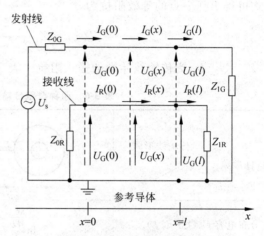

图 3-19 传输线高频耦合等效电路

图 3-19 中,$U_G(x)$ 和 $U_R(x)$ 分别表示线上任一点发射线和接收线相对参考导体的电压,而 $I_G(x)$ 和 $I_R(x)$ 分别为线上任一点发射线电流及接收线电流。

下面用分布参数电路理论来计算高频线间的干扰耦合。设单位长度上,发射线和接收线的自电感分别为 L_G 和 L_R,自电容分别为 C_G 和 C_R,两线间的互感和互电容分别为 L_M 和 C_M,不考虑传输线上的损耗电阻,可得到一小段传输线 Δx 的等效电路,如图 3-20 所示。

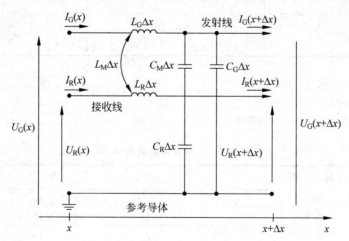

图 3-20 Δx 线元高频耦合等效电路

由图 3-20 所示的等效电路,利用与方程式(3-34)相同的推导方法可求出,当 $\Delta x \to 0$ 时

$$
\begin{cases}
\dfrac{\mathrm{d}U_\mathrm{G}(x)}{\mathrm{d}x} = -\mathrm{j}\omega\left[L_\mathrm{G}I_\mathrm{G}(x)+L_\mathrm{M}I_\mathrm{R}(x)\right] \\[2mm]
\dfrac{\mathrm{d}U_\mathrm{R}(x)}{\mathrm{d}x} = -\mathrm{j}\omega\left[L_\mathrm{M}I_\mathrm{G}(x)+L_\mathrm{R}I_\mathrm{R}(x)\right] \\[2mm]
\dfrac{\mathrm{d}I_\mathrm{G}(x)}{\mathrm{d}x} = -\mathrm{j}\omega\left[(C_\mathrm{G}+C_\mathrm{M})U_\mathrm{G}(x)-C_\mathrm{M}U_\mathrm{R}(x)\right] \\[2mm]
\dfrac{\mathrm{d}I_\mathrm{R}(x)}{\mathrm{d}x} = -\mathrm{j}\omega\left[(C_\mathrm{R}+C_\mathrm{M})U_\mathrm{R}(x)-C_\mathrm{M}U_\mathrm{G}(x)\right]
\end{cases} \tag{3-40}
$$

求解传输线方程式(3-40)可得

$$
\begin{cases}
U_\mathrm{G}(l) = (\cos\beta l)U_\mathrm{G}(0)-\mathrm{j}\omega l\,\dfrac{\sin\beta l}{\beta l}\left[L_\mathrm{G}I_\mathrm{G}(0)+L_\mathrm{M}I_\mathrm{R}(0)\right] \\[2mm]
U_\mathrm{R}(l) = (\cos\beta l)U_\mathrm{R}(0)-\mathrm{j}\omega l\,\dfrac{\sin\beta l}{\beta l}\left[L_\mathrm{M}I_\mathrm{G}(0)+L_\mathrm{R}I_\mathrm{R}(0)\right] \\[2mm]
I_\mathrm{G}(l) = -\mathrm{j}\omega l\,\dfrac{\sin\beta l}{\beta l}\left[(C_\mathrm{G}+C_\mathrm{M})U_\mathrm{G}(0)-C_\mathrm{M}U_\mathrm{M}(0)\right]+(\cos\beta l)I_\mathrm{G}(0) \\[2mm]
I_\mathrm{R}(l) = -\mathrm{j}\omega l\,\dfrac{\sin\beta l}{\beta l}\left[(C_\mathrm{R}+C_\mathrm{M})U_\mathrm{R}(0)-C_\mathrm{M}U_\mathrm{G}(0)\right]+(\cos\beta l)I_\mathrm{R}(0)
\end{cases} \tag{3-41}
$$

设 $x=0,x=l$ 的端接条件为

$$
\begin{cases}
U_\mathrm{G}(0) = U_\mathrm{S}-Z_{0\mathrm{G}}I_\mathrm{G}(0) \\
U_\mathrm{R}(0) = -Z_{0\mathrm{G}}I_\mathrm{R}(0) \\
U_\mathrm{G}(l) = -Z_{1\mathrm{G}}I_\mathrm{G}(l) \\
U_\mathrm{R}(l) = -Z_{1\mathrm{R}}I_\mathrm{R}(l)
\end{cases} \tag{3-42}
$$

把式(3-42)代入式(3-41)中,可得接收线两端的干扰电压 $U_\mathrm{R}(0)$ 和 $U_\mathrm{R}(l)$ 为

$$
U_\mathrm{R}(l) = \frac{S}{D}\left[-\left(\frac{Z_{1\mathrm{R}}}{Z_{0\mathrm{R}}+Z_{1\mathrm{R}}}\right)\mathrm{j}\omega L_\mathrm{M}l I_\mathrm{GD}+\left(\frac{Z_{0\mathrm{R}}Z_{1\mathrm{R}}}{Z_{0\mathrm{R}}+Z_{1\mathrm{R}}}\right)\mathrm{j}\omega C_\mathrm{M}l U_\mathrm{GD}\right] \tag{3-43a}
$$

$$
U_\mathrm{R}(0) = \frac{S}{D}\left(\frac{Z_{0\mathrm{R}}}{Z_{0\mathrm{R}}+Z_{1\mathrm{R}}}\right)\mathrm{j}\omega L_\mathrm{M}l\left(C+\frac{\mathrm{j}2\pi(1/\lambda)}{\sqrt{1-k^2}}\alpha_{1\mathrm{G}}S\right)I_\mathrm{GD}
$$
$$
+\left(\frac{Z_{0\mathrm{R}}Z_{1\mathrm{R}}}{Z_{0\mathrm{R}}+Z_{1\mathrm{R}}}\right)\mathrm{j}\omega C_\mathrm{M}l\left(C+\frac{\mathrm{j}2\pi(1/\lambda)}{\sqrt{1-k^2}}\frac{1}{\alpha_{1\mathrm{G}}}S\right)U_\mathrm{GD} \tag{3-43b}
$$

式中,

$$
D = q^2-S^2\omega^2\tau_\mathrm{R}\tau_\mathrm{G}\left[1-k^2\frac{(1-\alpha_{0\mathrm{G}}\alpha_{1\mathrm{R}})(1-\alpha_{1\mathrm{G}}\alpha_{0\mathrm{R}})}{(1+\alpha_{0\mathrm{G}}\alpha_{1\mathrm{R}})(1-\alpha_{0\mathrm{G}}\alpha_{1\mathrm{R}})}\right]+\mathrm{j}\omega qS(\tau_\mathrm{R}+\tau_\mathrm{G})
$$

$$
q = \cos(\beta l),\quad S = \frac{\sin\beta l}{\beta l}
$$

$$
\alpha_{0\mathrm{R}} = \frac{Z_{0\mathrm{R}}}{Z_\mathrm{CR}},\quad \alpha_{1\mathrm{R}} = \frac{Z_{1\mathrm{R}}}{Z_\mathrm{CR}}
$$

$$
\alpha_{0\mathrm{G}} = \frac{Z_{0\mathrm{G}}}{Z_\mathrm{CG}},\quad \alpha_{1\mathrm{G}} = \frac{Z_{1\mathrm{G}}}{Z_\mathrm{CG}}
$$

$$
Z_\mathrm{CG} = vL_\mathrm{G}\sqrt{1-k^2},\quad Z_\mathrm{CR} = vL_\mathrm{R}\sqrt{1-k^2},\quad v = \frac{\omega}{\beta}
$$

$$k = \frac{L_M}{\sqrt{L_G L_R}}, \quad U_{GD} = \frac{Z_{1G}}{Z_{0G} + Z_{1G}} U_S, \quad I_{GD} = \frac{U_S}{Z_{0G} + Z_{1G}}$$

$$\tau_G = \frac{L_G l}{Z_{0G} + Z_{1G}} + (C_G + C_M) l \frac{Z_{0G} Z_{1G}}{Z_{0G} + Z_{1G}}$$

$$\tau_R = \frac{L_R l}{Z_{0R} + Z_{1R}} + (C_R + C_M) l \frac{Z_{0R} Z_{1R}}{Z_{0R} + Z_{1R}}$$

上述公式中，$Z_{CR}(Z_{CG})$ 为接收（发射）电路存在时发射（接收）电路的特性阻抗；k 为耦合系数，U_{GD} 和 I_{GD} 为发射线的直流电压和电流；τ_G 和 τ_R 分别为发射和接收电路的时间常数。

3.2.3 低频情况的耦合

对于低频情况，线长 $l \ll \lambda$，则有

$$q = \cos\beta l \approx 1$$

$$S = \frac{\sin\beta l}{\beta l} \approx 1$$

忽略 L_G、L_R、C_G、C_R 的影响，则可求出

$$\begin{cases} U_R(l) = U_R^L(l) + U_R^C(l) \\ U_R(0) = U_R^L(0) + U_R^C(0) \end{cases} \tag{3-44}$$

式中，

$$U_R^L(l) = -\frac{Z_{1R}}{Z_{1R} + Z_{0R}} j\omega L_M l I_{GD}$$

$$U_R^L(0) = -\frac{Z_{0R}}{Z_{1R} + Z_{0R}} j\omega L_M l I_{GD}$$

$$U_R^C(l) = U_R^C(0) = \frac{Z_{0R} Z_{1R}}{Z_{0R} + Z_{1R}} j\omega C_M l U_{GD}$$

$$I_{GD} = \frac{U_S}{Z_{1G} + Z_{0G}}$$

$$U_{GD} = \frac{Z_{1G} U_S}{Z_{1G} + Z_{0G}}$$

在式(3-44)中，被干扰线上的端电压 $U_R(l)$ 和 $U_R(0)$ 均是两项干扰电压的叠加，其中 U_R^L 为线间的互感 L_M 耦合产生，称为电感耦合，U_R^C 为两线间电容 C_M 耦合产生的，称为电容耦合，不难看出式(3-44)与式(3-32)及式(3-33)是一致的。

根据(3-44)式可得到两传输线低频耦合（电感性耦合及电容性耦合）的等效电路，如图 3-21 所示。

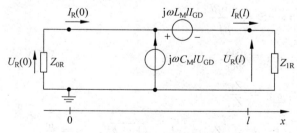

图 3-21 传输线低频耦合的等效电路

3.3　辐射耦合

辐射电磁场是骚扰耦合的另一种方式,除了从源有意辐射之外,还有无意辐射,例如有短(小于 $\lambda/4$)单极天线作用的线路和电缆,或者起小环天线作用的线路和电缆,都可能辐射电场或磁场。

辐射耦合的途径主要有:天线—天线;天线—电缆;天线—机壳;电缆—机壳;机壳—机壳;电缆—电缆。

对于辐射耦合,电磁场理论中近场与远场的概念是十分重要的。

3.3.1　电磁辐射

当场源的电流或电荷随时间变化时,就有一部分电磁能量进入周围空间,这种现象称为电磁能量的辐射。研究电磁辐射,最简单的是电偶极子和磁偶极子的辐射。实际天线可近似为许多偶极子的组合,天线所产生的电磁波也就是这些偶极子所产生的电磁波的合成。

1. 电偶极子的电磁辐射

电偶极子是指一根载流导线,它的长度 Δl 与横向尺寸都比电磁波长小得多。假设沿长度方向上的电流是均匀的,导线长度 Δl 比场中任意点与电偶极子的距离小得多,即场中任意点与导线上各点的距离可认为是相等的。偶极子经传输线接于高频源上,如图 3-22(a)所示。高频源的传导电流在偶极子两端会中断,但偶极子两臂之间的位移电流与之构成了环路。

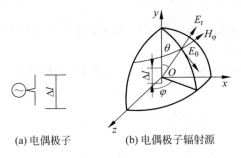

(a)电偶极子　　　(b)电偶极子辐射源

图 3-22　电偶极子辐射源

将电偶极子中心置于直角坐标原点,Δl 沿 y 轴方向安放,如图 3-22(b)所示。设电偶极子上电流作余弦(或正弦)变化,即 $I = I_m \cos \omega t$。那么,电偶极子在介电媒质中产生的电磁场(E 和 H)亦是时间的余弦(或正弦)函数。自由空间的电荷密度 ρ、传导电流密度 J_C 以及电导率 σ 均为零,麦克斯韦方程的微分形式可表达为

$$\begin{cases} \nabla \times \dot{H} = \dfrac{\partial \dot{D}}{\partial t} = \mathrm{j}\omega\varepsilon\dot{E} \\[2mm] \nabla \times \dot{E} = -\dfrac{\partial \dot{B}}{\partial t} = -\mathrm{j}\omega\mu\dot{H} \\[2mm] \nabla \cdot \dot{B} = 0 \\[2mm] \nabla \cdot \dot{D} = 0 \end{cases} \tag{3-45}$$

式中　$\dot{H}$——磁场强度(A/m)；

　　　$\dot{E}$——电场强度(V/m)；

　　　$\dot{B}$——磁感应强度(T)；

　　　$\dot{D}$——电位移矢量(Q/m^2)。

由上述方程组可解得电偶极子周围的电磁场：

$$\begin{cases} H_r = 0 \\ H_\theta = 0 \\ H_\Phi = \dfrac{I_m \Delta l}{4\pi} k^2 \left[\dfrac{-1}{kr} \sin(\omega t - kr) + \dfrac{1}{(kr)^2} \cos(\omega t - kr) \right] \sin\theta \\ E_r = \dfrac{I_m \Delta l}{2\pi\omega\varepsilon} k^3 \left[\dfrac{1}{(kr)^2} \cos(\omega t - kr) + \dfrac{1}{(kr)^3} \sin(\omega t - kr) \right] \cos\theta \\ E_\theta = \dfrac{I_m \Delta l}{4\pi\omega\varepsilon} k^3 \left[\dfrac{-1}{kr} \sin(\omega t - kr) + \dfrac{1}{(kr)^2} \cos(\omega t - kr) + \dfrac{1}{(kr)^3} \sin(\omega t - kr) \right] \sin\theta \\ E_\varphi = 0 \end{cases}$$

$$(3\text{-}46)$$

式中　$I_m \Delta l$——电偶极子的电矩(A·m)；

　　　r——从坐标中心到观察点的距离(m)；

　　　k——波数，电磁波传播单位长度所引起的相位变化，设电磁波的波长为λ，则有$k = 2\pi/\lambda$(rad/m)。

下面按照观察点到电偶极子的距离远近来讨论电偶极子周围电磁场各分量的表达式。

(1) 近场区(又称感应场区)

在$r \ll \lambda/(2\pi)$的区域内，$kr \ll 1$。由式(3-46)可见，电偶极子产生的场分量主要取决于$1/(kr)$的高次项，即

$$\begin{cases} H_r = 0 \\ H_\theta = 0 \\ H_\varphi \approx \dfrac{I_m \Delta l}{4\pi r^2} \sin\theta\cos\omega t \\ E_r \approx \dfrac{I_m \Delta l}{2\pi\omega\varepsilon r^3} \cos\theta\sin\omega t \\ E_\theta \approx \dfrac{I_m \Delta l}{4\pi\omega\varepsilon r^3} \sin\theta\sin\omega t \\ E_\varphi = 0 \end{cases}$$

$$(3\text{-}47)$$

(2) 远场区(又称辐射场区)

在$r \gg \lambda/(2\pi)$的区域内，$kr \gg 1$。该区域内的场分量主要取决于式(3-46)中$1/(kr)$的低次项，而且E_r与E_θ相比可忽略，因此在波的传播方向上的电场分量近似为零，近似得

$$\begin{cases} E_\theta \approx \dfrac{-k^2 I_m \Delta l}{4\pi\omega\varepsilon r} \sin\theta\sin(\omega t - kr) \\ H_\varphi \approx \dfrac{-k I_m \Delta I}{4\pi r} \sin\theta\sin(\omega t - kr) \end{cases}$$

$$(3\text{-}48)$$

由式(3-48)可看出,无论是 E_θ,还是 H_φ,幅值都和 φ 角无关,仅与 θ 角有关,而且正比于 $\sin\theta$。在 $\theta=90°$ 的方向,即在垂直于偶极子轴线的方向上,场强 E_θ 及 H_φ 最大。辐射源向空间辐射的电磁场强度随空间方向而变化的特性称为辐射源的方向性。图 3-23 为电偶极子的方向图。

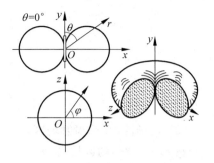

图 3-23 电偶极子的方向图

工程上可以利用式(3-47)与式(3-48)计算电偶极子周围场强的值,例如当 Δl 长 1cm、I_m 为 1A 时,不同距离上的场强值如表 3-8 所示。

表 3-8 距电偶极子不同距离的场强

频率/MHz	场强/(dBμV/m⁻¹)	距离/cm			
		1	10	1	10
1	E	263	203	143	84
	H	137	97	58	18
10	E	243	183	123	76
	H	137	97	59	24

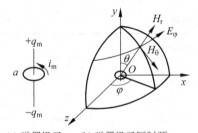

(a) 磁偶极子 (b) 磁偶极子辐射源

图 3-24 磁偶极子辐射源

2. 磁偶极子的电磁辐射

如前所述,用一个磁偶极子替代电偶极子。该磁偶极子由假想的一对相距极小的正、负磁荷($+q_m$、$-q_m$)组成,如图 3-24(a)所示。直径远小于波长的小环天线可作磁偶极子处理。将通电小圆环置于 $x-z$ 平面,环心与坐标原点重合,见图 3-24(b)。设小圆环半径为 a,流过的电流为 $i_m = I_m\sin\omega t$,可求得在空间某点处的电场与磁场的表达式为

$$
\begin{cases}
E_r = 0 \\
E_\theta = 0 \\
E_\varphi = \dfrac{I_m a^2}{4\varepsilon\omega}k^4\left[\dfrac{-1}{kr}\cos(\omega t - kr) - \dfrac{1}{(kr)^2}\sin(\omega t - kr)\right]\sin\theta \\
H_r = \dfrac{I_m a^2}{2}k^3\left[-\dfrac{1}{(kr)^2}\sin(\omega t - kr) + \dfrac{1}{(kr)^3}\cos(\omega t - kr)\right]\cos\theta \\
H_\theta = \dfrac{I_m a^2}{4}k^3\left[\dfrac{-1}{kr}\cos(\omega t - kr) - \dfrac{1}{(kr)^2}\sin(\omega t - kr) + \dfrac{1}{(kr)^3}\cos(\omega t - kr)\right]\sin\theta \\
H_\varphi = 0
\end{cases}
$$

(3-49)

与电偶极子一样,磁偶极子也分两种情况讨论其周围电磁场各分量的表达式。

(1) 近场区(又称感应电场区)

在 $r \ll \lambda/(2\pi)$ 的区域内,$kr \ll 1$。由式(3-49)可见,磁偶极子产生的场分量主要取决于 $1/(kr)$ 的高次项,即

$$\begin{cases} E_\varphi \approx \dfrac{-I_m a^2 k^2}{4\varepsilon\omega r^2}\sin\theta\sin\omega t \\[2mm] H_r \approx \dfrac{I_m a^2}{2r^3}\cos\theta\cos\omega t \\[2mm] H_\theta \approx \dfrac{I_m a^2}{4r^3}\sin\theta\cos\omega t \end{cases} \tag{3-50}$$

（2）远场区（又称辐射场区）

在 $r \gg \lambda/(2\pi)$ 的区域内，$kr \gg 1$。该区域内的场分量主要取决于式（3-49）中 $1/(kr)$ 的低次项，而且 H_r 与 H_θ 相比可忽略，因此在波的传播方向上的磁场分量近似为零，得

$$\begin{cases} H_r \approx 0 \\[2mm] H_\theta \approx \dfrac{-I_m a^2 k^3}{4r}\sin\theta\cos(\omega t - kr) \\[2mm] E_\varphi \approx \dfrac{-I_m a^2 k^3}{4\varepsilon\omega r}\sin\theta\cos(\omega t - kr) \end{cases} \tag{3-51}$$

由式（3-51）可见，在磁偶极子的远场区，电磁场与空间的关系完全和电偶极子相仿。当 $\theta = 90°$ 时，即在线圈所在平面上，电场与磁场为最大值。

同样，当一小圆环的半径 a 为 0.564cm，通过的电流为 1A 时，其周围的场强值列于表 3-9。

表 3-9　距磁偶极子不同距离的场强

频率/MHz	场强/dBμV/m	距离/cm			
		1	10	1	10
1	E	116	76	36	−4
	H	138	78	18	−42
10	E	136	96	56	22
	H	138	78	18	−29

3.3.2　近场区与远场区的特性

1. 近场区

1）波阻抗

在上述分析中，把 $r \ll \lambda/(2\pi)$ 的区域作为近场区，但在电磁屏蔽领域通常把与偶极子相距为 $r < \lambda/(2\pi)$ 的区域就作为近场区处理。

波阻抗是电磁波中电场分量与磁场分量之比，即

$$\dot{Z} = \dot{E}/\dot{H} \tag{3-52}$$

电偶极子近场区的波阻抗可由式（3-47）求得

$$\dot{Z}_{en} = \dot{E}_\theta/\dot{H}_\varphi = 1/(j\omega\varepsilon_0 r) \tag{3-53}$$

磁偶极子近场区的波阻抗则由式（3-50）求得

$$\dot{Z}_{mn} = \dot{E}_\varphi/\dot{H}_\theta = j\omega\mu_0 r \tag{3-54}$$

2）近场区电磁场的特点

（1）由波阻抗表达式可见，无论是电偶极子还是磁偶极子，它们在近场区的阻抗都是虚数，即近场区的电场与磁场相位相差 90°，存在能量交换。其次，两种偶极子的波阻抗在量值上都是频率的函数，但变化规律不同。表达式中代入 ε_0 及 μ_0 值计算后可知，电偶极子的阻抗值高于磁偶极子的波阻抗（见图 3-25），所以前者是容性耦合的高阻抗场，后者是感性耦合的低阻抗场。将近场区的电场、磁场瞬时波形画出，就得到如图 3-26 所示的坡印廷矢量图。由于 E_θ 和 H_φ 相位差 90°，故当 E_θ 为最大值时，H_φ 为零，坡印廷矢量为零；若 t_1 时刻的坡印廷矢量 S_1 为正向传送，则到 t_2 的 S_2 就反向传送，表明感应的电磁场能量在 r 方向作往返振荡。

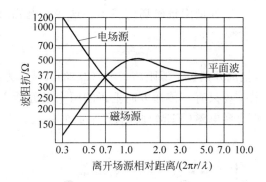

图 3-25　电偶极子和磁偶极子的空气波阻抗

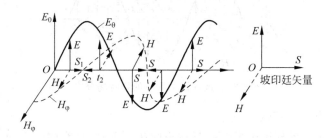

图 3-26　近场区的坡印廷矢量

（2）在感应场中，感应情况不仅取决于场源性质及耦合方式，而且还取决于被感应导体的状况、所在位置及周围环境条件，甚至感应体的存在，也会扰乱原先的电磁场分布。

（3）近场区的电场和磁场方向处在以场源为中心的大曲率半径球面上。式（3-47）表明：在电偶极子的近场区，感应电场强度按 $1/r^3$ 规律减小，磁场强度按 $1/r^2$ 规律减小（见图 3-27）；在磁偶极子的近场区刚好相反，感应磁场强度按 $1/r^3$ 规律减小，电场强度按 $1/r^2$ 规律减小。此外，场分布在 θ 方向的变化也很大。因此在近场区测量电磁干扰，数据对距离十分敏感，不但要分别记录各测量点的电场强度和磁场强度，还应注明测量距离和测量天线的规格。在结构设计中，大部分设备内的布局属近场范围，有意识地利用空间距离衰减，就可降低对屏蔽设计的要求。从电磁兼容性出发考虑布局，这是效/费比较高的一项措施。

理想的电偶极子和磁偶极子是不存在的。杆状天线及电子设备内部的一些高电压小电流元器件等场源，都可视作等效的电偶极子场源，其近场区的电磁场以容性高阻抗电场为主。环状天线和电子设备中一些低电压大电流元器件及电感线圈等场源可视作等效的磁偶

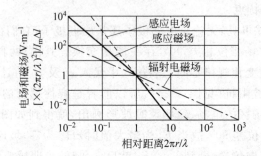

图 3-27 高阻抗场的电磁场大小和距离的关系

极子场源,其周围电磁场呈现感性低阻抗磁场的特征。这些对电磁兼容性故障诊断有指导意义。

2. 远场区

电磁屏蔽领域中,通常把离开偶极子源距离 $r > \lambda/(2\pi)$ 的区域称为远场区。由式(3-48)和式(3-51)可见,在远场区电磁场只有与传播方向垂直的两个场分量 E_θ 和 H_φ,或 H_θ 和 E_φ,在传播方向没有场分量,称为横电磁(TEM)波,又称平面电磁波。图 3-28 为平面电磁波中电场与磁场的瞬时分布。

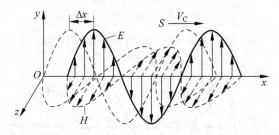

图 3-28 远场区平面波的瞬时场分布

平面电磁波具有下列特性:

(1) 电磁波的两个场分量电场与磁场在空间相互垂直,且在同一平面上。

(2) 电场和磁场在时间上同相位。

(3) 平面波在自由空间的传播速度:

$$V_C = 1/\sqrt{\mu_0 \varepsilon_0} = 3 \times 10^8 \text{ m/s}$$

(4) 自由空间电场和磁场分量的比值(波阻抗)是一常数,与场源的特性和距离无关。对于电偶极子,可由式(3-48)得到波阻抗 Z_w:

$$Z_w = E_\theta/H_\varphi = \sqrt{\mu_0/\varepsilon_0} = 120\pi = 377\Omega \tag{3-55}$$

用磁偶极子远场区的 E_φ 和 H_θ 的表达式可获得同样的结果。

(5) 平面波中电场的能量密度 W_e 和磁场能量密度 W_m 各为电磁波总能量的一半,即

$$W_e = \varepsilon E^2/2 \tag{3-56}$$

$$W_m = \mu H^2/2 \tag{3-57}$$

$$W = W_e + W_m = 2W_e = 2W_m \tag{3-58}$$

(6) 电磁波能量的传播方向由坡印廷矢量确定,可用下式表示:

$$\dot{S} = \dot{E} \times \dot{H} \tag{3-59}$$

式中 $\dot{S}$——坡印廷矢量；

　　　$\dot{E}$和$\dot{H}$——互相垂直的电场与磁场矢量。

（7）电场与磁场均与离开场源的距离成反比地减小（见图3-27）。电磁兼容性测试时常利用这种关系进行电磁发射极限值转换。例如，国家标准《信息技术设备的无线电骚扰限值和测量方法》中，规定在 $30\sim230\mathrm{MHz}$ 频段、B级受试设备的 10m 准峰值限值为 $30\mathrm{dB}\mu\mathrm{V/m}$，当改用 3m 距离测量时，限值将增加到 $40.5\mathrm{dB}\mu\mathrm{V/m}$。

3. 空气波阻抗与场源特性、波长、距离的关系

综上所述，近场区与远场区的波阻抗有明显区别。分析金属板的电磁屏蔽效能时，正是这种材料界面上波阻抗的差异导致了反射损耗，因此波阻抗是屏蔽效能计算中极重要的一个参数。图3-25给出了自由空间不同场区的波阻抗随频率及距离变化的关系。进入远场区之后，波阻抗将趋向恒定的 377Ω。

4. 导体的波阻抗

导电媒质的波阻抗可由电磁波在远区自由空间传播时的波阻抗表达式（3-52）推出。只需以导体的复介电常数 $\dot{\varepsilon}=\varepsilon-\mathrm{j}(\sigma/\omega)$ 代替自由空间的 ε_0。导体的波阻抗以 $\dot{Z}_\mathrm{s}$ 表示，有

$$\dot{Z}_\mathrm{s}=\sqrt{\frac{\mu}{\dot{\varepsilon}}}=\sqrt{\frac{\mu}{\varepsilon-\mathrm{j}(\sigma/\omega)}}=\sqrt{\frac{\omega\mu}{\omega\varepsilon-\mathrm{j}\sigma}}$$

对导体而言，有 $\sigma\gg\omega\varepsilon$，则

$$\dot{Z}_\mathrm{s}\approx\sqrt{\frac{\omega\mu}{-\mathrm{j}\sigma}}=(1+\mathrm{j})\sqrt{\frac{\omega\mu}{2\sigma}}=\sqrt{\frac{\omega\mu}{\sigma}}\mathrm{e}^{\mathrm{j}\frac{\pi}{4}}=|\dot{Z}_\mathrm{s}|\mathrm{e}^{\mathrm{j}\frac{\pi}{4}}$$

上式中 $|\dot{Z}_\mathrm{s}|$ 为良导体波阻抗 $\dot{Z}_\mathrm{s}$ 的模，有

$$|\dot{Z}_\mathrm{s}|=Z_\mathrm{s}=\sqrt{\frac{\omega\mu}{\sigma}} \tag{3-60}$$

式中 μ——导体的磁导率，非铁磁性材料的 $\mu=\mu_0$；

　　　σ——导体的电导率；

　　　ω——电磁波的角频率。

从 Z_s 的表达式可见，电磁波在良导体内传播时电场与磁场相位差 $\pi/4$，而且由于导体引入的损耗，其幅度将按指数规律下降，坡印廷矢量如图3-29所示。

一般资料只提供相对电导率 σ_r 和相对磁导率 μ_r，把 σ_r 和 μ_r 代入式（3-60）后，可得

$$|\dot{Z}_\mathrm{s}|=Z_\mathrm{s}=\sqrt{\frac{\omega\mu}{\sigma}}=3.68\times10^{-7}\sqrt{\frac{\mu_\mathrm{r}f}{\sigma_\mathrm{r}}}$$

$$\tag{3-61}$$

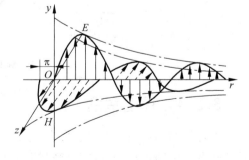

图 3-29　电磁波在导体内的传播特性

式中，$\mu_\mathrm{r}=\mu/\mu_0$，$\mu_0=4\pi\times10^{-7}$；$\sigma_\mathrm{r}=\sigma/\sigma_\mathrm{Cu}$，$\sigma_\mathrm{Cu}$ 为铜的电导率，$\sigma_\mathrm{Cu}=5.8\times10^7(\mathrm{S/m})$。

例如，在频率 1MHz 时，按式（3-61）可求得铜对电磁波的波阻抗为 $0.368\mathrm{m}\Omega$。

3.3.3　电磁波的极化

极化是指平面波的电场强度向量 E 在空间某一定点的方向变化情况。无论是在抑制电磁波传播或电磁兼容性试验中,都会遇到电磁波的极化问题。

沿 x 方向传播的平面波,E 和 H 都在 $y-z$ 平面上。若 $E_z=0$,只有 E_y 存在(电偶极子垂直放置时在近场区所产生的电磁波就属此情况),则称该平面波极化于 y 方向,如图 3-30(a)所示。因为 E_y 垂直于地平面,故又称垂直极化。若 $E_y=0$,只有 E_z 存在(电偶极子水平放置时在近场区的情况),则称该平面波极化于 z 方向。E_z 平行于地面,又称水平极化。一般情况下 E_z 和 E_y 均存在且同相,平面电磁波中合成电场的方向取决于 E_z 和 E_y 的相

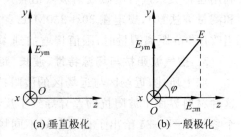

(a) 垂直极化　　　　(b) 一般极化

图 3-30　线性极化示意

对大小。电场方向和 z 轴间形成的夹角 $\arctan(|E_y|/|E_z|)$ 不会随时间变动,如图 3-30(b) 所示。上述三例中,瞬时场向量的端点始终沿一直线移动,统称为线性极化波。

若 E_y、E_z 均存在,但不同相,即 E_y 和 E_z 的极大值发生于不同的时间,则合成电场向量的方向将随时间而变化。这时电场向量 E 的端点随时间的轨迹是个椭圆,称为椭圆极化,如图 3-31(a)所示。椭圆极化波的特例是:当 E_y 和 E_z 的大小相等,相位差 90°时,合成电场 E 的轨迹是个圆,称为圆极化,如图 3-31(b)所示。圆极化波分左旋和右旋,其旋向应与圆极化收、发天线的旋向一致。应该说明的是,线极化波可以分解为一对左、右旋的圆极化波,如图 3-31(c)所示;反之,一个圆极化波也可分解为一对正交的线极化波。电磁兼容性试验中,线极化天线与圆极化天线可以在一定条件下兼容的原因就在于此。

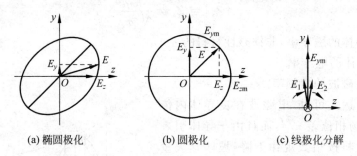

(a) 椭圆极化　　　　　(b) 圆极化　　　　　(c) 线极化分解

图 3-31　椭圆极化和圆极化示意

3.3.4　辐射耦合

通过辐射途径造成的骚扰耦合称为辐射耦合。辐射耦合是以电磁场的形式将电磁能量从骚扰源经空间传输到接收器(骚扰对象)。这种传输路径小至系统内可想象的极小距离,大至相隔较远的系统间以及星际间的距离。许多耦合都可看成是近场耦合模式,而相距较远的系统间的耦合一般是远场耦合模式。辐射耦合除了从骚扰源有意辐射之外,还有无意辐射。例如,无线电发射装置除发射有用信号外,也产生带外无意发射。骚扰源以电磁辐射的形式向空间发射电磁波,把骚扰能量隐藏在电磁场中,使处于近场区和远场区的接收器存

在着被骚扰的威胁。任何骚扰必须使电磁能量进入接收器才能产生危害,那么电磁能量是怎样进入接收器的呢? 这就是辐射的耦合问题。

一般而言,实际的辐射骚扰大多数是通过天线、电缆导线和机壳感应进入接收器。或者通过电缆导线感应,然后沿导线传导进入接收器;或者通过接收机的天线感应进入接收器;或者通过接收器的连接回路感应形成骚扰;或者通过金属机壳上的孔缝、非金属机壳耦合进入接收电路。因此,辐射骚扰通常存在 4 种主要耦合途径:天线耦合、导线感应耦合、闭合回路耦合和孔缝耦合。

习题

1. 什么是传导耦合?
2. 电容性耦合模型与电感性耦合模型的区别是什么?
3. 题 3 图中两导线间的分布电容为 50pF,导线对地分布电容为 150pF,导线 1 一端接 100kHz、10V 的交流信号源,如果 R_T(a)无限大阻抗;(b)1000Ω 阻抗;(c)50Ω 阻抗,试问导线 2 的感应电压为多少?

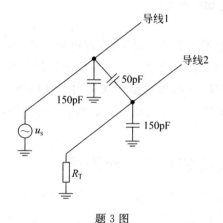

题 3 图

4. 在上题的导线 2 外面有一接地屏蔽层,导线 2 与屏蔽层之间的电容量为 100pF,导线 1 与导线 2 间的电容为 2pF,导线 2 与地间的电容为 5pF,导线 1 上有一个频率为 100kHz、10V 的交流信号,设 R_T 为(a)无限大电阻;(b)1000Ω;(c)50Ω。求导线 2 上的感应电压为多少?
5. 什么是感应近场区? 感应近场区有什么特点?
6. 什么是辐射近场区? 辐射近场区有什么特点?
7. 什么是远场区? 远场区有什么特点?
8. 感应近场区、辐射近场区及远场区中的电磁能量哪个大? 为什么?
9. 感应近场区、辐射近场区及远场区中哪个场的电磁能量容易辐射出去?

<table>
<tr><td>第 4 章</td><td rowspan="2"></td><td rowspan="2"># 滤 波 技 术</td></tr>
<tr><td>CHAPTER 4</td></tr>
</table>

滤波技术是抑制电气、电子设备传导干扰的主要手段之一,也是提高电子设备抗传导干扰能力的重要措施。滤波器是由电感、电容、电阻或铁氧体器件构成的频率选择性二端口网络,可以插入传输线中,抑制不需要的频率进行传播。能无衰减地通过滤波器的频率段称为滤波器的通带,通过时受到很大衰减的频率段称为滤波器的阻带。

4.1 电磁干扰滤波器

滤波器的作用是可以把不需要的电磁能量(即电磁干扰)减少到满意的工作电平上,所以滤波器是抑制电磁干扰的重要方法之一。滤波器是防护传导干扰的主要措施,如电源滤波器解决传导干扰问题。同时滤波器也是解决辐射干扰的重要武器,如抑制无线电干扰。在发射机的输出端和接收机输入端安装相应的电磁干扰滤波器,可滤掉干扰的信号,以达到兼容的目的。

4.1.1 电磁干扰滤波器的工作原理

电磁干扰滤波器的工作原理与普通滤波器一样,它能允许有用信号的频率分量通过,同时又阻止其他干扰频率分量通过。其方式有两种:一种是不让无用信号通过,并把它们反射回信号源;另一种是把无用信号在滤波器里消耗掉。

4.1.2 电磁干扰滤波器的特殊性

由于电磁干扰滤波器的作用是抑制干扰信号的通过,所以它与常规滤波器有很大的不同。

(1)电磁干扰滤波器应该有足够的机械强度,具有安装方便、工作可靠、重量轻、尺寸小及结构简单等优点。

(2)电磁干扰滤波器对电磁干扰抑制的同时,能在大电流和电压下长期工作,对有用信号消耗要小,以保证较高的传输效率。

(3)由于电磁干扰的频率是 20Hz 到几十吉赫,故难以用集中参数等效电路来模拟滤波电路。

(4)要求电磁干扰滤波器在工作频率范围内有比较高的衰减性能。

(5)干扰源的电平变化幅度大,有可能使电磁干扰滤波器出现饱和效应。

（6）电源系统的阻抗值与干扰源的阻抗值变化范围大，很难得到使用稳定的恒定值，所以电磁干扰滤波器很难工作在阻抗匹配的条件下。

4.1.3　滤波器的插入损耗

描述滤波器性能最主要的参量是插入损耗，插入损耗的大小随工作频率不同而改变。插入损耗的定义是

$$L_{in} = 20\lg \frac{V_1}{V_2} \tag{4-1}$$

式中　V_1——不接滤波器时信号源在同一负载阻抗上建立的电压(V)；

　　　V_2——信号源通过滤波器在负载阻抗上建立的电压(V)；

　　　L_{in}——插入损耗(dB)。

频率特性是指插入损耗随频率变化的曲线。滤波器的频率特性必须达到设计的要求，为达到此目的，和滤波器连接的负载阻抗值以及连接的信号源阻抗值也必须符合设计要求。另外，滤波器还必须有足够高的额定电压值，以保证能经受浪涌或脉冲干扰的恶劣电磁环境。

4.2　滤波器的分类及特性

4.2.1　反射式滤波器

反射式滤波器是指由电感器和电容器组成的，能阻止无用信号通过，把它们反射回信号源的滤波器。其种类有四种：低通滤波器、高通滤波器、带通滤波器和带阻滤波器。

每种滤波器的衰减特性如图 4-1 所示。

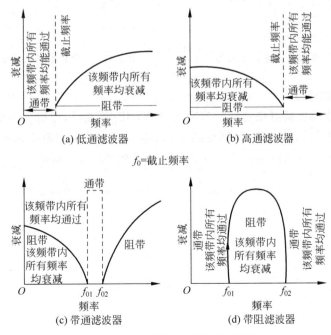

图 4-1　反射式滤波器的衰减特性

1. 低通滤波器

低通滤波器是指低频通过、高频衰减的一种滤波器。它是电磁干扰技术中应用最多的一种滤波器。常用于直流或者交流电源线路,对高于市电的频率进行衰减;用于放大器电路和发射机输出电路,让基波信号通过,谐波和其他乱真信号受到衰减,舰船电网里均采用低通滤波器。低通滤波器是讨论的重点。

1) 并联电容低通滤波器

如图 4-2 所示,如果源阻抗和负载阻抗相等,则插入损耗为

$$L_{in} = 10\lg(1 + F^2) \tag{4-2}$$

$$F = \pi f RC$$

式中 L_{in}——插入损耗(dB);

　　　f——工作频率(Hz);

　　　R——源或者负载阻抗(Ω);

　　　C——滤波电容(F)。

2) 串联电感低通滤波器

如图 4-3 所示,源阻抗和负载阻抗相等时,插入损耗为

$$L_{in} = 10\lg(1 + F^2) \tag{4-3}$$

$$F = \pi f \frac{L}{R}$$

式中 L_{in}——插入损耗(dB);

　　　L——滤波电感(H)。

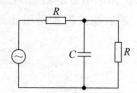
图 4-2   并联电容低通滤波器

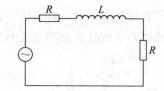
图 4-3   串联电感低通滤波器

3) L 型低通滤波器

单一元件的滤波器缺点是带外衰落速率只有 6dB/倍频程,把单个串联电感和并联电容组合而成一个 L 型结构的滤波器,则得到 12dB/倍频程。如果源阻抗和负载阻抗相等,则滤波器的插入损耗与插入线路中的方向无关。电路结构如图 4-4 所示。

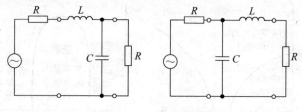
图 4-4   L 型低通滤波器

$$L_{\text{in}} = 10\lg\left[1 + \left(\frac{f}{f_0}\right)^2 \frac{D^2}{2} + \left(\frac{f}{f_0}\right)^4\right] \quad (4\text{-}4)$$

$$D = (1-d)/d^{\frac{1}{2}}$$

$$d = L/(CR^2)$$

$$f_0 = 1/\left[\pi(2LC)^{\frac{1}{2}}\right]$$

式中 L_{in}——插入损耗(dB);

   f_0——截止频率(Hz)。

4）π 型滤波器

π 型低通滤波器线路如图 4-5 所示。

在宽波段内具有高的插入损耗,体积也较适中。当源阻抗与负载阻抗都为 R 时,其插入损耗用式(4-5)表示:

$$L_{\text{in}} = 10\lg\left[1 + \left(\frac{f}{f_0}\right)^2 D^2 - 2\left(\frac{f}{f_0}\right)^4 D + \left(\frac{f}{f_0}\right)^6\right] \quad (4\text{-}5)$$

$$D = (1-d)/3d^{\frac{1}{2}}$$

$$d = L/(2CR^2)$$

$$f_0 = \frac{1}{2\pi}\left(\frac{2}{RLC^2}\right)^{\frac{1}{3}}$$

式中 L_{in}——插入损耗(dB);

   f_0——截止频率(Hz)。

5）T 型低通滤波器

T 型低通滤波器的线路如图 4-6 所示。

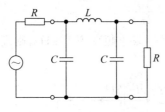
图 4-5 π 型低通滤波器

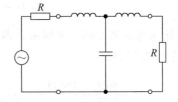
图 4-6 T 型低通滤波器

其源阻抗和负载阻抗均为 R 时,插入损耗由式(4-6)给出:

$$L_{\text{in}} = 10\lg\left[1 + \left(\frac{f_1}{f_0}\right)^2 D^2 - 2\left(\frac{f}{f_0}\right)^4 D + \left(\frac{f}{f_0}\right)^6\right] \quad (4\text{-}6)$$

$$D = (1-d)/3d^{\frac{1}{2}}$$

$$d = R^2 C/(2L)$$

$$f_0 = \frac{1}{2\pi}\left(\frac{2R}{L^2 C}\right)^{\frac{1}{3}}$$

式中 L_{in}——插入损耗(dB);

   f_0——截止频率(Hz)。

低通滤波器的插入损耗曲线如图 4-7 所示。其阻尼因子有三种情况:$d<1$、$d=1$、$d>1$。当 $d=1$ 时,是最佳阻尼,是理想的频响曲线,衰减比较平坦。

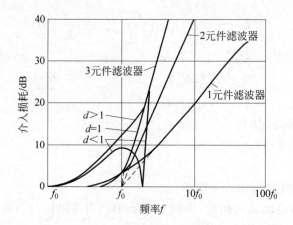

图 4-7　滤波器损耗曲线图

2. 高通滤波器

在降低电磁干扰上,高通滤波器虽不如低通滤波器应用广泛,但也有用途。这种滤波器一直被用于从信号通道上滤除交流电流频率或抑制特定的低频外界信号。设计高通滤波器时,均采用倒转方法,凡满足倒转原则的低通滤波器都可以很方便地变成所需要的高通滤波器。倒转原则就是将低通滤波器的每一个线圈换成一个电容器,而每一个电容器换成一个线圈,就可变成高通滤波器。

这一方法的根据是电感器与电容器互为可逆元件。使 $2\pi f_a L = 1/(2\pi f_b C)$,即在已知支路中频率为 f_a 的电感器 L 的阻抗值与频率为 f_b 的电容器的阻抗相等,而使 $LC = 10^{-12}$。结果使高通滤波器在频率为 f_b 的衰减与低通滤波器在频率为 f_b 的衰减相等,则

$$2\pi f_b = \frac{1}{2\pi f_a LC} = \frac{10^{12}}{2\pi f_a}$$

例如,低通滤波器如图 4-8 所示。若低通滤波器的截止频率为 10kHz,则高通滤波器的截止频率约为 2.5MHz。

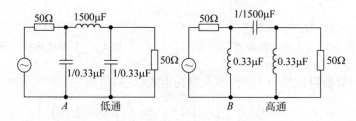

图 4-8　低通转换成高通滤波器图

3. 带通滤波器

带通滤波器对通带之外的高频及低频干扰能量进行衰减,其基本构成方法是由低通滤波器经过转换而成为带通滤波器。带通滤波器电路结构如图 4-9 所示。带通滤波器并接于干扰线和地之间,以消除电磁干扰信号,达到兼容的目的。

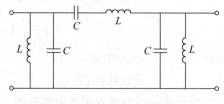

图 4-9　带通滤波器电路结构

4. 带阻滤波器

带阻滤波器是指用于对特定窄频带(在此频带内可能产生电磁干扰)内的能量进行衰减的一种滤波器,带阻滤波器通常串联于干扰源与干扰对象之间,带阻滤波器结构如图 4-10 所示。图 4-10(a)、(b)两种电路的边缘下降为 6dB/倍频程,因而对负载、对电源不能提供良好的匹配;图 4-10(e)中双 T 陷波滤波器作为带阻滤波器,在低频时,即 1MHz 以下,Q 值为 100 的数量级。但在高频时效用降低。

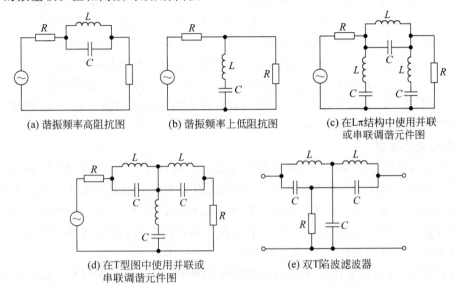

(a) 谐振频率高阻抗图　　　(b) 谐振频率上低阻抗图　　　(c) 在Lπ结构中使用并联
　　　　　　　　　　　　　　　　　　　　　　　　　　　　　　　或串联调谐元件图

(d) 在T型图中使用并联或　　　　(e) 双T陷波滤波器
　　　串联调谐元件图

图 4-10　带阻滤波器电路结构

反射式滤波器的各种滤波器的应用选择,由滤波器类型、干扰源阻抗和干扰对象阻抗(负载阻抗)之间的组合关系确定。使用电源干扰抑制滤波器时,遵循输入端、输出端最大限度失配的原则,以求获得最佳抑制效果,如表 4-1 所示。当源阻抗和负载阻抗都比较小时,应选用 T 型或者串联电感型滤波器;当源阻抗和负载阻抗都比较大时,应选用 π 型滤波器或者并联电容滤波器;当源阻抗和负载阻抗相差较大时,应选用 L 型滤波器。

表 4-1　滤波器的应用选择

源阻抗	负载阻抗(干扰对象)	滤波器类型
低阻抗	低阻抗	串联电感型 T 型
高阻抗	高阻抗	并联电容型 π 型
高阻抗	低阻抗	L型
低阻抗	高阻抗	L型

4.2.2 吸收式滤波器

吸收式滤波器是由有耗元件构成的,它通过吸收不需要的频率成分的能量(转化为热能)来达到抑制干扰的目的。因为尽管一些滤波器的输入/输出阻抗可在一个相当宽的频率范围内与指定的源和负载阻抗相匹配,但在实际中这种匹配情况往往不存在。例如,电源滤波器几乎总不能实现与其连续的电源线阻抗相匹配。另一个例子是发射机谐波滤波器的设计,一般是使其在基频上与发射机的输出阻抗相匹配,而不一定在它的谐波频率上匹配。

正因为存在这种失配,所以很多时候当把一个滤波器插入传输干扰的线路时,实际上在线路上将造成干扰电压的增大而不是减小。这个缺陷存在于所有低损耗元件构成的滤波器中,这正是反射滤波器的缺点。因为当滤波器和源阻抗不匹配时,一部分有用的能量将被反射回能源,这将导致干扰电平的增大而不是减小,这促使了吸收滤波器的产生,即用吸收滤波器来抑制不需要的能量(使之转化为热耗)。

1. 有损耗滤波器

为了消除 LC 型低通滤波器的频率谐振和要求终端负载阻抗匹配的弊端,使电磁干扰滤波器能在较宽的频率范围里具有较大的衰减,人们根据介电损耗和磁损耗原理研究出一种损耗滤波器。其基本原理是选用具有高损耗系数或高损耗角正切的电介质,把高频电磁能量转换成热能。在 50Ω 测试系统里,具有高损耗系数的电介质的截止频率大于 10MHz。有一种具有电气密封的损耗石墨,截止频率可达到 10GHz。

实际使用中,是将铁氧体一类物质制成柔软的磁管,可以在绝缘或非绝缘的导体上滑动,这种磁管称为电磁干扰抑制管。柔软性磁管的磁导率与磁环和磁条相比要低一些。图 4-11 表示铁氧体低通滤波器的损耗特性。

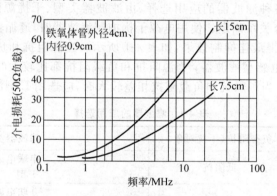

图 4-11 铁氧体低通滤波器的损耗特性

由于磁管没有饱和特性和谐波特性,所以可以使用在 0 以上的频率范围内。电磁干扰抑制管的工作原理类似磁环或磁条,在 10MHz 附近有一个等效的磁导率,这增加了被抑制导线的电感量,如图 4-12 所示。在低频上,电磁干扰抑制管也适于跟具有金属化屏蔽层的电容器一起使用。当电磁干扰抑制管当作低通滤波器使用,并应用在电源汇流条时,磁管材料对任何直

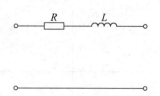

图 4-12 电磁干扰抑制管等效原理图
R—导磁性材料损耗;L—附加串联电感

流、50Hz/400Hz电源线电流均不会产生饱和现象。

电磁干扰抑制管可以套在标准电缆或电线上，屏蔽低频电场或磁场，不会引起直流或电源频率损耗。其典型特性如图4-13所示。

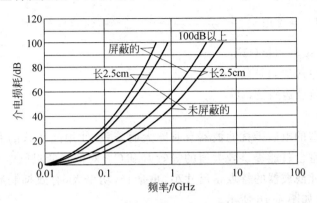

图4-13　电磁干扰抑制管的典型特性

在高频范围里应用铁氧体磁环来抑制电磁干扰，可以等效为电感线圈、电阻与电容并联的电路。它的感抗和阻抗均为频率的函数。图4-14表示铁氧体磁环阻抗和感抗的特性曲线。

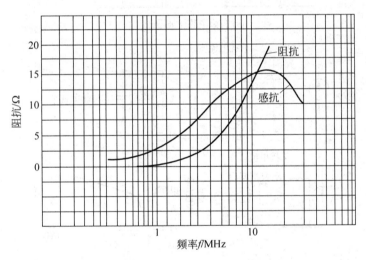

图4-14　铁氧体环阻抗和感抗特性曲线

铁氧体阻抗一般由下式决定：

$$Z_f = R + 2\pi\mu'if + j2\pi\mu''if$$
$$\mu = \mu' + j\mu''$$

损耗角正切值：

$$\tan\alpha = \mu'/\mu''$$

式中　R——磁环的等效电阻；

　　　i——磁环的长度；

　　　μ'——磁导率的实部；

　　　μ''——磁导率的虚部。

铁氧体高频损耗能量主要正比于 μ'，故应选择 μ' 或 $\tan\alpha$ 比较大的材料。若单个磁环阻抗已知，则几个磁环阻抗即为 nZ_f，按图 4-15 所示的等效电路图计算插入衰减。

$$L_{in} = 20\lg \frac{Z_s + Z_l}{nZ_f + Z_s + Z_l} \qquad (4-7)$$

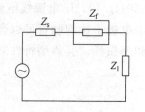

图 4-15 衰减量等效电路图

式中 nZ_f——几个磁环阻抗(Ω)；

Z_s——磁环电源边阻抗(Ω)；

Z_l——磁环负载边阻抗(Ω)。

2. 有源滤波器

用无源元件制造的电磁干扰滤波器有时庞大而笨重，使用晶体管的有源滤波器可以不需要过大的体积和重量就能提供较大值的等效 L 和 C。对低频低阻抗电源电路来说用有源滤波器更为合适。此滤波器的特点是尺寸小，重量轻，功率大，有效抑制频带宽。这种滤波器通常有三种类型，如图 4-16 所示。

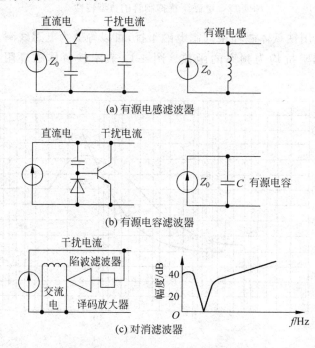

(a) 有源电感滤波器

(b) 有源电容滤波器

(c) 对消滤波器

图 4-16 有源电磁干扰滤波器

（1）模拟电感线圈的频率特性，给干扰信号一个高阻抗电路，称作有源电感滤波器。

（2）模拟电容器的频率特性，将干扰信号短路到地，称作有源电容滤波器。

（3）一种能产生与干扰电源幅值同样大小、方向相反的电流，通过高增益反馈电路将电磁干扰对消掉的电路称作对消滤波器。在交流电源线中，采用对消干扰技术是最有效的方法。对消滤波器具有很高的效能，通过自动调谐器把滤波器的频率调到电源频率上，使滤波器仅能通过电源频率的信号。即使负载和源阻抗很低（1Ω 以下），也可得到 30dB 的衰减值。若要得到更高的衰减值，可将滤波器进行联级。

3. 电缆滤波器

电缆滤波器就是具有一定磁导率和电导率的柔软性铁氧体磁芯包在载流线上，然后在磁芯上再密结一层磁导线,用来增加正常的集肤效应,提高对高频干扰的吸收作用。外面再加一层高压绝缘,就成了电缆滤波器。

4.2.3　电源线滤波器设计示例

电源线上呈现的干扰/骚扰可分为共模及差模两种。这些干扰见图 4-17(a),其中 I_c 及 I_d 分别为共模电流及差模电流。如图 4-17(b)所示,插在电源线进入点的电源线电磁干扰滤波器旨在保证电源线上携带的干扰不进入需由电源线馈电的设备,反之设备上的干扰也不会进入电源线。大量现代设备及数字电路均由开关式电源进行馈电,这类电源会产生电磁噪声,这时必须保证这种射频噪声不要注入电源线。

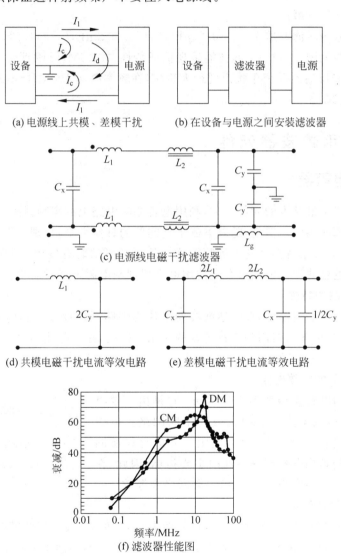

(a) 电源线上共模、差模干扰　(b) 在设备与电源之间安装滤波器

(c) 电源线电磁干扰滤波器

(d) 共模电磁干扰电流等效电路　(e) 差模电磁干扰电流等效电路

(f) 滤波器性能图

图 4-17　电源线电磁干扰滤波器

电源线电磁干扰滤波器的一种常用结构见图 4-17(c)。此处 C_x 及 C_y 为线对线电容器及线对地电容器,L_1 为绕在共同芯子上有相等绕组的两个电感器,L_2 为绕在分开芯子上的

两个分开的电感器，L_g 则为任意的接地扼流圈。当直流地要与射频地保持分离状态时需用接地扼流圈。连在滤波器电路内的两个电感器 L_1 的极性应使电源（线）电流 I_1 在两个电感器内反向流动，因此不会被衰减。与此类似，由于极性关系，差模电流 I_d 也不会被 L_1 衰减。另一方面，在两个电感中的共模电流产生的磁场是相同的，因此电流 I_d' 会衰减。而且由于两条线中通过的共模电流 I_c 是恒等的，电容器 C_x 对它们不会产生任何影响。根据这种考虑，共模与差模电磁干扰电流的有效等效电路可表示为图 4-17(d) 及 4-17(e)。电感 L_l 为共模电感 L_1 的泄漏电感，因为 L_1 两个电感间无耦合，所以不能相消。电容器 C_x 具有 $0.1\sim0.5\mu F$ 的较高数值，而 C_y 值则在 $0.001\sim0.01\mu F$ 范围内。电源线滤波器基本是低通滤波器，理想状况对电源线频率（50/60Hz）应不呈现衰减，但对 $10kHz\sim30MHz$ 频率范围的射频噪声则要产生衰减。

在某个试验电源线滤波器中 $C_x=0.22\mu F$，$C_y=0.0022\mu F$，$L_1=110\mu H$，$L_2=315\mu H$，该滤波器测得的性能见图 4-17(f)。滤波器呈现低通特性，在 $10MHz$ 附近对共模干扰出现最大衰减，约在 $20MHz$ 时对差模干扰出现最大衰减，在频率高达 $100MHz$ 时对两种干扰都呈现 $40dB$ 的最低衰减。

4.3 常用滤波器元件

4.3.1 电容器

电容器是电路中最基本的元件之一，利用电容滤除电路上的高频骚扰，对电源解耦是所有电路设计人员都熟悉的。但是，随着电磁干扰问题的日益突出，特别是干扰频率的日益提高，因不了解电容的基本特性而达不到预期滤波效果的事情时有发生。下面将介绍一些容易被忽略的影响电容滤波性能的参数及使用电容器抑制电磁干扰时需要注意的事项。

1. 实际电容器的特性

电容器是基本的滤波器件，在低通滤波器中作为旁路器件使用。利用它的阻抗随频率升高而降低的特性，可起到对高频干扰旁路的作用。但是，在实际使用中一定要注意电容器的非理想性。

1) 实际电容器的等效电路

实际电容器的电路模型如图 4-18 所示，它是由等效电感（ESL）、电容和等效电阻（ESR）构成的串联网络。电感分量是由引线和电容结构所决定的，电阻是介质材料所固有的。电感分量是影响电容频率特性的主要指标，因此，在分析实际电容器的旁路作用时，用 LC 串联网络来等效。

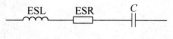

图 4-18 实际电容器的等效电路

2) 对滤波特性的影响

实际电容器的特性如图 4-19 所示，当角频率为 $1/LC$ 时，会发生串联谐振，这时电容的阻抗最小，旁路效果最好。超过谐振点后，电容器的阻抗特性呈现电感阻抗的特性——随频率的升高而增加，旁路效果开始变差。这时，作为旁路器件使用的电容器就开始失去旁路作用。

理想电容的阻抗是随着频率的升高而降低，而实际电容的阻抗具有如图 4-18 所示的频率特性，在频率较低时，呈现电容特性，即阻抗随频率的增加而降低，在某一点发生谐振，在

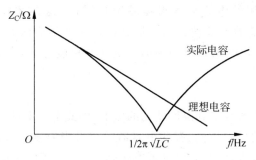

图 4-19　实际电容器的频率特性

这点电容的阻抗等于等效串联电阻 ESR。在谐振点以上，由于 ESL 的作用，电容阻抗随着频率的升高而增加，这是电容呈现电感的阻抗特性。在谐振点以上，由于电容的阻抗增加，因此对高频噪声的旁路作用减弱，甚至消失。

电容的谐振频率由 ESL 和 C 共同决定，电容值或电感值越大，谐振频率越低，也就是电容的高频滤波效果越差。ESL 除了与电容器的种类有关外，电容的引线长度也是一个十分重要的参数，引线越长，则电感越大，电容的谐振频率越低。因此在实际工程中，要使电容器的引线尽量短，电容器的正确安装方法和不正确安装方法如图 4-20 所示。

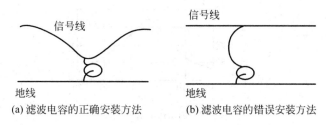

(a) 滤波电容的正确安装方法　　　　(b) 滤波电容的错误安装方法

图 4-20　滤波电容器的正确安装方法与错误安装方法

根据 LC 电路串联谐振的原理，谐振点不仅与电感有关，还与电容值有关，电容越大，谐振点越低。许多人认为电容器的容值越大，滤波效果越好，这是一种误解。电容越大，对低频干扰的旁路效果虽然好，但是由于电容在较低的频率发生了谐振，阻抗开始随频率的升高而增加，因此对高频噪声的旁路效果变差。表 4-2 列出了不同容量瓷片电容器的自谐振频率，电容的引线长度是 1.6mm。

表 4-2　不同容量瓷片电容器的自谐振频率

电容值/μF	自谐振频率/MHz	电容值/μF	自谐振频率/MHz
1	2.5	820	38.5
0.1	5	680	42.5
0.01	15	560	45
3.3×10^{-3}	19.3	470	49
1.8×10^{-3}	25.5	390	54
1.1×10^{-3}	33	330	60

尽管从滤除高频噪声的角度看，不希望有电容谐振，但是电容的谐振并不总是有害的。当要滤除的噪声频率确定时，可以通过调整电容的容量，使谐振点刚好落在骚扰频率上。

电磁兼容设计中使用的电容要求谐振频率尽量高,这样才能够在较宽的频率范围(10kHz~1GHz)内起到有效的滤波作用。提高谐振频率的方法有两种:一种是尽量缩短引线的长度;另一种是选用电感较小的种类。从这个角度考虑,陶瓷电容是最理想的一种电容。

3) 温度的影响

由于电容器中的介质参数受到温度变化的影响,因此电容器的电容值也随着温度变化。不同的介质随温度变化的规律不同,有些电容器的容量当温度升高时会减小70%以上,常用的滤波电容为瓷介质电容,瓷介质电容器有超稳定型——COG 或 NPO、稳定型——X7R 和通用型——Y5V 或 Z5U 共 3 种。不同介质的电容器的温度特性如图 4-21 所示。

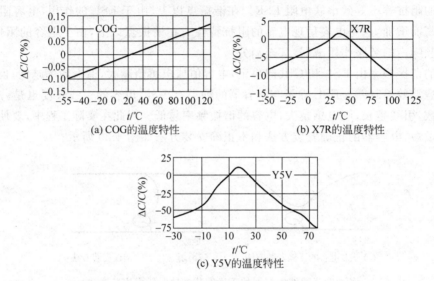

(a) COG的温度特性 (b) X7R的温度特性

(c) Y5V的温度特性

图 4-21　不同介质电容器的温度特性

从图 4-21 中可以看到,COG 电容器的容量几乎随温度没有变化,X7R 电容器的容量在额定工作温度范围变化在 12% 以下,Y5V 电容器的容量在额定工作温度范围内变化 70% 以上。这些特性是必须注意的,否则会出现滤波器在高温或低温时性能变化而导致设备产生电磁兼容问题。

COG 介质虽然稳定,但介质常数较低,一般为 10~100,因此当体积较小时,容量较小。X7R 的介质常数高得多,为 2000~4000,因此较小的体积也能产生较大的电容,Y5V 的介质常数最高,为 5000~25 000。

许多人在选用电容器时,片面追求电容器的体积小,这种电容器的介质虽然具有较高的介质常数,但温度稳定性很差,从而导致设备的温度特性变差。这在选用电容器时要特别注意,尤其是在军用设备中。

4) 电压的影响

电容器的电容量不仅随着温度变化,还会随着工作电压变化,这一点在实际工程中必须注意。不同介质材料的电容器的电压特性如图 4-22 所示。从图中可以看出,X7R 电容器在额定电压状态下,其容量降为原始值的 70%,而 Y5V 电容器的容量降为原始值的 30%。了解了这个特性后,在选用电容时要在电压或电容量上留出余量,否则在额定工作电压状态下，滤波器会达不到预期的效果。

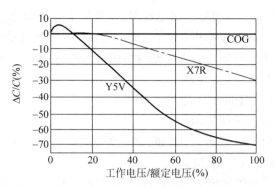

图 4-22 电容器的电压特性

综合考虑温度和电压的影响时，电容的变化如图 4-23 所示。

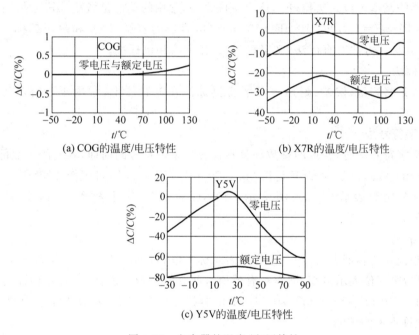

(a) COG的温度/电压特性　　(b) X7R的温度/电压特性

(c) Y5V的温度/电压特性

图 4-23 电容器的温度/电压特性

2. 电容器的主要参数

1）标称容量及允许误差

电容器的外壳表面上标出的电容量值，称为电容器的标称容量。标称容量与实际容量之间的偏差与标称容量之比的百分数称为电容器的允许误差。常用电容器的允许误差有 ±0.5%、±1%、±2%、±5%、±10% 和 ±20%。

2）工作电压

电容器在使用时，允许加在其两端的最大电压值称为工作电压，也称耐压或额定工作电压。使用时，外加电压最大值一定要小于电容器的额定工作电压，通常外加电压应在额定工作电压的 2/3 以下。

3）绝缘电阻

电容器的绝缘电阻表征电容器的漏电性能,在数值上等于加在电容器两端的电压除以漏电流。绝缘电阻越大,漏电流越小,电容器质量越好。品质优良的电容器具有较高的绝缘电阻,一般在兆欧级以上。电解电容器的绝缘电阻一般较低,漏电流较大。

3. 电容器的标注方法

电容器的型号一般由四部分组成。

第一部分:主称(用字母 C 表示)。

第二部分:材料(用字母表示)。例如:Z—纸介;Y—云母;C—瓷介;B—聚苯乙烯;L—涤纶;D—铝(电解);A—钽(电解)。

第三部分:分类(一般用数字表示,个别类型用字母表示)。例如,电容器(云母、有机)1、2—非密封;3、4—密封。

第四部分:序号(用数字表示)。

电容器的基本单位是法拉(F),这个单位太大,常用的单位是微法(μF)、纳法(nF)、皮法(pF),$1F=10^3 mF=10^6 \mu F=10^9 nF=10^{12} pF$。电容器的容量、误差和耐压都标注在电容器的外壳上,其标注方法有直标法、文字符号法、数字法和色标法。

1）直标法

直标法是将容量、偏差、耐压等参数直接标注在电容体上,常用于电解电容器参数的标注。

2）文字符号法

使用文字符号法时,容量的整数部分写在容量单位符号的前面,容量的小数部分写在容量单位符号的后面,例如,2.2pF 记作 2p2,4700pF 等于 4.7nF,可记作 4n7。

允许误差用 D 表示 $\pm 0.5\%$,F 表示 $\pm 1\%$,G 表示 $\pm 2\%$,J 表示 $\pm 5\%$,K 表示 $\pm 10\%$,M 表示 $\pm 20\%$。

3）数字法

在一些瓷片电容器上,常用三位数字表示标称电容,单位为 pF。三位数字中,前两位表示有效数字,第三位表示倍率,即表示有效值后面 0 的个数。例如,电容器标注为 103,表示其容量为 $10\times 10^3 pF=10\,000pF=0.01\mu F$;电容器标注为 682J,表示其容量为 $68\times 10^2 pF=6800pF$,允许误差为 $\pm 5\%$。

4）色标法

色标法与电阻器的色环表示方法类似,其颜色所代表的数字与电阻器的色环完全一致,单位为 pF。

4. 电容器的分类

电容器按结构可分为固定电容器、可变电容器、微调电容器;按介质可分为空气介质电容器、固体介质(云母、独石、陶瓷、涤纶等)电容器及电解电容器;按有无极性可分为有极性电容器和无极性电容器。其中云母、独石电容器具有较高的耐压性;电解电容器有极性,且具有较大的容量。

5. 电容器使用注意事项

(1) 注意电容器的耐压。

每个电容器都有一定的耐压程度。使用时应保持实际电压比额定电压低 $20\%\sim 30\%$,

不要十分接近,更不要超过其额定电压值,以免由于电源电压波动而将电容器击穿,进而损坏其他元器件。

（2）注意环境温度。

气温炎热和柜内通风不良都会使电容器环境温度升高。如果超过+60℃,电容器会很快老化、干枯。为了避免环境温度升高,可采用强迫通风的方法。同时在设计、安装时注意不要把大功率线绕电阻或其他发热元件放在电容器旁边。

（3）注意电解电容器极性。

电解电容器在使用时必须注意极性,不允许反接,否则电容器将被击穿,使电容短路。同时,电解电容器不宜使用在交流电路中,但可用在脉冲电路中。

（4）注意电容器产生的干扰噪声。

电容器使用不当也会造成噪声源。例如,铝电解和钽电解电容器常用作电源滤波或脉冲耦合电容。在处理微小信号的电路中,这些电容会因为漏电或其他某些原因（如温度变化）而形成新的噪声源。又如 FET 等高输入阻抗电路的旁路电容,若容量发生变化,也会产生噪声。

6. 各种电容器的特点及主要应用场合

电容器性能的一般分类如表 4-3 所示,各类电容器的主要应用场合如表 4-4 所示。

表 4-3　电容器性能的一般分类

适用频率范围	电容器类别	电容量范围*	耐热温度/℃
高频（1MHz 以上）	空气电容器	甚小	85～125
	陶瓷电容器	小、中、大	85～150（某些达到 200）
	云母电容器	小、中	70～150
	玻璃电容器	小、中	85～125
	聚四氟乙烯电容器	小、中	200
	云母纸电容器	小、中	125～300
音频（1～20kHz）	铁电陶瓷	小	85～125
	氧化膜电容器	小、中	85～125
	纸介（包括金属化）	小、中、大	70～125
	聚碳酸酯	小、中、大	125
	涤纶电容器	小、中、大	125
低频（几百赫兹）	铝电解电容器	大、甚大	70～125
	钽箔电解电容器	大、甚大	85～125
	烧结钽电解电容器（液体钽）	大、甚大	85～200
	烧结钽电解电容器（固体钽）	中、大、甚大	85～125

*电容量范围:"甚小"表示几至几百皮法;"小"表示几百至几万皮法;"中"表示几万至 $1\mu F$;"大"表示 $1\sim10\mu F$;"甚大"表示 10 至几千微法。

表 4-4　各类电容器的主要应用场合

电容器类型	应用范围								
	隔直流	脉冲	旁路	耦合	滤波	调谐	启动交流	温度补偿	储能
空气微调电容器				o	o	o			
微调陶瓷电容器				o		o			
Ⅰ类陶瓷电容器				o				o	
Ⅱ类陶瓷电容器			o	o	o				
玻璃电容器	o		o	o		o			
穿心电容器			o						
密封云母电容器	o		o	o	o	o			
小型云母电容器			o	o	o				
密封纸介电容器	o	o	o	o			o		
小型纸介电容器	o		o	o					
金属化纸介电容器	o		o	o			o		o
薄膜电容器	o	o	o	o	o				
直流电解电容器			o		o				
交流电解电容器							o		
钽电解电容器	o		o	o	o				

　　Ⅰ类陶瓷电容器电容量在 $0.5 \sim 80\text{pF}$ 之间,最佳允许误差为 $\pm 1\%$。其电容量稳定性较好,随时间、温度、电压和频率的变化很小,可用在温度稳定性要求高或补偿电路中其他元件特性随温度变化的场合。Ⅱ类陶瓷电容器电容量在 $0.5 \sim 10^4\text{pF}$ 之间,其允许误差为 $\pm 10\%$ 和 $\pm 20\%$ 两种。其电压系数随介电常数的增大而非线性地变大,交流电压增大会使电容量及损耗角正切增加,温度稳定性随介电常数的增大而降低,因此不适于精密应用。

　　云母、玻璃电容器容量在 $0.5 \sim 10^4\text{pF}$ 之间,最佳允许误差为 $\pm 1\%$,具有高绝缘电阻、低功率系数、低电感和优良的稳定性等特点,特别适于高频应用,在 500MHz 的频率范围内性能优良。可用于要求容量较小、品质系数高以及温度、频率和时间稳定性好的电路中。可用于高频耦合和旁路,或在调谐电路中作固定电容器元件。云母、玻璃介质电容器本质上可互换。云母价廉,但体积较大。

　　纸和塑料或聚酯薄膜电容器的电容量范围较大,可从 10pF 至几十微法,最小允许误差为 $\pm 2\%$,可用于要求高温下具有高而稳定的绝缘电阻,在宽温度范围内具有良好的电容稳定性的场合。金属化电容器采用金属化聚碳酸醋薄膜,有良好的自愈性能。但自愈也会明显增加背景噪声,在通信电路中使用需注意。金属化电容器在自愈中也会产生 $0.5 \sim 2\text{V}$ 电压的迅速波动,因此不宜在脉冲或触发电路中使用。

　　固体钽电解电容器的电容量在 $0.1 \sim 470\mu\text{F}$ 之间,最小允许误差为 $\pm 5\%$。固体钽电容器是军用设备中使用最广泛的电解电容器,与其他电解电容器相比,相对体积较小,对时间和温度呈良好稳定性;缺点是电压范围窄($6 \sim 120\text{V}$),漏电流大,主要用于滤波、旁路、耦合、隔直流及其他低压电路中。在设计晶体管电路、定时电路、移相电路及真空管栅极电路时,应考虑到漏电流和损耗角正切的影响。

　　非固体钽电躲电容器的电容量在 $0.2 \sim 100\mu\text{F}$ 之间,特点是体积小,耐压高($5 \sim 450\text{V}$),漏电流小(后两个特点都是与固体钽电解电容器相比而言的),主要用于电源滤波、旁路和大电容量值的能量储存。无极性非固体钽电解电容器适用于交流或可能产生直流反向电压的地方,如低频调谐电路、计算机电路、伺服系统等。

铝电解电容器的特点是电容量大($1 \sim 65\,000\,\mu\text{F}$)、体积小、价格低,最好用在 $60 \sim 100\,\text{kHz}$ 频率范围内。一般用于滤除低频脉冲直流信号分量和有电容量精度要求的场合。由于不能承受低温和低气压,所以一般只能用于地面设备。

4.3.2 电感

1. 实际电感的特性

一段导线就构成了一个电感。要获得较大的电感量,需要将导线绕成线圈。线圈的芯材有两种:一种是非磁性的(空气);另一种是磁性的。磁性磁芯又有闭合磁路的和开放磁路的。

电感的非理想性:实际的电感器除了电感参数以外,还有寄生电阻和电容,其中寄生电容的影响更大。理想电感的阻抗随着频率的升高呈正比增加,这正是电感对高频干扰信号衰减较大的根本原因。但是,由于匝间寄生电容的存在,实际的电感器等效电路是一个 LC 并联网络。当角频率为 $1/\sqrt{LC}$ 时会发生并联谐振,这时电感的阻抗最大,超过谐振点后,电感器的阻抗呈现电容阻抗特性——随频率增加而降低。电感的电感量越大,往往寄生电容也越大,电感的谐振频率越低,实际电感的等效电路如图 4-24 所示,频率特性如图 4-25 所示。

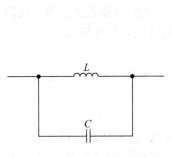

图 4-24 实际电感的等效电路

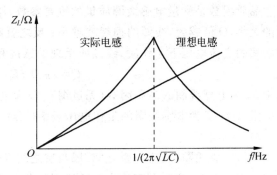

图 4-25 实际电感的频率特性

说明 1:实际电感在谐振频率以下比理想电感的阻抗更高,在谐振点达到最大。利用这个特性,可以通过调整电感的电感量和绕制方法使电感在特定的频率上谐振,从而抑制特定频率的干扰。

说明 2:开放磁芯会产生漏磁,因此会在电感周围产生较强的磁场,对周围的电路产生干扰。为了避免这个问题,应尽量使用闭合磁芯。

说明 3:与漏磁现象相反的是开放磁芯电感对外界的磁场也十分敏感(收音机内的磁性天线就是一个利用这个特性的例子),因此,要注意电感拾取外界噪声而增加电路敏感度的问题。

为了防止上述电感本身的电磁兼容问题,往往将电感屏蔽起来。频率较高时,可以用铜或铝等导电性良好的材料,频率低时,要选用高磁导率的材料。

电感线圈电感量的估算:绕制线圈时,怎样估算线圈的电感量呢?如果能够得到磁芯的详细技术参数,当然可以利用公式计算电感量。但是大多数场合,手头只有一个现成的磁芯,想用这个磁芯制作一个电感。这时,可以先在这个磁芯上绕 9 匝,用电感表测量其电感量,设读数为 L_0,如果需要的电感量为 L,则应该绕制的匝数 N 为:

$$N = 3(L/L_0)^{1/2} \tag{4-8}$$

2. 电感的主要参数

电感的主要参数有电感量、品质因数、标称电流值、稳定性等。

1) 电感量

电感量的基本单位是亨利,用字母 H 表示。当通过电感线圈的电流每秒钟变化 1A 所产生的感应电动势是 1V 时,线圈的电感是 1H(亨利)。线圈电感量的大小主要取决于线圈的圈数、绕制方式及磁芯材料等。线圈圈数越多,绕制的线圈越密集,电感量越大;线圈内有磁芯的比无磁芯的电感量大;磁芯导磁率越大,电感量越大。

电感的换算单位有毫亨(mH)、微亨(μH)、纳亨(nH),其单位换算关系为

$$1H = 10^3 mH = 10^6 \mu H = 10^9 nH$$

电感线圈的允许误差为 $\pm(0.2\% \sim 20\%)$。通常,用于谐振回路的电感线圈精度比较高,而用于耦合回路、滤波回路、换能回路的电感线圈精度比较低,有的甚至无精度要求。精密电感线圈的允许误差为 $\pm(0.2\% \sim 0.5\%)$,耦合回路电感线圈的允许误差为 $\pm(10\% \sim 15\%)$,高频阻流圈、镇流器线圈等的允许误差为 $\pm(10\% \sim 20\%)$。

2) 品质因数

品质因数是衡量电感线圈质量的重要参数,用字母 Q 表示。Q 值的大小表明了线圈损耗的大小,Q 值越大,线圈的损耗就越小;反之就越大。品质因数 Q 在数值上等于线圈在某一频率的交流电压下工作时,线圈所呈现的感抗和线圈的直流电阻的比值,即

$$Q = 2\pi f L / R = \omega L / R$$

式中,Q 为电感线圈的品质因数(无量纲);L 为电感线圈的电感量(H);R 为电感线圈的直流电阻(Ω);f 为电感线圈的工作电压频率(Hz)。

3) 分布电容

任何电感线圈,其匝与匝之间、层与层之间、线圈与参考地之间、线圈与磁屏蔽之间等都存在一定的电容,这些电容称为电感线圈的分布电容。若将这些分布电容综合在一起,就成为一个与电感线圈并联的等效电容 C。

当电感线圈的工作电压频率高于线圈的固有频率时,其分布电容的影响就超过了电感的作用(见电感线圈固有频率 f_0 的计算表达式),使电感变成了一个小电容。因此,电感线圈必须工作在小于其固有频率下。电感线圈的分布电容是十分有害的,在其制造中必须尽可能地减小分布电容。减小分布电容的有效措施如下。

(1)减小骨架直径;

(2)在满足电流密度的前提下,尽可能地选用细一些的漆包铜线;

(3)充分利用可用绕线空间对线圈进行间绕法绕制;

(4)采用多股蜂房式线圈。

4) 标称电流值

标称电流值是指电感线圈在正常工作时允许通过的最大电流,也叫额定电流,若工作电流大于额定电流,线圈就会因发热而改变其原有参数,甚至被烧毁。

5）参数稳定性

指线圈参数随环境条件变化而变化的程度。线圈在使用过程中,如果环境条件(如温度、湿度等)发生了变化,则线圈的电感量及品质因数等参数也随着改变。例如,温度变化时,由于线圈导线受热后膨胀,使线圈产生几何变形,从而引起电感量的变化。为了提高线圈的稳定性,可在线圈制作上采取适当措施,例如采用热绕法,将绕制线圈的导线通上电流,使导线变热,然后绕制成线圈。这样,导线冷却后收缩,紧紧贴在骨架上,线圈不易变形,从而提高了稳定性。湿度变化会引起线圈参数的变化,如湿度增加时,线圈的分布电容和漏电都会增加。为此要采取防潮措施,减轻湿度对线圈参数的影响,可确保线圈工作的稳定性。

3. 电感线圈的标注方法

LGA 型固定磁芯电感的外形结构与电阻相似,采用的是圆柱形磁芯。由于体积较小,故它们的电感量相对偏小($0.22\sim1000\mu H$),常用于频率较高的精密电路。LGA 型电感元件均为塑装卧式元件。LGA 型电感标注可采用文字符号法、数字法、色标法。

（1）LGA 型电感元件的标注方法 1 如图 4-26 所示。

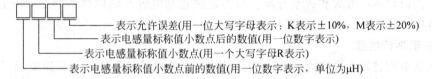

图 4-26　LGA 型电感元件的标注方法 1

例如:

1R8K 表示电感的电感量标称值为 $1.8\mu H$,允许误差为 $\pm10\%$。

5R6M 表示电感的电感量标称值为 $5.6\mu H$。允许误差为 $\pm20\%$。

（2）LGA 型电感元件的标注方法 2 如图 4-27 所示。

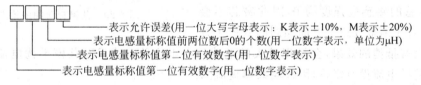

图 4-27　LGA 型电感元件的标注方法 2

例如:

331K 表示电感的电感量标称值为 $330\mu H$,允许误差为 $\pm10\%$。

820M 表示电感的电感量标称值为 $82\mu H$,允许误差为 $\pm20\%$。

（3）LGA 型电感元件的标注方法 3 如图 4-28 所示。

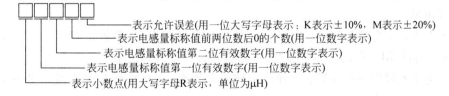

图 4-28　LGA 型电感元件的标注方法 3

例如：

R560K 表示电感的电感量标称值为 $56\mu H$，允许误差为 $\pm10\%$。

R821M 表示电感的电感量标称值为 $820\mu H$，允许误差为 $\pm20\%$。

4. 克服电感寄生电容的方法

要拓宽电感的工作频率范围，最关键的是减小寄生电容。电感的寄生电容与匝数、磁芯材料（介电常数）、线圈的绕法等因素有关。用下面的方法可以减小寄生电容。

(1) 尽量单层绕制：空间允许时，尽量使线圈为单层，并使输入输出远离。

(2) 多层绕制的方法：线圈的匝数较多，必须多层绕制时，要向一个方向绕，边绕边重叠，不要绕完一层后，再往回绕。

(3) 分段绕制：在一个磁芯上将线圈分段绕制，这样每段的电容较小，并且总的寄生电容是两段上的寄生电容的串联，总容量比每段的寄生容量小。

(4) 多个电感串联起来：对于要求较高的滤波器，可以将一个大电感分解成一个较大的电感和若干电感量不同的小电感，并将这些电感串联起来，可以使电感的带宽扩展。但这样付出的代价是体积增大和成本升高。另外要注意与电容并联同样的问题，即引入了额外的串联谐振点，谐振点上电感的阻抗很小。

5. 共模扼流线圈

当电感中流过较大电流时，电感会发生饱和，导致电感量下降。共模扼流圈可以避免这种情况的发生。

(1) 共模扼流圈的结构：将传输电流的两根导线（例如直流供电的电源线和地线，交流供电的火线和零线）按照图 4-29 所示的方法绕制。这时，两根导线中的电流在磁芯中产生的磁力线方向相反，并且强度相同，刚好抵消，所以磁芯中总的磁感应强度为 0，因此磁芯不会饱和。而对于两根导线上方向相同的共模干扰

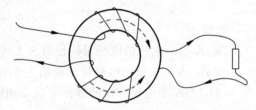

图 4-29　共模扼流圈的构造

电流，则没有抵消的效果，会呈现较大的电感。由于这种电感只对共模干扰电流有抑制作用，而对差模电流没有影响，因此叫共模扼流圈。

(2) 制作方法：电流的去线和回线要满足流过它们的电流在磁芯中产生的磁力线抵消的条件。对于没有很高绝缘要求的信号线，可以采用双线并绕的方法构成共模扼流圈；但对于交流电源线，考虑到两根导线之间必须承受较高的电压，必须分开绕制。

(3) 共模扼流圈寄生差模电感：理想的共模扼流圈上的两根导线产生的磁通完全抵消，磁芯永远不会饱和，并且对差模电流没有任何影响。但实际的共模扼流圈两组线圈产生的磁力线不会全集中在磁芯中，而是会有一定的漏磁，这部分漏磁不会抵消，因此还是有一定的差模电感。

(4) 寄生差模电感的好处：由于寄生差模电感的存在，共模扼流圈可以对差模干扰产生一定的抑制作用。在设计滤波器时，可以将这种因素考虑进来。

(5) 寄生差模电感的危害：会导致电感磁芯饱和，而且从磁芯中泄漏出来的差模磁场会形成新的辐射干扰源。

(6) 影响寄生差模电感的因素：与线圈的绕制方法和线圈周围物体的磁导率等有关。

例如,将共模扼流圈放进钢制小盒中,会增加差模电感。

(7)差模电感的测量方法:将共模扼流圈一端的两根导线短接,在另一端上测量线圈的电感。

4.3.3　铁氧体 EMI 抑制元件

吸收式滤波器由有耗器件构成,在阻带内,有耗器件将电磁骚扰的能量吸收后转化为热损耗,从而起到滤波作用。铁氧体材料就是一种广泛应用的有耗器件,可用来构成低通滤波器。

铁氧体是一种立方晶格结构的亚铁磁性材料。它的制造工艺和机械性能与陶瓷相似,颜色为黑灰色,故又称黑磁性瓷。铁氧体的分子结构为 $MO \cdot Fe_2O_3$,其中 MO 为金属氧化物,通常是 MnO 或 ZnO。

1. 铁氧体的特性

导线穿过铁氧体磁芯构成的电感的阻抗虽然在形式上是随着频率的升高而增加的,但是在不同频率上,其机理是完全不同的。

如图 4-30 所示,在低频段,阻抗由电感的感抗构成。此时,磁芯的磁导率较高,因此电感量较大,并且这时磁芯的损耗较小,整个器件是一个低损耗、高 Q 特性的电感,这种电感容易造成谐振。因此在低频段,有时会有干扰增强的现象。在高频段,阻抗由电阻成分构成。随着频率升高,磁芯的磁导率降低,导致电感的电感量减小,感抗成分减小。但是这时磁芯的损耗增加,电阻成分增加,导致总的阻抗增加。当高频信号通过铁氧体时,电磁能量以热的形式耗散掉。

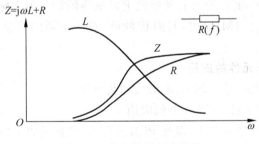

图 4-30　铁氧体的频率特性

铁氧体的等效电路在低频和高频时是不同的。低频时是一个电感,高频时是随频率变化的电阻。电感与电阻有着本质的区别;电感本身并不消耗能量,而仅储存能量,因此,电感会与电路中的电容构成谐振电路,使某些频率上的干扰增强;电阻是要消耗能量的,从实质上降低干扰。

当穿过铁氧体的导线中流过电流时,会在铁氧体磁芯中产生磁场,当磁场的强度超过一定量值时,磁芯发生饱和,磁导率急剧降低,电感量减小。因此,当滤波器中流过较大的电流时,滤波器的低频插入损耗会发生变化。高频时,磁芯的磁导率已经较低,并且高频时主要靠磁芯的损耗特性工作,因此,电流对滤波器的高频特性影响不大。

2. 铁氧体的应用

铁氧体的应用主要有以下 3 方面:

(1) 低电平信号应用;

（2）电源变换与滤波；

（3）电磁骚扰抑制。

不同的应用对铁氧体材料的特性及铁氧体芯的形状有不同的要求。在低电平信号应用中，所要求的铁氧体材料的特性由磁导率决定，并且铁氧体芯的损耗要小，还要具有好的磁稳定性，即随时间和温度变化其改变不大。铁氧体在这方面的应用包括高 Q 值电感器、共模电感器和宽带、匹配脉冲变压器，以及无线电接收天线和有源、无源天线。

在电源应用方面，要求铁氧体材料在工作频率和温度上具有高的磁通密度和低损耗的特点。在这方面的应用包括开关电源、磁放大器、DC-DC 变换器、电源线滤波器、触发线圈和用于电车电源蓄电池充电的变压器。

在抑制电磁骚扰应用方面，对铁氧体性能影响最大的是铁氧体材料的磁导率，它直接与铁氧体芯的阻抗成正比。

铁氧体一般通过 3 种方式来抑制无用的传导或辐射信号。首先，不太常用的是将铁氧体作为实际的屏蔽层来将导体、元器件或电路与环境中的散射电磁场隔离开。

其次，是将铁氧体作为电感器，以构成低通滤波器，在低频时提供感性—容性通路，而在较高频率时损耗较大。

最后，最常用的应用是将铁氧体芯直接用于元器件的引线或线路板级电路上。在这种应用中，铁氧体磁芯能抑制任何寄生振荡和衰减感应或传输到元器件引线上或与之相连的电缆线中的高频无用信号。

在后面两种应用中，铁氧体芯通过消除或极大地衰减电磁骚扰源的高频电流来抑制传导骚扰。采用铁氧体，能提供足够高的高频阻抗来减小高频电流。从理论上讲，理想的铁氧体能在高频段提供高阻抗，而在所有其他频段上提供零阻抗。但实际上，铁氧体芯的阻抗是依赖于频率的，在频率低于 1MHz 时，其阻抗最低，对于不同的铁氧体材料，最高的阻抗出现在 10～500MHz 之间。

3. 铁氧体 EMI 抑制元件的应用

铁氧体抑制元件广泛应用于 PCB、电源线和数据线上。

1）铁氧体 EMI 抑制元件在 PCB 上的应用

EMI 设计的首要方法是抑源法，即在 PCB 上的 EMI 源处将 EMI 抑制掉。这个设计思想是将噪音限制在小的区域，避免高频噪音耦合到其他电路，而这些电路通过连线可能产生更强的辐射。

PCB 上的 EMI 源来自数字电路。其高频电流在电源线和地之间产生一个共模电压降，造成共模骚扰。电源线或信号线上的去耦电容会将 IC 开关的高频噪音短路，但是去耦电容常常会引起高频谐振，造成新的骚扰。在电路板的电源进口处加上铁氧体抑制磁珠会有效地将高频噪音衰减掉。

2）铁氧体 EMI 抑制元件在电源线上的应用

电源线会把外界电网的骚扰、开关电源的噪音传到主机。在电源的出口和 PCB 电源线的入口设置铁氧体抑制元件，既可抑制电源与 PCB 之间高频骚扰的传输，也可抑制 PCB 之间高频噪音的相互骚扰。

值得注意的是，在电源线上应用铁氧体元件时有偏流存在。铁氧体的阻抗和插入损耗随着偏流的增加而降低。当偏流增加到一定值时，铁氧体抑制元件会出现饱和现象。在

EMC 设计时要考虑饱和时插入损耗降低的问题。铁氧体的磁导率越低,插入损耗受偏流的影响越小,越不易饱和。所以用在电源线上的铁氧体抑制元件,要选择磁导率低的材料和横截面积大的元件。

当偏流较大时,可将电源的出线(AC 的火线,DC 的正线)与回线(AC 的中线,DC 的线)同时穿入一个磁管。这样可避免饱和,但这种方法只能抑制共模噪音。

3) 铁氧体抑制元件在信号线上的应用

铁氧体抑制元件最常用的地方就是信号线,例如,在计算机中,EMI 信号会通过主机到键盘的电缆传入主机的驱动电路,然后耦合到 CPU,使其不能正常工作。主机的数据或噪音也可通过电缆线辐射出去。铁氧体磁珠可用在驱动电路与键盘之间,将高频噪音抑制。由于键盘的工作频率在 1MHz 左右,因此数据可以几乎无损耗地通过铁氧体磁珠。

扁平电缆也可用专用的铁氧体抑制元件,将噪音抑制在其辐射之前。

4. 铁氧体 EMI 抑制元件的选择

铁氧体抑制元件有多种材料、形状和尺寸供选择。为选择合适的抑制元件,使其对噪音的抑制更有效,设计者必须知道需要抑制的 EMI 信号的频率和强度、要求抑制的效果(即插入损耗值)以及允许占用的空间,包括内径、外径和长度尺寸。

不同的铁氧体抑制材料有不同的最佳抑制频率范围,这与初始磁导率有关。通常材料的初始磁导率越高,适用抑制的频率就越低。表 4-5 是常用的几种抑制铁氧体材料的适用频率范围。

表 4-5　常用抑制铁氧体材料的适用范围

初始磁导率	最佳抑制频率范围/MHz
125	>200
850	30~200
2500	10~30
5000	<10

在有直流或低频交流偏流的情况下,要考虑到抑制性能的下降和饱和,尽量选用磁导率低的材料。

铁氧体材料选定之后,需要选定抑制元件的形状和尺寸。抑制元件的形状和尺寸影响到对噪音抑制的效果。

一般来说,铁氧体的体积越大,抑制效果越好。在体积一定时,形状长而细的比形状短而粗的阻抗要大,抑制效果更好。但在有 DC 或 AC 偏流的情况下,要考虑到饱和问题。铁氧体抑制元件的横截面积越大,越不易饱和,可承受的偏流越大。另外,铁氧体的内径越小,抑制效果越好。

总之,铁氧体抑制元件选择的原则是,在使用空间允许的条件下,选择尽量长、尽量厚和内孔尽量小的铁氧体抑制元件。

5. 铁氧体 EMI 抑制元件的安装

同样的铁氧体抑制元件,由于安装的位置不同,其抑制效果会有很大区别。

在大部分情况下,铁氧体抑制元件应安装在尽可能接近骚扰源的地方。这样可以防止噪音耦合到其他地方,在那些地方噪音可能更难以抑制。但是在 I/O 电路中,在导线或电缆进入或引出屏蔽壳的地方，铁氧体器件应尽可能安装在靠近屏蔽壳的进出口处，以避免噪音在经过铁氧体抑制元件之前耦合到其他地方。

还有一点要注意的是，铁氧体磁管穿在电缆上后要用热缩管封好。

4.3.4 滤波器的安装

选择好合适的滤波器，如果安装不当，仍然会破坏滤波器的衰减特性。只有恰当地安装滤波器才能获得良好的效果，通常应注意以下事项：

（1）滤波器最好安装在干扰源出口处，再将干扰源和滤波器完全屏蔽在一个盒子里。若干扰内腔空间有限，则应安装在靠近干扰源电源线出口外侧，滤波器壳体与干扰源壳体应进行良好的搭接。

（2）滤波器的输入和输出线必须分开，防止出现输入端与输出端线路耦合现象而降低滤波器的衰减特性。通常利用隔板或底盘来固定滤波器。若不能实施隔离方法，则采用屏蔽的引线必须可靠。

（3）滤波器中电容器导线应尽可能短，防止感抗与容抗在某个频率上形成谐振，电容器相对于其他电容器和元件成直角安装，避免相互产生影响。

（4）滤波器接地线上有很大的短路电流，能辐射很强的电磁干扰，因此对滤波器的抑制元件要进行良好的屏蔽。

（5）焊接在同一插座上的每根导线都必须进行滤波，否则会使滤波器的衰减特性完全失去。

（6）套管滤波器必须完全同轴安装，使电磁干扰电流呈辐射状流经电容器。若把套管电容器通过法兰盘直接安装到干扰源上与设备组成一体，接地电流就会呈辐射状流过，抑制频率范围可扩展到几千兆赫。如果安装不当，则抑制效果就会明显恶化。其安装方法如图4-31～图4-34所示。

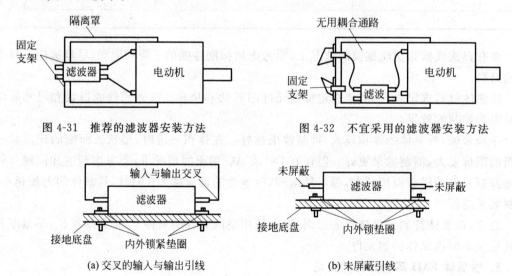

图4-31 推荐的滤波器安装方法　　图4-32 不宜采用的滤波器安装方法

（a）交叉的输入与输出引线　　（b）未屏蔽引线

图4-33 不正确的滤波器安装方法

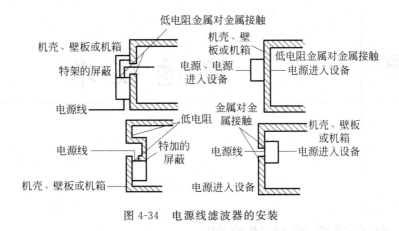

图 4-34 电源线滤波器的安装

习题

1. 请阐述电磁干扰滤波器的作用和工作原理。

2. 请列举两种低通滤波器的结构并给出其幅频特性。

3. 铁氧体磁珠常串接在导线上抑制高频噪声,如题 3 图所示。图中负载 $R_L=10\text{k}\Omega$,设磁珠在 100MHz 时的阻抗为 200Ω,求其插入损耗。如果在磁珠后面再并接一个电容器 $0.01\mu\text{F}$,求两者构成的低通滤波器的插入损耗。

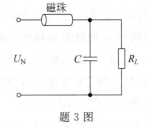

题 3 图

4. 设计合适的低通滤波器以满足下列要求:

(1) 截止频率为 3.4kHz;在 5kHz 以后的最低衰减为 40dB;允许通带波动为 0.2dB;$R_g=R_L=1000\Omega$。

(2) 截止频率为 1kHz;在 2kHz 以后的最低衰减为 20dB;$R_g=R_L=600\Omega$。

(3) 截止频率为 100kHz;在 300kHz 以后的最低衰减为 58dB;$R_g=1\text{k}\Omega,R_L=100\text{k}\Omega$;电感器在 100Hz 时的品质因数 Q 为 11。

5. 设计满足下列要求的滤波器:

(1) 对称带通滤波器;上下截止频率分别为 4MHz 及 1.5MHz;通带最大波动为 1dB;40dB 带宽不超过 5MHz;$R_g=R_L=50\Omega$。

(2) 截止频率为 8MHz 及 12MHz 的带阻滤波器;500MHz 带宽的最小衰减为 50dB;$R_g=R_L=300\Omega$。

6. 试给出实际电容器的等效电路和频率特性图,并分析其在实际应用中对滤波特性的影响。

7. 试给出实际电感的等效电路和频率特性图,并分析其在实际应用中对滤波特性的影响。

8. 试列出克服电感寄生电容的方法。

9. 对滤波器的安装应注意什么问题。

10. 在实际工程中,经常看到滤波器的外壳上有一个接地端子,试分析其作用。

第 5 章

接 地 技 术

5.1　电子设备接地的目的

在电子设备中,接地是抑制电磁噪声和防止干扰的重要手段之一。在设计中如能把接地和屏蔽正确地配合使用,对实现电子设备的电磁兼容性将起着事半功倍的作用。

电子设备中各类电路均有电位基准,对于一个理想的接地系统来说,各部分的电位基准都应保持零电位。设备内所有的基准电位点通过导体连接在一起,该导体就是设备内部的地线。电子电路的地线除了提供电位基准之外,还可能作为各级电路之间信号传输的返回通路和各级电路的供电回路。可见电子设备中地线涉及面相当广。

"地"可以是指大地,陆地使用的电子设备通常以地球的电位作为基准,并以大地作为零电位。"地"也可以是电路系统中某一电位基准点,并设该点电位为相对零电位,但不是大地零电位。例如,电子电路往往以设备的金属底座、机架、机箱等作为零电位或称"地"电位,但金属底座与机架、机箱有时不一定和大地相连接,即设备内部的"地"电位不一定与大地电位相同。但是为了防止雷击对设备和操作人员造成危险,通常应将设备的机架、机箱等金属结构与大地相连接。电子设备的"地"与大地连接有如下作用:

(1)提高电子设备电路系统工作的稳定性。电子设备若不与大地连接,则它相对于大地将呈现一定的电位,该电位会在外界干扰场的作用下变化,从而导致电路系统工作不稳定。如果将电子设备的"地"与大地相连接,使它处于真正的零电位,就能有效地抑制干扰。

(2)泄放机箱上积累的静电电荷,避免静电高压导致设备内部放电而造成干扰。

(3)为设备和操作人员提供安全保障。

5.2　接地系统

有许多接地的方法,它们的使用常常依赖于所要实现的目标或正在开发的系统的功能。

不考虑安全接地,仅从电路参考点的角度考虑,接地可分为悬浮地、单点接地、多点接地和混合接地。

5.2.1 悬浮地

对电子产品而言,悬浮地是指设备的地线在电气上与参考地及其他导体相绝缘,即设备悬浮地。另一种情况是在有些电子产品中,为了防止机箱上的骚扰电流直接耦合到信号电路,有意使信号地与机箱绝缘,即单元电路悬浮地。图 5-1 中分别给出了这两种悬浮地。

悬浮地容易产生静电积累和静电放电,在雷电环境下,还会在机箱和单元电路间产生飞弧,甚至使操作人员遭到电击。设备悬浮地时,当电网相线与机箱短路时,会引起触电的危险,所以悬浮地不宜用在通信系统和一般电子产品中。

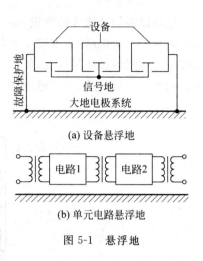

(a) 设备悬浮地

(b) 单元电路悬浮地

图 5-1 悬浮地

5.2.2 单点接地

单点接地是为许多接在一起的电路提供共同参考点的方法。并联单点接地最简单,它没有共阻抗耦合和低频地环路的问题。如图 5-2 所示,每一个电路模块都接到一个单点地上,每一个子单元在同一点与参考点相连。地线上其他部分的电流不会耦合进电路。这种结构在 1MHz 以下能工作得很好,但当频率升高时,由于接地的阻抗较大,电路上会产生较大的共模电压。当地线的长度超过 1/4 波长时,电路实际上与地是隔开的。单点接地要求电路的每部分只接地一次,并都是接在同一点上。该点常常以大地为参考。由于只

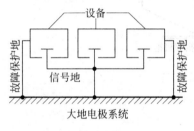

图 5-2 并联单点接地

存在一个参考点,因此可以相信没有地回路存在,因而也就没有骚扰问题。

并联单点接地的一种改进方式是将具有类似特性的电路连接在一起,然后将每一个公共点连接到单点地,如图 5-3 所示。这样既有单点接地可以避免共阻抗耦合的优点,又使高频电路有良好的局部接地。为了减少共阻抗耦合,骚扰最大的电路应最靠近公共点。当一个模块中有一个以上的地时,它们应该通过背对背二极管连接到一起,避免当电路断开时造成电路损坏。

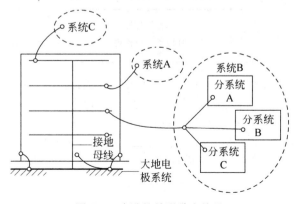

图 5-3 改进的并联单点接地

低频设备信号地线的敷设,应力求减小地线的长度,如果有两个以上独立的低频电路单元或插箱装入机柜时,应安装一条与机架绝缘的接地母线,每个单元或插箱的信号地线通过搭接条连接到该接地母线上,如图 5-4 所示。为了保证足够的机械强度和低阻抗通路,应选用长宽比小的搭接条,并带绝缘,以避免与机柜或插箱等短接。

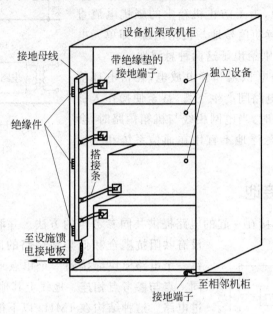

图 5-4 装有接地母线的机柜

5.2.3 多点接地

多点接地如图 5-5 所示。从图中可以看到,设备中的内部电路都以机壳为参考点,而所有机壳又以地为参考。有一个安全地把所有的机壳连在一起,然后再与地或辅助信号地相

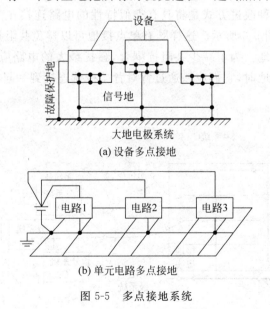

(a) 设备多点接地

(b) 单元电路多点接地

图 5-5 多点接地系统

连。这种接地结构的原理在于为许多并联路径提供了到地的低阻抗通路,并且在系统内部接地很简单。只要连接公共参考点的任何导体的长度小于骚扰波长的几分之一,多点接地的效果都很好。

多点接地能够避免单点接地在高频时的问题。在数字电路和高频大信号电路中必须使用多点接地。模块和电路通过许多短线($<0.1\lambda$)连接起来,以降低地阻抗产生的共模电压。同样,子单元通过许多短线与机架、地平面或其他低阻抗导体连接起来。这种方式不适合敏感模拟电路,因为这样连接形成的环路容易受到磁场的影响。在这种结构中,要避免50Hz交流电产生的骚扰是十分困难的。多点接地的子系统在整个系统中,可以与其他子系统单点接地。

5.2.4　混合接地

混合接地既包含了单点接地的特性,也包含了多点接地的特性。例如,系统内的电源需要单点接地,而射频部分则需要多点接地。

混合接地使用电抗性器件使接地系统在低频和高频时呈现不同的特性。这在宽带敏感电路中是必要的。在图5-6中,一条较长的电缆的屏蔽外层通过电容接到机壳上,避免射频驻波的产生。电容对低频和直流有较高的阻抗,因此能够避免两模块之间的地环路形成。

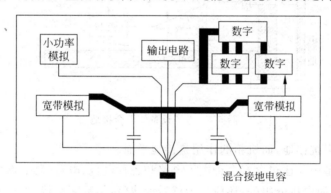

图 5-6　混合接地

在使用电抗元件作接地系统的一部分时,应注意寄生谐振现象,这种谐振会使骚扰增强。例如,当在一条自感为 $0.1\mu H$ 的电缆上使用电容量为 $0.1\mu F$ 的电容器时,将在 1.6MHz 处产生谐振。在这个频率上,电缆的屏蔽层根本没有接地。

当将直流地和射频地分开时,将每个子系统的直流地通过 $10\sim100nF$ 的电容器连到射频地上,这两种地应在一点有低阻抗连接起来,连接点应选在最高翻转速度(di/dt)的信号存在的点。

图5-7为电子设备的混合接地,它把设备的地线分成两大类:电源地与信号地。设备中各部分的电源地线都接到电源总地线上,所有信号地都接到信号总地线上。两根总地线最后汇集到公共的参考地。

5.2.5　大系统接地

大系统所以不好处理,是因为系统中的距离在较高频率上往往与波长接近,这可以通过在机箱内使用屏蔽电缆或将电缆靠近机箱壁来克服。电缆和机箱之间的寄生电容能够在高

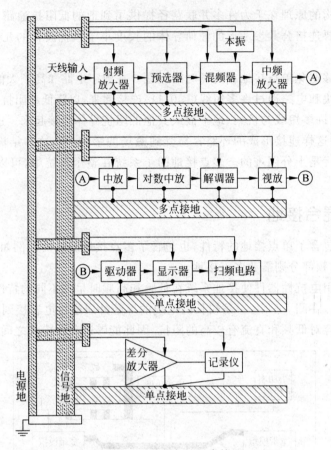

图 5-7　电子设备的混合接地

频时提供一个低阻抗接地,而机箱的作用是接地平面。

复杂电子设备中往往包含有多种电子电路和各种电机、电器等元、部件。这时地线应分组敷设,除应按电源电压分组外,还应分为信号地线(包括数字地线、模拟地线、高频地线、低频地线、高速地线、低速地线、高电平地线、低电平地线等)、噪声地线(骚扰源地线)和金属件地线(机壳地)等,如图 5-8 所示。其中,信号标志部分属于高电平骚扰源,容易对其他电路产生骚扰,所以单独设地线 5;保持、比较、折叠等皆为低电平模拟电路,对骚扰敏感,故单独设信号地 2;发话路与收话路分别设信号地 1 和信号地 4,以免高电平地线与低电平地线之间产生共地阻抗耦合;插箱内屏蔽盒与插箱绝缘,通过多芯连接器接入信号地线;每个插箱与机架之间仅有一点相连接,机架设金属件地线 6;整个设备各类地线汇集于一点接参考地。

因此,地线系统的设计步骤如下:

(1) 分析设备内各类部件的骚扰特性和敏感特性;

(2) 搞清楚设备内各类电路的工作电平、信号种类和电源电压;

(3) 将地线分类、划组;

(4) 画出总体布局框图;

(5) 排出地线网。

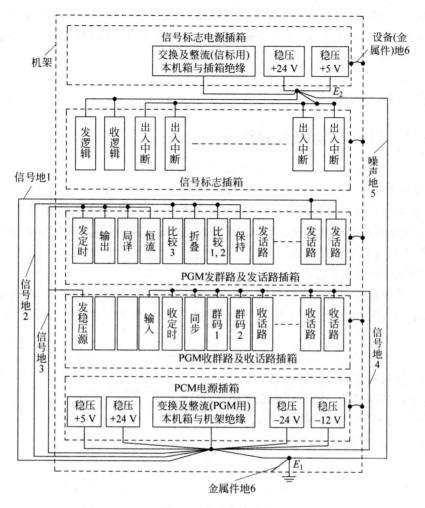

图 5-8　大系统接地

最后,还应指出,大系统除了安全地以外至少应有两个分开的地,如图 5-9 所示,一个电路地和一个机壳地。这些地应仅在电源处相连。机箱为高频提供了一个很好的回路,电路地应通过一个 $10\sim100\text{nF}$ 的电容器与机壳相连。各个单元的安全地可以连到金属件上。金属件之间必须有可靠的搭接。对于接地而言,铰链连接、滑动连接和临时性的连接都不能

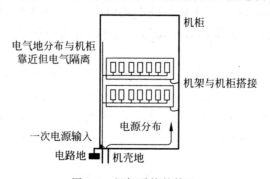

图 5-9　机架系统的接地

满足要求。对于永久性的搭接,最理想的是焊接,当确认接触面上没有油漆或其他影响导电性的物质时,也可以用螺钉连接或铆接。对于滑动的部件,可以用单独的短连接条实现搭接。

5.3　安全地线

5.3.1　设置安全地线的意义

电子设备之所以要设置安全地线,是基于下列三个原因。

(1) 绝缘破坏时安全地线能起保护作用。

在交流电网供电的电子设备中,如果机箱不接大地,一旦电源与设备机箱间的绝缘破坏,或电源变压器初级绕组与铁心间的绝缘击穿,如图 5-10 所示,设备机箱就会带上电网电压,对操作人员的安全构成威胁。

(2) 防止设备感应带电而造成电击。

对于一些机箱不接地的高频、高压大功率电子设备,其内部的高频、高压电路与机箱间总存在杂散耦合阻抗,如图 5-11 所示,因而会使机箱上感应出危险的高频高电压,此电压值为

$$U_f = Z_2 U_1 / (Z_1 + Z_2) \qquad (5\text{-}1)$$

式中　U_f——机箱上的感应电压(V);

　　　Z_1——高压部件与机箱间的杂散阻抗(Ω);

　　　Z_2——机箱与大地间的阻抗(Ω);

　　　U_1——高压部件的电压值(V)。

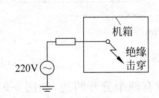 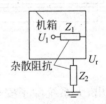

图 5-10　机箱因绝缘击穿带电　　　图 5-11　机箱因杂散阻抗带电

电子设备的机箱带有上述电压后,对操作和维修人员将构成威胁。一般人体能感觉到刺激的电流值大约是 1mA;当人体通过的电流值为 $5\sim20$mA 时,肌肉就产生收缩抽搐现象,使人体不能自离电线;电流达数十毫安以上时,将使心肌丧失扩张和收缩能力,直至死亡。

当设备机箱或按键上的电压超过规定的电压后,就有触电的危险。为了保证操作和维修人员的安全,应把设备的机箱或底座等金属件与大地连接。以图 5-10 为例,如果机箱已接大地,在电源线及变压器等器材的绝缘被击穿时,电源线中通过的大电流首先将保险丝熔断,使设备的机箱与电网脱离。保险丝一定要串联在电网的相线中,中线串入保险仍不能排除触电危险。

对于图 5-11 的情况,机箱接大地后,$Z_2 = 0$,结果 $U_f = 0$,这就消除了对人产生电击的可能。若机箱内有一强干扰源,则将机箱接大地,还可抑制其电磁能量的辐射。

（3）防止雷击事故。

电子设施或设备受雷击可分两种情况，即直接雷击和感应雷击。

夏日的雷云往往带有大量电荷，当雷云接近电子设施上空时，它可能通过电子设施对大地放电。雷电的放电电流达数千安，可在瞬间将电子设施或其他设备完全烧毁。防止直接雷击的有效办法是采用具有良好接地装置的避雷针。若电子设备为悬浮的不接地系统，则雷云接近设备上空时可能在设备中感应产生大量电荷。当雷云通过其他物体放电后，在电子设备上感应的电荷可能对地或其他设备进行放电，导致电子设备故障或损坏。设备接地后，机箱上感应的电荷将随之流入大地，不至于因电荷大量积聚而产生高压。

5.3.2 设置安全接地的方法

上述分析表明，为防止电子设备机箱带电或免遭雷击，都须接大地。因此在进行电子设备机箱结构设计时，必须在机箱上设置接地端子。对于小型电子设备，机箱的接地可直接经安全电源插座中的接地插孔连接到大地。

1. 单相供电

为便于电子设备的机箱与安全地线连接，试验室或安装电子设备的工作室常采用单相三线制供电，如图5-12所示。图中相线是Y形三相供电系统中任一相，中线即Y形供电系统的回线，而安全地线就是机箱接入大地的导线。正常工作时安全地线不通过电流，无电压降，与之相连接的机箱都是"地"电位。功率不太大的电气、电子设备，安全地线不一定与配电房的中线接地桩相接，可在试验室就近埋入接地桩，供安全地线接地用。

图 5-12 单相三线制供电线路

2. 三相供电

当设备采用三相供电时，安全地线的设置有下述两种方案可供选探。

（1）三相五线制。设备的金属机箱及其金属件的接地线除通过接地桩就近接大地外，再引一根地线到变压器或发电机中心点与三相电源的零线相接，如图5-13所示。这里三相不平衡电流不会通过设备地线，既保证了设备安全，也有利于消除工频附加干扰。

（2）三相四线-五线制。有些场所无法专设一根地线至供电变压器或发电机，这时可采用图5-14所示的三相四线-五线制接地系统。把设备机箱的接地线接入地桩后，再在总线入口处与电源零线端接，这样可兼顾安全，并防止三相不平衡电流引起工频干扰。

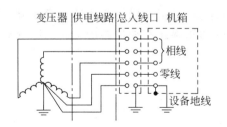

图 5-13 三相五线制接地系统示意图

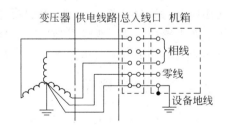

图 5-14 三相四线-五线制接地系统示意图

5.3.3　接地装置

接地装置是指埋入地下的板、棒、管、线等导电体，要求它们具有良好的抗腐蚀性及小的接地电阻。不同的设施和场所对接地电阻有不同要求，例如电磁屏蔽室的接地电阻一般应小于 4Ω。对于雷电保护的接地电阻一般应小于 10Ω，但以地下管线等电位搭接为前提。

(1) 埋设铜板。将钢板或用扁铜条围成框埋入地下，然后用多股钢线或铜带引出地面与试验室地线连接。

(2) 打入地桩。将包铜钢棒(管)打入地下 2m 左右作为接地桩。当一根桩的接地电阻太大时，可用多根同样粗的钢棒打入地下，再用导体并联连接成一体，连接导体与地桩应采用熔焊接头。为进一步减小接地电阻，可在地桩周围埋入降阻剂。最简单的降阻剂是木炭，以及土、水、盐混合的浆土，其配方比例为 1：(1~2)：0.2。但这种浆土易受到雨水和地下水的冲刷，其降阻效果不能长久。现在有一种降阻剂是在电介质的水溶液中加入滞留剂，从而在地桩周围形成凝胶状或固体物质，使其降阻效果持久不变。其配方之一为：

氯化钾 0.8kg，硫酸氢钠 0.4kg，聚乙烯醇溶液 4.0kg，尿素 0.88kg，氧化镁 1.0kg，尿醛树脂 4.0kg，含聚乙烯醇 0.44kg，水 2.7kg

(3) 钻孔法。钻孔法即用钻机直接往地下打孔，一般深度 10~30m，孔径 6cm 左石，然后把与孔深等长的接地棒埋入。对一般土壤来说，深度 5~15m 时，其接地电阻可小于 10Ω。

(4) 埋设导线。在地面挖深 0.6~1m、长几十米的沟，在沟内埋入铜导线，且在导线周围填入上述降阻剂，对山区或冻土地带来说，临时敷设地线比较方便、现实。

(5) 地下管道。城市中的地下水管网是一种简单方便的接地装置，其接地电阻可能小于 3Ω。一般仅能利用地下管道作为辅助接地装置，必须以专门埋设的接地桩为主。而且还应注意到，当接地线中有直流电流时，管道材料会加速电化学腐蚀。

5.4　地线中的干扰

本节所讨论的地线是指电子设备中各种电路单元电位基准的连接线，即电源地线或信号地线。理想地线是一个零阻抗、零电位的物理实体，它不仅是各相关电路中所有信号电平的参考点，而且当有电流通过时也不产生压降。在具体电子设备内，这种理想地线是不存在的。一方面，任何地线既有电阻又有电抗，有电流通过时地线上必然产生压降；另一方面，地线还可能与其他线路(信号线、电源线等)形成环路，一旦交变磁场与此环路交连，就会在地线中产生感应电势。无论是地电流在地线上产生的压降还是地环路所引起的感应电势，都可能使共用该地线的各电路单元产生相互干扰。

5.4.1　地阻抗干扰

地电流在地线阻抗上引起的干扰可用图 5-15 说明。图中 U_1 为干扰电路 1 中的干扰源电压，U_2 为受干扰电路 2 中的信号电压，Z_g 为两电路之间公共阻抗。下面分析电压 U_1 在受干扰电路负载 R_{L2} 上的干扰响应。

根据电路 1 和电路 2 两个回路写出下列方程：

$$U_1 = I_1(R_{i1} + R_{L1}) + (I_1 + I_2)Z_g$$
$$U_g = (I_1 + I_2)Z_g \left.\right\} \quad (5\text{-}2)$$

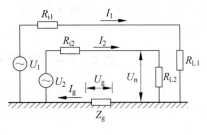

由于仅讨论电路 1 对电路 2 的干扰，I_2 在公共阻抗 Z_g 上的作用不予考虑，(式 5-2)可简化为

$$U_1 = I_1(R_{i1} + R_{L1} + Z_g) \left.\right\}$$
$$U_g = I_1 Z_g \quad (5\text{-}3)$$

图 5-15　公共地阻抗引起的干扰

可得

$$U_g = \frac{Z_g U_1}{R_{i1} + R_{L1} + Z_g}$$

一般

$$R_{i1} + R_{L1} \gg Z_g$$

则

$$U_g = \frac{Z_g U_1}{R_{i1} + R_{L1}} \quad (5\text{-}4)$$

U_g 在电路 2 负载 R_{L2} 上形成的骚扰电压 U_n 为

$$U_n = \frac{R_{L2}}{R_{i2} + R_{L2}} U_g \quad (5\text{-}5)$$

将式(5-4)带入式(5-5)可得

$$U_n = \frac{Z_g R_{L2} U_1}{(R_{i1} + R_{L1})(R_{i2} + R_{L2})} \quad (5\text{-}6)$$

可见，电路 2 负载 R_{L2} 上的噪声电压 U_n 是干扰电压 U_1、公共地线阻抗 Z_g 及负载 R_{L2} 的函数。

5.4.2　地环路干扰

电子设备中的地线犹如人体的血管，分布到设备内部的各级电路单元，难免会与其他线路构成环路。如在不对称馈电的信号电路中，地线与信号线可构成环路；地线作为直流供电电源的馈线之一时，它与另一电源线也会构成环路；地线本身也可能构成环路。当交变磁场与这些环路交连时，环路中产生的感应电势就有可能叠加到传输信号上形成干扰。

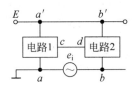

图 5-16 为两个级连的电路单元，其中 cd 是信号传输线，地线 ab 既是信号的返回通路，又是电源馈线之一。由图 5-16 可见，电源的正极馈线与地线在电路 1 和电路 2 间构成一个环路 $aa'b'b$，信号线 cd 与地线在电路 1 和电路 2 间又构成另一

图 5-16　级连的两电路单元

环路 $cdba$。当交变磁场穿过这些环路时，环路中产生的感应电势为

$$e_i = -\frac{d\Phi}{dt} = -S\frac{dB}{dt} \quad (5\text{-}7)$$

式中　e_i——环路中的感应电势(V)；

　　　S——环路在磁场垂直方向上的投影面积(m^2)；

　　　B——穿过环路的磁通密度(T，$1T = V \cdot s/m^2$)。

由图 5-16 可见，地环路中的感应电势 e_i 与传输信号电压串联后输送到下一级电路的输入端,造成干扰。要减小地环路干扰,就得减小地环路面积,最好在线路布局时避免构成地环路。

5.4.3 地线中的等效干扰电动势

综上所述,从电磁兼容性的角度出发,地线已不能看成是等电位的。假设某一段地线的电阻为 R_g,电感为 L_g,流过的电流为 i_g,则在这段地线上产生的压降 U'_g 为

$$U'_g = i_g(R_g + j\omega L_g) \tag{5-8}$$

假设这段地线与电源正极馈线(或信号线)构成的环路面积为 S,则在这段地线上产生的总的干扰电动势为

$$e_g = U'_g + e_i = i_g(R_g + j\omega L_g) - S\frac{dB}{dt} \tag{5-9}$$

可见在分析地线给电路所造成的干扰时,只需在地线中加一等效干扰电动势 e_g,如图 5-17 所示。

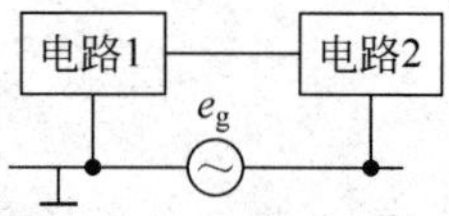

总之,地线干扰是造成设备(或系统)内部各单元之间耦合的重要因素之一。如何抑制地线干扰是电磁兼容性设计的一个重要课题。根据地线中干扰形成的机理,减小地线干扰的措施可归纳为:减小地线阻抗和电源馈线阻抗,正确选择接地方式和阻隔地环路。

图 5-17 地线中的等效干扰电势

5.5 低阻抗地线的设计

地线中的干扰电压除与流过地线的电流有关外,还与地线的阻抗有关。地线阻抗 Z_g 包括电阻分量及 R_g 和电感分量 L_g,可记为

$$Z_g = R_g + j\omega L_g \tag{5-10}$$

5.5.1 导体的射频电阻

圆形截面导体的低频电阻表达式为

$$R_g = l/(\sigma S) = l/(\pi a^2 \sigma) \tag{5-11}$$

式中 l——导体的长度(m);

σ——导体的电导率(S/m);

a——导体的半径(m);

S——导体的横截面积(m^2)。

式(5-11)中导体的横截面积应理解为有效载流面积。在直流情况下,电流在导体截面上均匀分布,导体的横截面积就是它的几何截面积。但对于射频电流,由于集肤效应,导体的有效载流面积将远小于导体的几何截面积,即导体的射频电阻高于直流电阻。

1. 实心圆截面导体的射频电阻

如果集肤深度远小于导体的半径 a,则单位长度的射频电阻为

$$R_{RF} = 1/(2\pi a\delta\sigma) \tag{5-12a}$$

式中,δ 为集肤效应(m),$\delta = 1/\sqrt{\pi\mu f\sigma}$。

将 $\delta = 1/\sqrt{\pi\mu f\sigma}$ 及 $\sigma = \sigma_r$,$\sigma_{Cu} = 5.82 \times 10^7 \sigma_r$ 代入式(5-10a),可得

$$R_{RF} = \frac{4.14}{a} \sqrt{\frac{f\mu_r}{\sigma_r}} \times 10^{-8} \qquad (5\text{-}12b)$$

图 5-18 表示了孤立圆截面直导体的射频与直流电阻之比(R_{RF}/R_{dc})和频率、直径的关系，图中横坐标参变量为

$$x = \sqrt{8\pi\mu_r f/(R_{dc} \times 10^9)} \qquad (5\text{-}13a)$$

式中　R_{dc}——长 1cm 的圆导体直流电阻(Ω)；

　　　f——导体中电流的频率(Hz)。

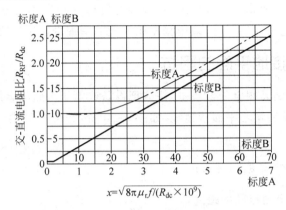

图 5-18　孤立圆直导体的射频电阻与直流电阻之比和频率、直径的关系

对铜导体而言，参变量 x 可简化为

$$x = 1.07d \times 10^{-2} \sqrt{f} \qquad (5\text{-}13b)$$

式中　d——铜导体的直径(mm)。

由图 5-18 和式(5-13b)可见，当参变量 x 较小，集肤效应可忽略时，R_{RF} 等于 R_{dc}；随着频率升高，射频电阻很快增加；导体半径愈大，集肤效应愈明显。在工程上用相互绝缘的多股漆包线代替单根导线绕制射频电感线圈，以延缓射频电阻的增长。

2. 矩形截面的射频电阻

若导体横截面不呈圆形，式(5-12)中的半径 a 可按下式求得

$$a = 横截面周长 /(2\pi) \qquad (5\text{-}14)$$

在截面积相同的情况下，截面的周长与截面形状有关。式(5-14)表明改变截面形状可以改变导体的等效半径。图 5-19 所示为三种形状不同的横截面。在截面积相等的条件下，矩形截面的周长大于圆截面，而且宽厚比越大，截面周长越长，其等效半径也越大。由式(5-13)可知，导体等效半径增大将导致射频电阻下降。设备地线和搭接条采用扁铜带的原因就在于此。

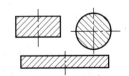

图 5-19　导体的三种常用截面形状

5.5.2　导体的电感

圆截面铜直导体的电感可按下式求得

$$L_g = 0.002l\left(2.302\lg\frac{4l}{d} - 0.75\right) \qquad (5\text{-}15)$$

式中　l——导体的长度(cm);

　　　d——导体的直径(cm)。

矩形铜直导体的电感为

$$L_g = 0.002l\left(2.302\lg\frac{2l}{w+t} + 0.5 + 0.2235\frac{w+t}{t}\right) \tag{5-16}$$

式中　w——矩形导体横截面的宽度(cm);

　　　t——矩形导体横截面的厚度(cm)。

式(5-16)表明,在截面积一定的情况下,增加宽度可减小导体的电感量。因此,无论从导体的射频电阻还是电感方面考虑,采用宽厚比值大的扁铜带制作地线都是合理的。

5.5.3　实心接地平面的阻抗

在电子设备,特别是高频电子设备中,往往把设备或电子电路的金属底座作为接地平面(相当于地线)使用。这种实心平面状地线(如图 5-20 所示)可按下式
近似计算其表面阻抗:

$$Z_g = R_f\left(1 + \tan\frac{2\pi l}{\lambda}\right)\cdot\frac{l}{b} \tag{5-17}$$

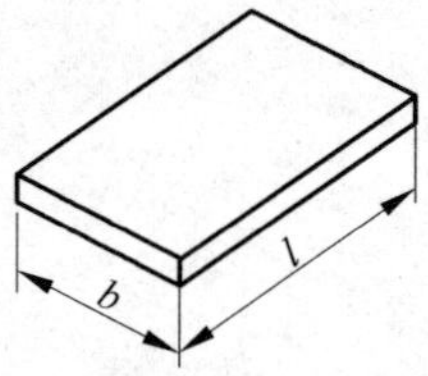

式中　l——接地平面上两点间的距离;

　　　λ——工作波长;

　　　b——接地平面的宽度。

图 5-20　平面状地线

射频表面电阻 R_f 按下式计算:

$$R_f = 0.28\times10^{-6}\sqrt{\frac{\mu_r f}{\sigma_r}} \tag{5-18}$$

5.5.4　低阻抗电源馈线

电子设备内部多个电路单元往往共用同一直流供电电源。为避免共用电源成为电路间的噪声耦合通道,希望负载中通过的任何交流电流在直流供电缆上都不产生显著响应电压,为此应尽可能降低电源馈线的阻抗。电源馈线的特性阻抗 Z_C 为

$$Z_C = \sqrt{L_0/C_0} \tag{5-19}$$

式中　L_0——电源馈线的分布电感(H/m);

　　　C_0——电源馈线的分布电容(F/m)。

当负载电流突变时,负载两端瞬时电压变化值为

$$\Delta U_L = \Delta I_L Z_C$$

此瞬态电压波动极为有害。降低电源馈线的特性阻抗,就可降低馈线上的瞬态压降。为此需减小馈线的分布电感,增加分布电容;采用长宽比小的扁导体,在满足耐压的条件下,尽量减小正负馈线的间距。低阻抗馈线还可减小馈线的环路面积,有利于抑制地环路干扰。图 5-21 是低阻抗馈线结构。

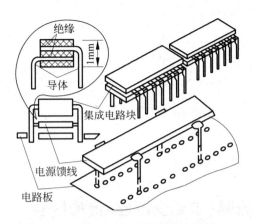

图 5-21 集成电路用低阻抗电源线

5.6 阻隔地环路干扰的措施

图 5-22 所示的电路单元 1 输出信号电压 U_S,经信号线输至电路单元 2,再由地线构成信号电流回路,结果信号线和地线构成地环路。设地线中等效干扰电压为 U_g,则电路 2 的输入电压为 U_S+U_g。为有效地传输信号、抑制干扰,就需要采取措施使信号 U_S 能顺利地输至电路 2,而地线中的干扰 U_g 在输至电路 2 时受到阻挡。这种措施称为阻隔地环路。

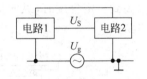

图 5-22 电路间的地环路干扰

5.6.1 变压器耦合

图 5-23 示出了采用变压器阻隔地环路干扰的措施及其等效电路。电路 1 的信号经变压器耦合至电路 2,而地线中干扰电压的回路被变压器隔断。假定电路 1 的内阻为 0,变压器绕组间的分布电容为 C,电路 2 的输入内阻为 R_L,U_g 在 R_L 上的响应电压为 U_n。由于只分析变压器阻隔地环路的能力,所以按电路分析中的叠加原理,可以不考虑信号电压 U_S,即将信号电压短路。由交流电路的欧姆定律可得

$$\dot{U}_n = \dot{I}R_L \qquad \frac{\dot{U}_n}{\dot{U}_g} = \frac{R_L}{R_L - j/(2\pi fC)}$$

取上述复数之模得

$$\left|\frac{\dot{U}_n}{\dot{U}_g}\right| \approx \frac{1}{\sqrt{1 + 1/(2\pi fCR_L)^2}} \tag{5-20}$$

当直接由信号线传输时,地线中干扰电压 U_g 全部加到 R_L 上;采用变压器后,加到 R_L 上的电压减为 U_n,所以式(5-20)表示变压器减小干扰的能力。图 5-24 的曲线表示变压器抑制干扰的能力与频率、分布电容和输入内阻间的关系。在输入内阻和地线中干扰电压的频率确定之后,为提高抑制地线干扰能力,只有减小变压器绕组间的分布电容 C 或减小电路 2 的输入内阻 R_L。

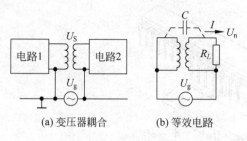

(a) 变压器耦合   (b) 等效电路

图 5-23   采用变压器阻隔地环路

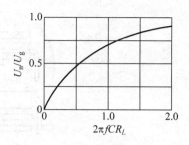

图 5-24   变压器抑制干扰的能力

5.6.2   纵向扼流圈(中和变压器)传输信号

当传输的信号中含有直流分量时,变压器失效,应采用如图 5-25(a)所示的纵向扼流圈。扼流圈两个绕组的绕向与匝数都相同(双线并绕)。信号电流在两个绕组流过时,产生的磁场恰好抵消,见图 5-25(b),它可几乎无损耗地传输信号。地线等效干扰电压 U_g 所引起的干扰电流(也称纵向电流)流经两个绕组时,产生的磁场同相叠加,扼流圈对干扰电流呈现较大的感抗,如图 5-25(c)所示,起到抑制地线干扰的作用。需注意的是,只有当工作频率高到一定程度时,纵向扼流圈两个绕组之间的磁耦合才足以迫使信号返回电流流回次级绕组。

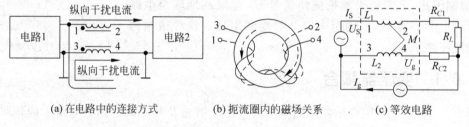

(a) 在电路中的连接方式   (b) 扼流圈内的磁场关系   (c) 等效电路

图 5-25   纵向扼流圈阻隔地环路干扰

纵向扼流圈等效电路 U_S 表示需传输的信号电压,U_g 表示地线中的干扰电压,R_{C1}、R_{C2} 为连接线电阻,R_L 为负载。对纵向扼流圈而言,$L_1 = L_2 = M = L$。用电路理论的叠加原理分别讨论在信号电压 U_S 和干扰电压 U_g 在电路负载上的响应,即可求出纵向扼流圈对干扰的抑制能力。经分析,存在如下关系:

$$(R_L \cdot I_S)/U_S \approx 1 \tag{5-21}$$

表明负载上的信号电压近似于信号源电压,即纵向扼流圈对信号几乎是无损耗传输。

$$(R_L \cdot I_S)/U_S \approx 1/\sqrt{1 + (2\pi fL/R_{C2})^2} = 1/\sqrt{1 + (f/f_c)^2} \tag{5-22}$$

式中 $f_c = R_{C2}/(2\pi L)$ 是纵向扼流圈自身参数确定的截止频率,其物理意义表示:当传输频率等于截止频率时,信号电流将有 70% 流过地线。

设 U_g 负载 R_L 的响应为 U_n,经分析同样可得

$$U_n/U_g = \frac{1}{\sqrt{1 + (f/f_c)^2}} \tag{5-23}$$

图 5-26 是按上式绘制的纵向扼流圈对干扰的抑制特性。当 $f > 5f_c$ 时,地线中的干扰在负载上所反映的电压仅为 20%,表明纵向扼流圈将对地线干扰起到有效的抑制作用。纵

向扼流圈有如下特点：

（1）它既能传输交流信号，又可传输直流信号。

（2）扼流圈对地线中高频干扰的抑制能力强。

（3）扼流圈可有效地抑制线路中所传输的高频信号对其他电路单元的干扰。

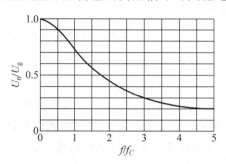

图 5-26　纵向扼流圈对地线干扰的抑制

5.6.3　电路单元间用同轴电缆传输信号

两电路单元间的信号传输采用同轴电缆（见图 5-27），能有效地抑制地环路干扰。其等效电路与纵向扼流圈类似。

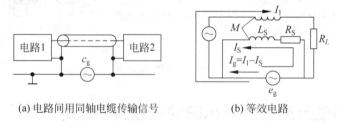

(a) 电路间用同轴电缆传输信号　　　(b) 等效电路

图 5-27　同轴电缆传输信号及其等效电路

从电磁场的概念讲，由于高频时的集肤效应，信号电流只沿同轴电缆内导体的外表面和外导体的内表面流过，理想的同轴电缆不应出现能量泄漏。实际同轴电缆屏蔽层存在电气上的不连续，总有一些能量外泄，外界干扰同样也可能有部分串入同轴电缆内部。单层屏蔽同轴电缆的截止频率在 $0.6\sim2kHz$ 的范围，双层屏蔽同轴电缆的截止频率为 $0.5\sim0.7kHz$，屏蔽效能通常小于 60dB。

5.6.4　光耦合器

切断两电路单元间地环路的有效方法是采用光耦合器（见图 5-28）。电路 1 的信号电流使发光二极管的发光强弱随它而变化，这样就把电路 1 的信号电流变成强弱不同的光信号。再由电路 2 前的光电三极管把强弱不同的光信号转化成相应的电流，实现电路间的信号传输。发光二极管和光电三极管通常封装在一起构成光耦合器。这种光耦合器可把两电路间的地环路完全隔断，可有效地抑制地线干扰。它适用于传输数字

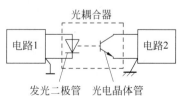

图 5-28　断开地环路的光耦合器

信号,如固态继电器内部借助它隔离负载对控制信号的干扰。使用光耦合器时,电路 1 和电路 2 必须分别供电,以免电源馈线在同一电源变压器中构成新的干扰耦合途径。光耦合器中电流与发光强度的线性关系较差,传输模拟信号易产生失真,应用受到限制。

5.6.5　光缆传输信号

光缆传输信号已被成功地用于通信等领域。用光缆代替电子系统内的普通信号线缆,可免除外界的电磁干扰和电磁脉冲的影响,提供良好的电气隔离,有利于传输数据的保密。与同轴电缆和双绞线相比,光缆的损耗小得多,特别是在远距离传输时。

光缆传输信号的原理见图 5-29。用发光二极管或固态激光器件把电信号转化成光信号后注入光纤电缆;在接收端,光电二极管将探测到的光信号还原为电信号。在电磁兼容性测试领域常用光缆作为强电磁场环境下信号的传输线。如电磁场传感器所捡拾到的微弱电信号在传输到测量仪的过程中易受环境电磁场干扰,出入屏蔽室的信号线和监控线会导致屏蔽室屏蔽效能的下降,都可用光缆取代传统信号电缆。在核电磁脉冲试验中光缆更是必不可少的器材。

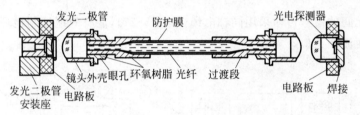

图 5-29　光缆传输原理

5.6.6　用差分放大器减小由地电位差引起的干扰

地线总有一定的阻抗,地线电流会在信号电路两接地点之间产生电位差 U_g,该电位差会在非平衡输入的放大器负载上输出一个放大了的干扰电压。而在平衡输入的差分放大器负载上(见图 5-30),U_g 所引起的干扰电压基本被抵消,达到了抑制共模干扰的目的。

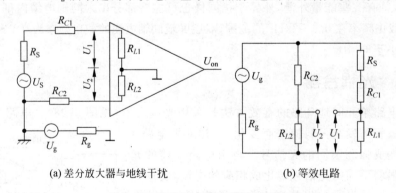

(a) 差分放大器与地线干扰　　　　(b) 等效电路

图 5-30　差分放大器抑制共模干扰

5.7　屏蔽电缆的接地

屏蔽电缆由绝缘导线外面再包一层金属薄膜(即屏蔽层)构成。屏蔽层通常是金属编织网或金属箔。如果屏蔽层是金属管,则成为同轴电缆。屏蔽电缆的屏蔽层只有在接地以后才能起屏蔽作用。

5.7.1　屏蔽层接地产生的电场屏蔽

由于两根平行导线之间的电场耦合会产生串扰,如图 5-31 所示,设其中一根为屏蔽电缆,并接在敏感电路中。则源电路导线对屏蔽电缆屏蔽层的耦合电容为 C_{ms},而屏蔽层对芯线的耦合电容为 C_s,屏蔽层对地的耦合电容为 C_{2s}。可见,源导线上的骚扰电压 U_1 会通过 C_{ms} 耦合到屏蔽层上,再通过 C_s 耦合到芯线上。如果屏蔽层接地,C_{2s} 被短路,则 U_1 通过 C_{ms} 被屏蔽层短路至地,不能再耦合到芯线上,从而起到了电场屏蔽的作用。屏蔽层的接地点通常选在屏蔽电缆的一端,称为单端接地。如果屏蔽层不接地,由于其面积比普通导线大,故耦合电容也大,产生的耦合量也大,将会比不用屏蔽电缆时产生更大的电场辐射,这是需要注意的。此外,当频率较高或电缆较长时,还应每隔 $\lambda/10$ 的距离接一次地。

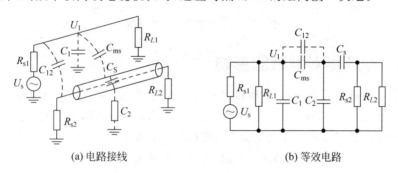

(a) 电路接线　　　　　　(b) 等效电路

图 5-31　屏蔽电缆的电场屏蔽

5.7.2　屏蔽层接地产生的磁场屏蔽

设屏蔽层中流有均匀的轴向电流 I_s,如图 5-32 所示。则磁力线在管外,屏蔽层电感可表示为

$$L_s = \Phi/I_s \tag{5-24}$$

式中,Φ 为 I_s 产生的全部磁通。由于磁通 Φ 同样包围着芯线,根据互感的定义,屏蔽层和芯线之间的互感应为

$$M = \Phi/I_s \tag{5-25}$$

故

$$M = L_s \tag{5-26}$$

设 U_s 是骚扰电压源,电流 I_1 流过芯线,如图 5-33 所示。I_s 和 r_s 分别为屏蔽层的电感和电阻。如果屏蔽层不接地或只有一端接地,屏蔽层上无电流通过,故电流经地面

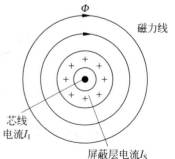

图 5-32　屏蔽层和芯线的磁耦合

返回屏蔽层不起作用。当屏蔽层两端接地,接地点为 A 点和 B 点,I_1 在 A 点将分两路到达 B 点,再回到源端,屏蔽层中的电流 I_s 为

$$I_s = \frac{j\omega M I_1}{j\omega L_s + r_s} \tag{5-27}$$

由式(5-26),则有

$$I_s = \frac{j\omega L_s I_1}{j\omega L_s + r_s} = \frac{j\omega I_1}{j\omega + \omega_0} \tag{5-28}$$

式中,$\omega_0 = r_s/L_s$ 为屏蔽层截止频率。当 $\omega \gg \omega_0$ 时,$I_s = I_1$,$I_G \approx 0$,I_1 几乎全部经由屏蔽层流回源端,屏蔽层外由 I_1 和回流产生的磁场大小相等,方向相反,因而互相抵消,抑制了骚扰源的向外辐射。

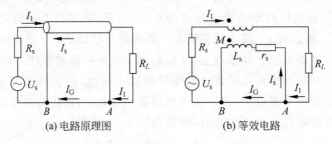

(a) 电路原理图 (b) 等效电路

图 5-33 屏蔽电缆的磁场屏蔽

5.7.3 地环路对屏蔽的影响

如果电缆两端屏蔽层接地点 A 和 B 之间存在地电压,如图 5-34 所示,则屏蔽层中就会有噪声电流 I_s 流过。一方面 I_s 在 L_s 和 r_s 上产生压降;另一方面也会通过互感 M 在芯线上产生感应电压。设信号源电压为 E,则负载上的电压为

$$U_L = -j\omega M I_s + j\omega L_s I_s + r_s I_s + E = r_s I_s + E \tag{5-29}$$

可见,地环路引起的噪声电压被串联在信号回路中。采用三轴式屏蔽电缆可较好地解决这个问题。这是因为这种电缆在芯线外有两个互相绝缘的屏蔽层,内屏蔽层用作信号回流线;外屏蔽层两端接地,流过地环路电流,不会影响信号回路。

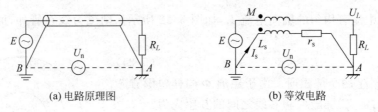

(a) 电路原理图 (b) 等效电路

图 5-34 地环路对屏蔽的影响

5.8 附加实例

由于系统或其子系统接地不当,导致在实际中遇到了很多电磁干扰问题,下面叙述几个实际例子,其中包括解决问题的方法。

（1）点字模（Dot Matrix）印刷机。在一次对点字模印刷机的静电放电试验中，在设备表面的不同处加上静电放电脉冲，当加上一个 6kV 的静电放电脉冲时此系统失灵。经过分析，发现这是由于静电放电电流通过共阻抗通路耦合至内部电路的缘故。作为一种补救办法，对整体支撑点、接口卡面板、纸盘都提供分开的接地导体，并与安全地进行单点接地。这样处理可将静电放电抗扰度基准由 6kV 提高至 10kV。

（2）纺织计数器。当按 IEC801—4 标准（见附录 A）将纺织计数器对电力线的 EFT（电快瞬态）抗扰度进行计算时，发现设备在低至 0.5kV 的 EFT 基准下就已失灵。作为解决这一问题的措施，可用一个电磁干扰电力线滤波器连至设备的功率输入点。这样可将抗扰度基准提高至 1kV。滤波器的外壳屏蔽体再适当地连至设备箱，而屏蔽体则以 0.7Ω 的接地电阻连至接地面。这样处理后，系统就可以耐受高至 4kV 的电快瞬态脉冲群。

（3）计算机打印机。当一个 8kV 的脉冲以气体放电形式加到计算机打印机的牵引杆上进行静电放电试验时，可观测到一个有趣的事件。牵引杆由金属制成并用一个塑料传动装置与打印机其他所有金属部分电气隔离，当静电放电脉冲加到牵引杆的一端时，可以看到在杆的另一端与附近的打印机金属部分之间会出现火花。这导致辐射发射并将由电子电路拾取，使打印机失灵。要解决这个问题，可以在隔离的金属杆与打印机金属底盘间用一低弹性金属簧片接触器来提供一个接地通道。这样抗扰度基准可由 8kV 提高至 15kV。

习题

1. 基本接地技术有哪些？
2. 接地分类有哪些？其内容如何？
3. 信号接地与安全接地有哪些不同？
4. 简述悬浮地和信号隔离的关系。
5. 下列论断是否正确，简要地证明答案。
（1）良好的 EMC 接地也是良好的安全接地，但良好的安全接地未必是良好的 EMC 接地。
（2）对良好的 EMC 接地而言，垂直埋入地中的金属棒和与其紧邻的土壤间的电阻通常比周围土壤的电阻率更重要。
（3）2m 正方的接地栅的接地电阻与直径为 5cm、长度为 2cm、彼此间隔 2m 的两根垂直接地棒构成的线状接地系统的接地电阻相同。
（4）对电缆接地来说，当入射磁场激励时将电缆两端接地会更好。

第 6 章

屏 蔽 技 术

屏蔽技术用来抑制电磁噪声沿着空间的传播,即切断辐射电磁噪声的传输途径。通常用金属材料或磁性材料把所需屏蔽的区域包围起来,使屏蔽体内外的"场"相互隔离。如果目的是防止噪声源向外辐射场,则应该屏蔽噪声源,这种方法称主动屏蔽;如果目的是防止敏感设备受噪声辐射场的干扰,则应该屏蔽敏感设备,这种方法称被动屏蔽。电磁噪声沿空间的传播是以"场"的方式进行的,场有近场和远场之分。在考虑同一设备内部各部分之间的相互干扰时,大多数都按近场干扰来分析。近场又包含电场和磁场。当噪声源是高电压、小电流时其辐射场主要表现为电场;当噪声源具有低电压和大电流性能时其辐射场主要表现为磁场。如果噪声波长和两者距离满足条件

$$d > \lambda/2\pi \qquad (6\text{-}1)$$

则噪声源的辐射场为远场。在考虑系统之间的干扰时常常以电磁场(即远场形式)来分析。

6.1 电磁屏蔽原理

抑制以场的形式造成干扰的有效方法是电磁屏蔽。所谓电磁屏蔽就是以某种材料(导电或导磁材料)制成的屏蔽壳体(实体的或非实体的)将需要屏蔽的区域封闭起来,形成电磁隔离,即其内的电磁场不能越出这一区域,而外来的辐射电磁场不能进入这一区域(或者进出该区域的电磁能量将受到很大的衰减)。

电磁屏蔽的作用原理是利用屏蔽体对电磁能流的反射、吸收和引导作用,而这些作用是与屏蔽结构表面上和屏蔽体内感生的电荷、电流与极化现象密切相关的。

6.2 屏蔽效能

屏蔽体的好坏用屏蔽效能来描述。屏蔽效能表现了屏蔽体对电磁波的衰减程度。由于屏蔽体通常能将电磁波的强度衰减到原来的百分之一至万分之一,因此通常用分贝(dB)来表述。一般屏蔽体的屏蔽效能可达 40dB,军用设备的屏蔽体的屏蔽效能可达 60dB,TEMPEST 设备屏蔽体的屏蔽效能可达 80dB 以上。

对于电场、磁场、电磁场等不同的辐射场,由于屏蔽机理不同,因此采用的方法也不尽相同。对于屏蔽作用的评价可以用屏蔽效能来表示:

$$SE_{\text{E}} = \left| \frac{E_0}{E_{\text{S}}} \right| \qquad (6\text{-}2)$$

$$SE_H = \left| \frac{H_0}{H_s} \right|$$

式中，E_0、H_0 分别为屏蔽前某点的电场强度与磁场强度；E_s、H_s 分别为屏蔽后某点的电场强度与磁场强度。在工程计算中 E_s、H_s 的单位常采用 dB，其表示式为

$$SE_E(\text{dB}) = 20\lg \left| \frac{E_0}{E_s} \right| \tag{6-3}$$

$$SE_H(\text{dB}) = 20\lg \left| \frac{H_0}{H_s} \right|$$

对于电路来说，屏蔽效能可用屏蔽前后电路某点的电压或电流之比来定义，由于电屏蔽能有效地屏蔽电场耦合，而磁屏蔽能有效地屏蔽磁场耦合，对于辐射近场或低频场，由式(6-2)或式(6-3)给出的 SE_E 和 SE_H，一般是不相等的，而对于辐射远场，电磁场是统一的整体，E 与 H 比值(波阻抗)为常数，电磁屏蔽的屏蔽效能 $SE_E = SE_H$。

另外，还可以用屏蔽系数 η 表示屏蔽效果，它是指被干扰电路加屏蔽体后所感应的电压 U_s 与未加屏蔽体时所感应的电压 U_0 之比，即

$$\eta = \frac{U_s}{U_0} \tag{6-4}$$

传输系数(或透射系数)T_E 是指存在屏蔽体时某处的电场强度 E_s 与不存在屏蔽体时同一处的电场强度 E_0 之比；T_H 是指存在屏蔽体时某处的磁场强度 H_s 与不存在屏蔽体时同一处的磁场强度 H_0 之比，即

$$T_E = \frac{E_s}{E_0} \tag{6-5}$$

$$T_H = \frac{H_s}{H_0}$$

传输系数(或透射系数)与屏蔽效能互为倒数关系，即

$$SE_E = 20\lg \frac{1}{T_E} \tag{6-6}$$

$$SE_E = 20\lg \frac{1}{T_H}$$

6.3 电磁屏蔽的类型

电磁屏蔽按其屏蔽原理可分为电场屏蔽、磁场屏蔽和电磁场屏蔽。电场屏蔽包含静电屏蔽和交变电场屏蔽，磁场屏蔽包含低频磁场屏蔽和高频磁场屏蔽。电磁屏蔽的类型如图6-1所示。

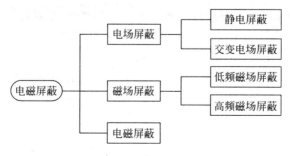

图 6-1 电磁屏蔽的类型

6.3.1 电场屏蔽

电场屏蔽是抑制噪声源和敏感设备之间因存在电场耦合而产生的干扰。电场有静电场和交变电场,以下分别讨论这两种电场的屏蔽技术。

1. 静电场的屏蔽

设一孤立导体 A 带有正电荷,则其周围有静电场存在,电力线从导体 A 向空间发散。如图 6-2(a)所示。如果用一金属球壳 B 把导体 A 包围起来,如图 6-2(b)所示,在金属球壳外仍有静电场存在。根据静电感应原理,金属球壳内壁感应有负电荷,球壳外壁感应有正电荷。球壳外壁的正电荷总量等于球内孤立导体的正电荷总量,所以金属球没有起到屏蔽作用。如果把金属球外壳接地,如图 6-2(c)所示,则球壳外壁的正电荷被引入地中,球壳外壁电位为零,金属球周围就不再存在静电场了,可以认为静电场被封闭在金属球壳内。金属球壳对孤立导体起到了电场屏蔽作用。这是主动屏蔽的例子,静电场屏蔽的条件是金属体和接地。

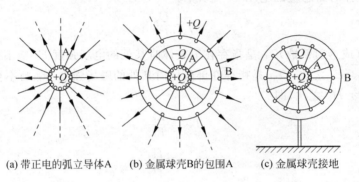

(a) 带正电的孤立导体A   (b) 金属球壳B的包围A   (c) 金属球壳接地

图 6-2 静电场的主动屏蔽

如果空间存在一静电场,把一金属球壳放在该静电场中。根据静电感应原理,球壳外壁两侧分别感应出等量的正负电荷,其电力线分布如图 6-3 所示。金属球壳内部没有电荷,是等电位的,不论球壳接地与否,球壳内部都不存在由外界感应的静电场,所以金属壳起到了屏蔽外界静电场的作用,这是被动屏蔽的例子。这里接地似乎并非静电场屏蔽的必要条件。但是在实际应用中屏蔽壳体不可能是全封闭的,总可能存在孔、缝等,如果不接地,电力线就容易通过孔和缝侵入屏蔽壳体内部,从而影响屏蔽性能,所以金属屏蔽体接地仍是静电场屏蔽的必要条件。

2. 交变电场的屏蔽

交变电场的屏蔽原理采用电路理论加以解释较为方便、直观,因为干扰(骚扰)源与接收器之间存在电场感应耦合,可用它们之间的耦合电容进行描述。

设干扰(骚扰)源 g 上有一交变电压 U_g,在其附近产生交变电场,置于交变电场中的接收器 s 通过阻抗 Z_s 接地,干扰(骚扰)源对接收器的电场感应耦合可以等效为分布电容 C_j 的耦合,于是形成了由 U_g、Z_g、C_j 和 Z_s 构成的耦合回路,如图 6-4 所示。接收器上产生的骚扰电压 U_s 为

$$U_s = \frac{j\omega C_j Z_s}{1 + j\omega C_j (Z_g + Z_s)} U_g \tag{6-7}$$

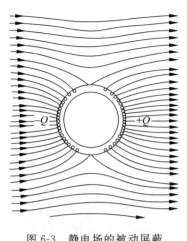

图 6-3 静电场的被动屏蔽

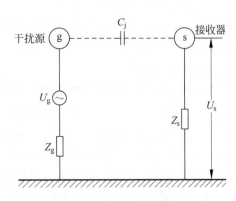

图 6-4 交变电场的耦合

从式(6-7)中可以看出,干扰(骚扰)电压 U_s 的大小与耦合电容 C_j 的大小有关。分布电容 C_j 越大,则接收器上产生的骚扰电压 U_s 越大。为了减小骚扰,可使骚扰源与接收器尽量远离,从而减小 C_j,使骚扰电压 U_s 减小。如果骚扰源与接收器间的距离受空间位置限制无法加大,则可采用屏蔽措施。

为了降低干扰(骚扰)源与接收器之间的交变电场耦合,可在两者之间插入屏蔽体,如图 6-5 所示。插入屏蔽体后,原来的耦合电容 C_j 的作用现在变为耦合电容 C_1、C_2 和 C_3 的作用。由于干扰(骚扰)源和接收器之间插入屏蔽体后,它们之间的直接耦合作用非常小,所以耦合电容 C_3 可以忽略。

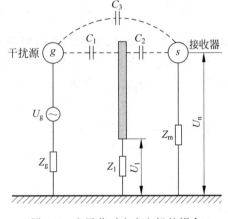

图 6-5 有屏蔽时交变电场的耦合

设金属屏蔽体的对地阻抗为 Z_1,则屏蔽体上的感应电压为

$$U_1 = \frac{j\omega C_1 Z_1}{1 + j\omega C_1 (Z_1 + Z_g)} U_g \quad (6-8)$$

从而接收器上的感应电压为

$$U_m = \frac{j\omega C_2 Z_m}{1 + j\omega C_2 (Z_1 + Z_m)} U_1 \quad (6-9)$$

由此可见,要使 U_s 减小,必须使 Z_1 减小,而 Z_1 为屏蔽体阻抗和接地线阻抗之和。这一事实表明,屏蔽体必须选用导电性能好的材料,而且必须良好地接地,只有这样才能有效地减少干扰。一般情况下要求接地的接触阻抗小于 $2m\Omega$,比较严格的场合要求小于 $0.5m\Omega$。若屏蔽体不接地或接地不良,则由于 $C_1 > C_j$(因为平板电容器的电容量与两极板间距成反比,与极板面积成正比),将导致加屏蔽体后,干扰变得更大,因而对于这点应特别引起注意。

从上面的分析可以看出,电屏蔽的实质是在保证良好接地的条件下,将干扰源发生的电力线终止于由良导体制成的屏蔽体,从而切断干扰源与受感器之间的电力线交连。

6.3.2 磁场屏蔽

磁场屏蔽是抑制噪声源和敏感设备之间因磁场耦合所产生的干扰。磁场屏蔽必须对不同的频率采取不同的措施。

1. 低频磁场屏蔽

当线圈中通过电流时线圈周围即存在磁场,磁力线是闭合的,如图 6-6(a)所示。磁力线分布在整个空间,可能对附近的敏感设备产生干扰。在磁场频率比较低时(100kHz 以下)通常采用铁磁性材料(例如,铁、硅钢片、坡莫合金等)进行磁场屏蔽。铁磁性物质的磁导率比周围空气的磁导率大得多,一般约为 $10^3 \sim 10^4$ 倍,所以可把磁力线集中在其内部通过,不至于大量发散在空气中。如果将线圈绕在由铁磁性材料组成的闭合环中,如图 6-6(b)所示,则磁力线主要在该闭合环的磁路中通过,漏磁通很小。根据磁路定律可知主磁路中的磁通

$$\phi = \frac{F_m}{R_m} \tag{6-10}$$

式中 ϕ——磁通;

  F_m——磁通势,$F_m = NI$,I 为线圈中的电流,N 为线圈的匝数;

  R——磁阻,$R_m = \dfrac{l}{\mu s}$,l 为磁路长度,s 为磁路截面积,μ 为磁导率。

铁磁材料的磁导率越高,磁路截面积越大,则磁路的磁阻就越小,集中在磁路中的磁通就越大,在空气中的漏磁通就大大减少,因此铁磁材料起到磁场屏蔽作用,其实质是对骚扰源的磁力线进行了集中分流。以上例子是磁场的主动屏蔽,同样,铁磁性材料做成的屏蔽壳也能进行被动屏蔽,如图 6-7 所示。把屏蔽壳体放入外磁场中,磁力线将集中在屏蔽体内通过,不致于泄漏到屏蔽壳体包围的内部空间中去,从而保证该空间不受外磁场的影响。

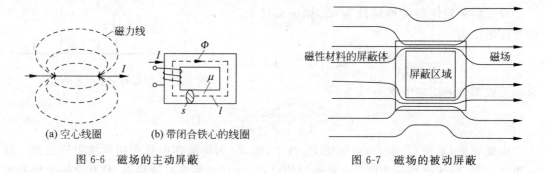

图 6-6 磁场的主动屏蔽   图 6-7 磁场的被动屏蔽

在低频情况下单层铁磁材料的屏蔽效能可用下式表示:

$$SE_H(dB) = 20\lg\left\{0.22\mu_r\left[1 - \left(1 - \frac{t}{r}\right)^3\right]\right\} \tag{6-11}$$

式中 SE_H——磁场屏蔽效能;

  μ_r——铁磁材料的相对磁导率;

  t——屏蔽体的厚度;

  r——同屏蔽体相同容积的等效半径。

由式(6-5)可知,单层铁磁材料的磁场屏蔽效能最大不超过 $20\lg(0.22\mu_r)$,铁磁材料的磁导率越大屏蔽效能越高,此外还可以看出屏蔽层的厚度增加,也会加大屏蔽效能。但是采用单层屏蔽,增加屏蔽层厚度的做法并不经济,最好采用多层屏蔽的方法。由式(6-5)可算出,如欲获得最大屏蔽效能的一半,即 $20\lg(0.11\mu_r)$,则要求屏蔽层厚度 t 为等效球半径的1/5,这将使屏蔽层又厚又重。下面举一多层屏蔽的例子来说明。

电源变压器存在泄漏磁通,对周围的 CRT、显像管会产生干扰。把变压器装入铁板壳体中可以减少漏磁通,但是实验表明,尽管用 1.5mm 厚的铁板壳体将变压器屏蔽起来,漏磁通也只能减少 40%~50%。如采用多层屏蔽方法,效果要好得多。用带状铁板在变压器的侧面绕若干层,如图 6-8(a)所示,漏磁通将大大减少,其在 x、y、z 方向上的屏蔽效果如图 6-8(b)所示。

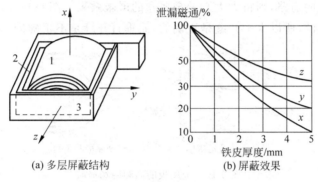

(a) 多层屏蔽结构　　　　(b) 屏蔽效果

图 6-8　多层屏蔽的实例

1—线包;2—铁心;3—屏蔽铁皮,0.45mm 厚

在使用铁磁性材料做屏蔽壳体时,如果要在壳体上开缝,则一定要注意开缝的方向。图 6-9 是用一屏蔽罩包围一低频线圈的情况,屏蔽罩同时起到主动屏蔽和被动屏蔽的作用。图 6-9(a)是主动屏蔽,在壳体上磁力线是垂直流动的,所以横向的缝隙会阻挡磁力线,使磁阻增加,从而使屏蔽性能变坏。纵向的缝隙不会阻挡磁力线,但应注意开缝不能太宽。图 6-9(b)是被动屏蔽,如外磁场的磁力线如图 6-9 所示,则因同样理由不能开横向的缝隙。

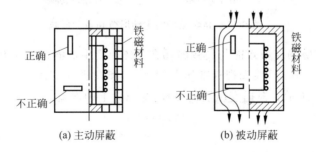

(a) 主动屏蔽　　　　　(b) 被动屏蔽

图 6-9　磁屏蔽体上的开缝

低频磁场屏蔽的方法在高频时并不适用。主要原因是铁磁性材料的磁导率随频率的升高而下降,从而使屏蔽效能变差,同时高频时铁磁性材料的磁损增加。磁损包括由于磁滞现象引起的磁滞损失,以及由于电磁感应而产生的涡流的损失。磁损是消耗功率的,相当于增加了被屏蔽线圈的电阻值,造成线圈的 Q 值大大下降,所以利用铁磁性材料的高 μ 特性来

集中分流干扰磁力线的方法只适用于 100kHz 以下的低频磁场屏蔽。

2. 高频磁场屏蔽

高频磁场屏蔽材料采用金属良导体,例如铜、铝等。当高频磁场穿过金属板时在金属板上产生感应电动势。由于金属板的电导率很高,所以产生很大的涡流,如图 6-10(a)所示涡流又产生反磁场,与穿过金属板的原磁场相互抵消,同时又增加了金属板周围的原磁场。总的效果是使磁力线在金属板四周绕行而过,如图 6-10(b)所示。如果做一个金属盒把一线圈包围起来,则线圈电流产生的高频磁场在金属盒内壁产生涡流,从而把原磁场限制在盒内,不至于向外泄漏,起到主动屏蔽作用,如图 6-11(a)所示。金属盒外的高频磁场同样由于涡流作用只能绕过金属盒,而不能进入盒内,起到了被动屏蔽作用,如图 6-11(b)所示。如果需要在屏蔽盒上开缝,则缝的方向必须顶着涡流方向,并且缝的宽度要尽可能地缩小。如果开缝切断了涡流的通路,则将大大影响金属盒的屏蔽效果。图 6-11(a)中金属盒垂直面上的涡流是水平方向的,所以水平开缝是正确的,而垂直开缝是不正确的。

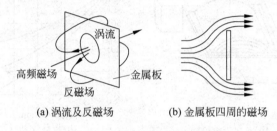

(a) 涡流及反磁场　　(b) 金属板四周的磁场

图 6-10　金属板的高频磁场屏蔽

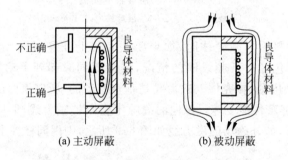

(a) 主动屏蔽　　(b) 被动屏蔽

图 6-11　高频磁场的主动屏蔽和被动屏蔽

金属盒的高频磁场屏蔽效能与高频磁场在盒体上产生的涡流大小有关。线圈和金属盒的关系可以看成是变压器,线圈视为变压器初级,金属盒视为一匝短路线圈,作为变压器的次级,如图 6-12(a)所示。根据变压器的原理,金属盒上的涡流可用(6-12)式表示:

$$i_{s} = \frac{j\omega M i}{j L_{s}\omega + r_{s}} \tag{6-12}$$

式中　i_{s}——金属盒上的涡流;

　　　M——线圈与金属盒之间的互电感;

　　　i——线圈上的电流;

　　　L_{s}——金属盒的电感;

　　　r_{s}——金属盒的电阻。

在频率较高时 $L_s\omega \gg r_s$，式(6-12)可表达为 $i_s \approx \dfrac{M}{L_s}i$

在频率较低时 $L_s\omega \gg r_s$，式(6-12)可表达为 $i_s \approx \dfrac{j\omega M i}{r_s}$

涡流和频率的关系可由图 6-12(b) 表示。由图可知在低频时涡流很小，因此涡流产生的反磁场不足以完全排斥原干扰磁场，可见这种方法不适用于低频磁场屏蔽。随着频率升高，涡流也增大，到一定频率后涡流不再随着频率而升高，说明在高频情况下盒上的涡流产生的反磁场已足以排斥原有的干扰磁场，从而起到屏蔽作用。

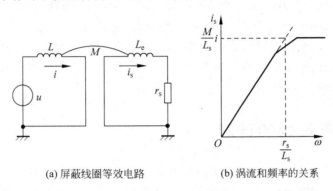

(a) 屏蔽线圈等效电路　　　　(b) 涡流和频率的关系

图 6-12　金属屏蔽盒上的涡流计算

由式(6-12)还可知屏蔽材料的电阻 r_s 越小，则产生的涡流越大，屏蔽效果越好，所以高频磁场屏蔽材料应该用导电性能强的良导体。此外高频电流具有集肤效应，涡流只在金属表面的薄层中流过，所以金属屏蔽体无须像低频磁场屏蔽那样采用较厚的材料，薄薄一层($0.2\sim$ $0.8\mathrm{mm}$)金属良导体就能起到良好的高频磁场屏蔽作用。在上述的分析中并没有要求金属屏蔽体接地，但是在实际使用中金属屏蔽体都要求接地，因为这样既可以屏蔽高频磁场，也能屏蔽电场。

6.3.3　电磁屏蔽

通常所说的屏蔽，一般指的是电磁屏蔽，即是指对电场和磁场同时加以屏蔽。电磁屏蔽一般也是指用来防止高频电磁场的影响的。

在交变场中，电场分量和磁场分量总是同时存在的，只是在频率较低的范围内，干扰一般发生在近场，而近场中随着干扰源的特性不同，电场分量和磁场分量有很大差别。高压低电流源以电场为主，磁场分量可以忽略，这时就可以只考虑电场的屏蔽。而低压大电流干扰源则以磁场为主，电场分量可以忽略，这时就可以只考虑磁场屏蔽。

随着频率增高，电磁辐射能力增加，产生辐射电磁场，并趋向于远场干扰，远场中的电场、磁场均不能忽略，因此就要对电场和磁场同时进行屏蔽，即电磁屏蔽。高频时即使在设备内部也可能出现远场干扰，因此需要电磁屏蔽。

如前所述，采用良导电材料，就能同时具有对电场和磁场(高频)屏蔽的作用。由于高频集肤效应，对于良导体而言，其集肤深度很小，因此电磁屏蔽体无须做得很厚，其厚度仅由工艺结构及机械性能决定。

当频率在 $500\mathrm{kHz}\sim30\mathrm{MHz}$ 范围内时，屏蔽材料可选用铝，而当频率大于 $30\mathrm{MHz}$ 时，

则可选用铝、铜、铜镀银等。

值得注意的是,电磁屏蔽在完成电磁隔离的同时,可能会给屏蔽体内的场源或保护对象带来一些不良影响。若屏蔽体内是接在电压源上的线圈,则电压源所产生的电流随着屏蔽体的出现而改变,这是由于线圈产生的场在屏蔽体内表面上感应出电流及电荷,这些电流和电荷产生的二次场反作用于线圈上,在线圈中产生附加感应电动势,该附加感应电动势使线圈中的电流发生改变。

若屏蔽体内是无源的线圈闭合电路,则在外部场感应电动势的作用下,电路内将产生感应电流。改变外场使有屏蔽及无屏蔽的电动势保持不变,在这两种情况下,线圈中的电流是不同的,这是因为线圈中电流产生的场作用于屏蔽体,屏蔽体上电流、电荷产生的二次场反作用于线圈,或者说屏蔽体把复阻抗引入线圈内,从而改变了线圈中的电流。如果把线圈与外电路断开,使线圈内电流始终为零而不产生电磁场,那么这时屏蔽体只起电磁隔离作用而对其内的线圈无影响。

6.4 屏蔽效能的计算

屏蔽有两个目的:一是限制屏蔽体内部的电磁骚扰越出某一区域;二是防止外来的电磁干扰(骚扰)进入屏蔽体内的某一区域。屏蔽的作用通过一个将上述区域封闭起来的壳体实现。这个壳体可以做成金属隔板式、盒式,也可以做成电缆屏蔽和连接器屏蔽。屏蔽体一般有实心型、非实心型(例如金属网)和金属编织带等几种类型,后者主要用作电缆的屏蔽。各种屏蔽体的屏蔽效果,均用该屏蔽体的屏蔽效能来表示。

计算和分析屏蔽效能的方法主要有解析方法、数值方法和近似方法。解析方法是基于存在和不存在屏蔽体时,在相应的边界条件下求解麦克斯韦方程。解析方法求出的解是严格解,在实际工程中也常常使用。但是,解析方法只能求解几种规则形状屏蔽体(例如球壳、柱壳、平板屏蔽体)的屏蔽效能,且求解比较复杂。随着计算机和计算技术的发展,数值方法显得越来越重要。从原理上讲,数值方法可以用来计算任意形状屏蔽体的屏蔽效能。然而,数值方法有可能成本过高。为了避免解析方法和数值方法的缺陷,各种近似方法在评估屏蔽体屏蔽效能中就显得非常重要,在实际工程中获得了广泛应用。

此外,依据电磁干扰(骚扰)源的波长与屏蔽体的几何尺寸的关系,屏蔽效能的计算又可以分为场的方法和路的方法。

6.4.1 金属平板屏蔽效能的计算

理论分析得出,当屏蔽体两侧媒质相同时,总的磁场传输系数(或透射系数)T_H 与总的电场传输系数(或透射系数)T_E 相等,即

$$T_H = T_E = T = t(1 - re^{-2kl})^{-1} e^{(k_0-k)l} \tag{6-13}$$

由式(6-6)

$$SE = -20\lg |T| = 20\lg \frac{(1 - re^{-2kl}) e^{(k-k_0)l}}{t}$$

$$= 20\lg |e^{(k-k_0)l}| - 20\lg |t| + 20\lg |1 - re^{-2kl}|$$

$$= A + R + B \tag{6-14}$$

式中 $A=20\lg|e^{(k-k_0)l}|$ 是电磁波在屏蔽体中的传输损耗(或吸收损耗);

$R=-20\lg|t|$ 是电磁波在屏蔽体的表面产生的反射损耗;

$B=20\lg|1-re^{-2kl}|$ 是电磁波在屏蔽体内多次反射的损耗。

如图 6-13 所示,屏蔽体的屏蔽效能由两部分构成:吸收损耗和反射损耗。当电磁入射到不同媒质的分界面时,就会发生反射,于是减小了继续传播的电磁波的强度。反射的电磁波称为反射损耗,当电磁波在屏蔽材料中传播时,会产生损耗,这就构成了吸收损耗。

$$SE = R + A + B \tag{6-15}$$

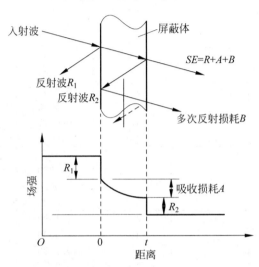

图 6-13 金属平板屏蔽效能计算

1. 传输损耗(吸收损耗)A 的计算

吸收损耗是电磁波通过屏蔽体所产生的热损耗引起的,电磁波在屏蔽体内的传播常数

$$k = (1+j)\sqrt{\pi\mu f\sigma} = \frac{1}{\delta} + \frac{j}{\delta} = \alpha + j\beta \tag{6-16}$$

式中,$\delta=\dfrac{1}{\sqrt{\pi f\mu\sigma}}$,为趋肤深度;$\alpha=1/\delta$ 为衰减常数;$\beta=1/\delta$ 为相移常数。

由于 $k_0\ll\alpha$,因而吸收损耗可忽略 e^{-k_0l} 因子。因此以 dB 为单位吸收损耗表达式为

$$A = 20\lg|e^{kl}| = 1.31l\sqrt{f\mu_r\sigma_r} \tag{6-17}$$

式中,f 为频率(Hz);μ_r、σ_r 为屏蔽体材料相对于铜的相对磁导率和相对电导率(铜的 $\mu_0 = 4\pi\times10^{-7}$ H/m,$\sigma_0=5.82\times10^7/\Omega\cdot$ m);l 为壁厚(cm)。

从式(6-17)可以看出,在频率较高时,吸收的损耗是相当大的,表 6-1 给出了几种金属材料在吸收损耗分别为 $A=8.68$dB、20dB、40dB 时所需的屏蔽平板厚度 l。

由表 6-1 可以看出:

(1) 当 $f\geqslant1$MHz 时,用 0.5mm 厚的任何一种金属板制成的屏蔽体,能将场强减弱为原场强的 1/100 左右。因此,在选择材料与厚度时,应着重考虑材料的机械强度、刚度、工艺性及防潮、防腐等因素。

(2) 当 $f\geqslant10$MHz 时,用 0.1mm 厚的铜皮制成的屏蔽体能将场强减弱为原场强的 1/100 甚至更低。因此,这时的屏蔽体可用表面贴有铜箔的绝缘材料制成。

(3) 当 $f\geqslant100$MHz 时,可在塑料壳体上镀或喷以铜层或银层制成屏蔽体。

表 6-1 几种金属的电导率 σ、磁导率 μ 及屏蔽厚度

金属	电阻率 $\rho=1/\sigma/$ $10^{-3}\Omega\cdot mm$	相对磁导率 μ_r	频率 f/Hz	所需要材料厚度 l(mm)		
				透入深度 δ $A=8.68dB$	2.3δ $A=20dB$	4.6δ $A=40dB$
铜	0.0172	1	10^5	0.2100	0.4900	0.9800
			10^6	0.0670	0.1540	0.3080
			10^7	0.0210	0.0490	0.0980
			10^8	0.0067	0.0154	0.0308
黄铜	0.0600	1	10^5	0.3900	0.9000	1.8000
			10^6	0.1240	0.2850	0.5700
			10^7	0.0390	0.0900	0.1800
			10^8	0.0124	0.0285	0.0570
铝	0.0300	1	10^5	0.2750	0.6400	1.2800
			10^6	0.0880	0.2000	0.4000
			10^7	0.0275	0.0640	0.1280
			10^8	0.0088	0.0200	0.0040
钢	0.1000	50	10^5	—	—	—
			10^6	0.0230	0.0530	0.0160
			10^7	0.0070	0.0160	0.0320
			10^8	0.0023	0.0053	0.0016
钢	0.1000	200	10^2	1.1000	2.5000	6.0000
			10^3	0.3500	0.8000	1.6000
			10^4	0.1100	0.2500	0.5000
			10^5	0.0350	0.0800	0.1600
铁镍合金	0.6500	12 000	10^2	0.3800	0.8500	1.7000
			10^3	0.1200	0.2700	0.5400
			10^4	0.0380	0.0850	0.0170
			10^5	0.0120	0.0270	0.0540

表 6-2 给出了常用金属材料对铜的相对电导率和相对磁导率。由式(6-17),根据要求的吸收衰减量可求出屏蔽体的厚度,即

$$l = \frac{A}{0.131\sqrt{f\mu_r\sigma_r}} \tag{6-18}$$

表 6-2 常用金属材料对铜的相对电导率和相对磁导率

材 料	相对电导率 σ	相对磁导率 μ	材 料	相对电导率 σ	相对磁导率 μ
铜	1.00	1	白铁皮	0.150	1
银	1.05	1	铁	0.170	50～1000
金	0.70	1	钢	0.100	50～1000
铝	0.61	1	冷轧钢	0.170	180
黄铜	0.26	1	不锈钢	0.020	500
磷青铜	0.18	1	热轧硅钢	0.038	1500
镍	0.20	1	高导磁硅钢	0.060	80 000
铍	0.10	1	坡莫合金	0.040	8000～12 000
铅	0.08	1	铁镍钼合金	0.023	100 000

2. 反射损耗 R 的计算

反射损耗是由屏蔽体表面处阻抗不连续性引起的,计算为:

$$R = -20\lg|t| = 20\lg\left|\frac{(Z_w + \dot{\eta})^2}{4Z_w\dot{\eta}}\right| \qquad (6\text{-}19)$$

式中,

$$\dot{\eta} = (1+j)\sqrt{\frac{\pi\mu f}{\sigma}} \approx (1+j)\sqrt{\frac{\mu_r f}{2\sigma_r}} \times 3.69 \times 10^{-7} \qquad (6\text{-}20)$$

Z_w 为干扰场的特征阻抗,即自由空间波阻抗。$\dot{\eta}$ 为屏蔽材料的特征阻抗。

通常 $|Z_w| \gg |\dot{\eta}|$,则有

$$R \approx 20\lg\left|\frac{\dot{Z}_w}{4\dot{\eta}}\right| \qquad (6\text{-}21)$$

自由空间波阻抗在不同类型的场源和场区中,其数值是不一样的。

(1) 在远场 $\left(r \gg \dfrac{\lambda}{2\pi}\right)$ 平面波的情况下:

$$Z_w = 120\pi = 377 \qquad (6\text{-}22a)$$

(2) 在低阻抗磁场源的近场 $\left(r \ll \dfrac{\lambda}{2\pi}\right)$:

$$Z_w = j120\pi\left(\frac{2\pi r}{\lambda}\right) \approx j8 \times 10^{-6} fr \qquad (6\text{-}22b)$$

(3) 在高阻抗电场源的近场 $\left(r \ll \dfrac{\lambda}{2\pi}\right)$:

$$Z_w = j120\pi\left(\frac{\lambda}{2\pi r}\right) \approx -j\frac{1.8 \times 10^{10}}{fr} \qquad (6\text{-}22c)$$

式中,r 为场源至屏蔽体的距离(m),把式(6-22)代入式(6-21),可得出 3 种情况下的反射损耗,见表 6-3。

表 6-3 反射损耗

干扰源的性质	反射损耗/dB	应用条件
低阻抗磁场源	$R_H \approx 14.6 - 20\lg\left(\sqrt{\dfrac{\mu_r}{fr^2\sigma_r}}\right)$	$r \ll \dfrac{\lambda}{2\pi}$
高阻抗电场源	$R_E \approx 321.7 - 20\lg\left(\sqrt{\dfrac{\mu_r f^3 r^2}{\sigma_r}}\right)$	$r \ll \dfrac{\lambda}{2\pi}$
远场平面波	$R_p \approx 168 - 20\lg\left(\sqrt{\dfrac{\mu_r f}{\sigma_r}}\right)$	$r \gg \dfrac{\lambda}{2\pi}$

从表 2-3 可以看出,屏蔽体的反射损耗不仅与材料自身的特性(电导率、磁导率)有关,而且与金属板所处的位置有关,因此在计算反射损耗时,应先根据电磁波的频率及场源与屏蔽体间的距离确定所处的区域。如果是近区,则还需知道场源的特性,若无法知道场源的特性及干扰的区域(无法判断是否为远、近场),为安全起见,一般只选用 R_H 的计算公式,因为 R_H、R_E、R_p 存在以下关系:

$$R_E > R_p > R_H$$

3. 多次反射损耗 B 的计算

$$B = 20\lg | 1 - re^{-2kl} |$$

$$= 20\lg \left| 1 - \left(\frac{\dot{\eta} - Z_w}{\eta + Z_w} \right) e^{-2kl} \right| \qquad (6-23)$$

式中,Z_w 为干扰场的特征阻抗;$\dot{\eta}$ 为屏蔽材料的特征阻抗。

多次反射损耗是电磁波在屏蔽体内反复碰到壁面所产生的损耗。当屏蔽体较厚或频率较高时,导体吸收损耗较大,这样当电磁波在导体内经一次传播后到达屏蔽体的第二分界面时已很小,再次反射回金属的电磁波能量将更小。多次反射后的影响很小,所以当吸收损耗大于 15dB 时,多次反射损耗 B 可以忽略,但当屏蔽体很薄或频率很低时,吸收损耗很小,此时必须考虑多次反射损耗。

6.4.2 非实心型的屏蔽体屏蔽效能的计算

金属屏蔽体孔阵所形成的电磁泄漏,仍可采用等效传输线法来分析,其屏蔽效能表达式为

$$SE = A_a + R_a + B_a + K_1 + K_2 + K_3 \qquad (6-24)$$

式中 A_a——孔的传输衰减;

R_a——孔的单次反射损耗;

B_a——多次反射损耗;

K_1——与孔个数有关的修正项;

K_2——由趋肤深度不同而引入的低频修正项;

K_3——由相邻孔间相互耦合而引入的修正项。

式中各参数的单位均为分贝(dB)。式(6-24)前三项分别对应于实心型屏蔽体的屏蔽效能计算式中的吸收损耗、反射损耗和多次反射损耗。后三项是针对非实心型屏蔽引入的修正项目。各项的计算公式如下。

(1) A_a 项。当入射波频率低于孔的截止频率 f_c(按矩形或圆形波导孔截止频率计算)时,可按下述两式计算:

矩形孔

$$A_a = 23.7(l/W) \qquad (6-25a)$$

圆形孔

$$A_a = 32(l/D) \qquad (6-25b)$$

式中 A_a——孔的传输衰减(dB);

l——孔深(cm);

W——与电场垂直的矩形孔宽度(cm);

D——圆形孔的直径(cm)。

(2) R_a 项。取决于孔的形状和入射波的波阻抗,其值由下式确定:

$$R_a = -20\lg R_a = 20\lg \left| \frac{4p}{(p+1)^2} \right| \qquad (6-26)$$

式中,p 为孔的特征阻抗与入射波的波阻抗之比,根据波导理论可知,在截止情况下矩形孔的特征阻抗为

$$Z_{c1} = j\frac{2W}{\lambda} \cdot 120\pi \tag{6-27a}$$

圆形孔的特征阻抗为

$$Z_{c1} = j\frac{1.705D}{\lambda} \cdot 120\pi \tag{6-27b}$$

各种入射波的波阻抗由式(6-22)给出,对于低阻抗场的矩形孔有

$$p = \frac{Z_{c1}}{Z_w} = \frac{j2W \cdot 120\pi}{j120\pi \cdot \frac{2\pi r}{\lambda}} = \frac{W}{\pi r} \tag{6-28a}$$

对于低阻抗场的圆形孔有

$$p = \frac{Z_{c2}}{Z_w} = \frac{j\frac{1.705D}{\lambda}(120\pi)}{j120\pi\left(\frac{2\pi r}{\lambda}\right)} = \frac{D}{3.68r} \tag{6-28b}$$

同理可得,对于高阻抗场的矩形孔:

$$p = -4\pi Wr/\lambda^2 \tag{6-29a}$$

对于高阻抗场的圆形孔:

$$p = -3.41\pi Dr/\lambda^2 \tag{6-29b}$$

对于平面波场矩形孔:

$$p = j2W/\lambda = j6.67 \times 10^{-8} fW \tag{6-30a}$$

对于平面波场圆形孔:

$$p = j1.705D/\lambda = j0.57 \times 10^{-8} fD \tag{6-30b}$$

上式中,W 为矩形孔宽边长度(m);D 为圆形孔的直径(m);r 是干扰源到屏蔽体的距离(m);f 是频率(Hz);λ 为波长(m)。

(3) B_a 项。当 $A_a < 15\text{dB}$ 时,多次反射修正项由下式确定:

$$B_a = 20\lg\left|1 - \frac{(p-1)^2}{(p+1)^2}10^{-A_a/10}\right| \tag{6-31}$$

式中 p 与式(6-26)中 p 的意义相同,A_a 由式(6-24)给出。

(4) K_1 项。当干扰源到屏蔽体的距离比孔间距大得多时,孔数的修正项由下式确定:

$$K_1 = -10\lg(an) \tag{6-32}$$

式中,a 为单个孔的面积(cm^2);n 为每平方厘米面积上的孔数。如干扰源非常靠近屏蔽体,则 K_1 可忽略。

(5) K_2 项。当趋肤深度接近孔间距(或金属网丝直径)时,屏蔽体的屏蔽效能将有所降低,用趋肤深度修正项表示这种效应的影响。

$$K_2 = -20\lg(1 + 35P^{-2.3}) \tag{6-33}$$

式中,P 为孔间隔导体宽度与集肤深度之比。

(6) K_3 项。当屏蔽体上各个孔眼相距很近,且孔深比孔径小得多时,由于相邻孔之间的耦合作用,屏蔽体将有较高的屏蔽效能。相邻孔耦合修正项由下式确定:

$$K_3 = 20\lg\left[\coth\left(\frac{A_a}{8.686}\right)\right] \tag{6-34}$$

6.4.3 多层屏蔽体屏蔽效能的计算

在屏蔽要求很高的情况下，单层屏蔽往往难以满足要求，这就需要采用多层屏蔽。图 6-14 给出了三层屏蔽体的示意图。

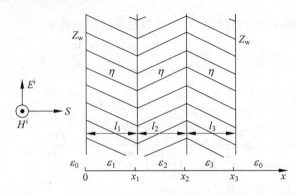

图 6-14　三层平板屏蔽示意图

理论分析得出，三层屏蔽的屏蔽效能为

$$SE = SE = \sum_{n=1}^{3}(A_n + B_n + R_n) \tag{6-35}$$

式中，A_n、R_n、B_n 分别为单层屏蔽的吸收损耗、反射损耗和多次反射损耗。其单位均为 dB。

同理，可得出多层（N 层）屏蔽体的屏蔽效能为

$$SE = \sum_{n=1}^{n} A_n + B_n + R_n \tag{6-36}$$

值得注意的是，一般多层屏蔽体大多是如图 6-15 所示的结构，其间的夹层为空气，此时应用三层屏蔽体屏蔽效能的公式（设两个实体金属屏蔽体为同一种金属，且厚度相等，为 l），则有

$$A = 2 \times 1.31 l\sqrt{f\mu_r\sigma_r} \tag{6-37}$$

$$R = 2 \times 20\lg\left|\frac{(Z_w + \eta)^2}{4Z_w\eta}\right| \tag{6-38}$$

$$\begin{aligned} B &= 2 \times 20\lg|1 - r e^{-2kl}| + 20\lg|1 - r_2 e^{-j2\beta_0 l_2}| \\ &= 2B_1 + B_2 \end{aligned} \tag{6-39}$$

$$\begin{aligned} B_2 &= 20\lg|1 - r_2 e^{-j2\beta_0 l_2}| \\ &= 20\lg\left|1 - r_2\left[\cos\left(4\pi\frac{l_2}{\lambda_0}\right) - j\sin\left(4\pi\frac{l_2}{\lambda_0}\right)\right]\right| \end{aligned} \tag{6-40}$$

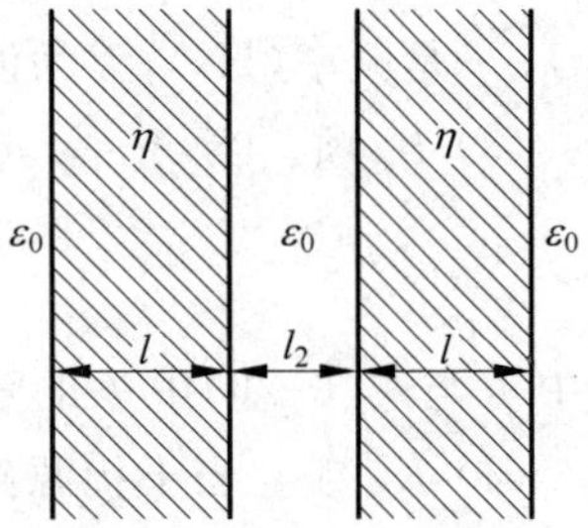

图 6-15　中间为空气夹层的双层屏蔽体

由于 B_2 在一定的频率范围内为负值，说明采用图 6-15 所示的双层屏蔽体的屏蔽效能可能小于两个单层屏蔽体屏蔽效能之和。这是由于穿透第一层屏蔽体的电磁波在两壁之间的空间内多次反射后，仍会有相当一部分穿透第二层屏蔽体进入屏蔽空间，造成屏蔽效能降低。

同时还应注意到，在频率很高时，电磁波在两屏蔽层间会产生谐振。当两屏蔽层间距 $l_2=(2n-1)\lambda/4(n=1,2,3\cdots)$，即两层间距为 1/4 波长的奇数倍时，双层屏蔽具有最大的屏蔽效能，约为（$2SE+6$dB），其中 SE 为单层屏效。当 $l_2=2n\lambda/4$，即间距为 1/4 波长的偶数倍时，屏蔽效能最小，约为（$2SE-R$），其中 R 为单层屏蔽的反射损耗。

6.4.4 导体球壳屏蔽效能的计算

上面所用的分析方法是将实际具有各种形状的屏蔽体作为无限大的平板处理,所得屏蔽效能仅仅是屏蔽体材料、厚度以及频率的函数,而忽略了屏蔽体形状的影响。这种处理方法只适用于屏蔽体的几何尺寸比干扰波长大以及屏蔽体与干扰源间距离相对较远这种情况,即只适用于频率较高的情况。

当需考虑屏蔽体的形状和计算低频情况的屏蔽效能时,上述等效传输线法往往不能满足要求。利用电磁场边值问题的各种解法,可求出屏蔽前后某点的场强,从而进行屏蔽效能计算。电磁场边值问题的解法很多,有解析方法(分离变量法、格林函数法等)和数值解法(矩量法、有限差分法等),对于求解导体球壳的屏蔽问题,可用严格解析法来计算,也可用似稳场解法。首先求解出低频场的屏蔽效能,进而推广给出高频情况下的屏蔽效能公式。为了避免冗长的数学推导,这里直接给出,利用似稳场解法所求得的导体薄壁空心球壳在电屏蔽和磁屏蔽两种情况下的屏蔽效能公式如下。

(1)电屏蔽情况下导体球壳在低频和高频的屏蔽效能 SE_{LFE} 和 SE_{HFE} 分别为

$$SE_{\text{LFE}} = -20\lg\left(\frac{3\omega\varepsilon_0 a}{2\sigma d}\right) \quad (d < \delta) \tag{6-41a}$$

$$SE_{\text{HFE}} = -20\lg\left(\frac{3\sqrt{2}\,\omega\varepsilon_0 a\mathrm{e}^{-d/\delta}}{\sigma\delta}\right) \quad (d > \delta) \tag{6-41b}$$

(2)磁屏蔽情况下导体球壳在低频和高频的屏蔽效能 SE_{LFE} 和 SE_{HFE} 分别为

$$SE_{\text{LFH}} = -20\lg\left(1 + \frac{2\mu_r d}{3a}\right) + 20\lg\left|1 + \mathrm{j}\frac{ad\omega\mu_r\sigma}{3}\right| \quad (d < \delta) \tag{6-42a}$$

$$SE_{\text{HFE}} = -20\lg\left(1 + \frac{2\mu_r d}{3a}\right) + 20\lg\left|\frac{b\mathrm{e}^{d/\delta}}{3\sqrt{2}\,\delta}\right| \quad (d > \delta) \tag{6-42b}$$

在上式中,a 为球壳的半径;d 为壳壁的厚度,且 $a \gg d$;σ 为导电率;δ 为集肤深度;μ_r 为屏蔽材料的相对导磁率。

例如,将一个半径为 457mm、壁厚为 1.6mm 的铝制球壳,分别置于频率为 $1\sim10^5$ Hz 的均匀交变电场和磁场中,利用式(6-41)所计算出的各频率上的电屏蔽的屏蔽效能如图 6-16(a) 所示。利用式(6-42)所计算出的各频率上磁屏蔽的屏蔽效能如图 6-16(b)所示。图 6-16 中还给出了利用严格解析法所计算的理论曲线,由图 6-16 可见式(6-41)和式(6-42)具有较好

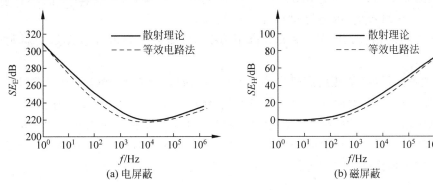

图 6-16 球壳屏蔽

的精度。这些公式还可用于近似计算正立方体壳作为屏蔽体时的屏效,其方法是首先求出与该正方体等体积的等效球壳的相应尺寸,然后再利用式(6-41)和式(6-42)计算。

6.4.5 圆柱形壳体低频磁屏蔽效能的近似计算

当圆柱形屏蔽壳体的内半径 a、外半径 b 的平均值 $r_e = (a+b)/2$ 且 $r_e \gg d$(屏蔽壳的厚度),干扰磁场方向垂直圆柱形屏蔽壳体的轴向时,屏蔽效能可近似计算为

$$SE = 20\lg\left(1 + \frac{\mu_r \cdot d}{2r_e}\right) \tag{6-43}$$

6.5 屏蔽材料

6.5.1 导磁材料

根据磁屏蔽理论,磁屏蔽是利用由高导磁材料制成的磁屏蔽体提供低磁阻的磁通路,使得大部分磁通在磁屏蔽体上分流,来达到屏蔽的目的。因此磁导率成为选择磁屏蔽材料的主要依据。

表 6-1 和表 6-2 给出的常用材料的电特性能参数中,μ_r 值是直流情况下的相对磁导率,事实上磁屏蔽所采用的铁磁性材料,其相对磁导率 μ_r 不是常数,而是外加磁场强度及场的变化频率的函数。

通常磁性材料分为弱磁性材料和强磁性材料两种。

弱磁性材料:顺磁性物质(如铝等金属);抗磁性物质(如铜等金属)。

强磁性材料:铁磁性物质(如铁、镍等金属)。

弱磁性材料的特点是:相对磁导率 $\mu_r = 1$,B 与 H 是线性关系,μ_r 在任意频率的环境中始终保持常数。

铁磁性材料的特点是:B 与 H 为非线性关系,频率增高,磁导率 μ_r 降低。因而在进行磁屏蔽设计时,应根据实际情况选定 μ_r,否则就会产生过大的误差,使屏蔽的定量设计失去了应有的作用。

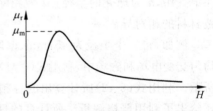

图 6-17 铁磁材料的 μ_r-H 曲线

铁磁性材料的磁化曲线及 μ_r 随频率的变化关系曲线分别如图 6-17 和图 6-18 所示。

从图 6-18 可以看出,铁磁性材料在频率很高时,由于发生严重的磁损耗,使磁导率大为降低,因此只能采用导电性能良好的材料作为屏蔽体。

此外,铁磁性材料(尤其是高磁导率材料)对机械应力较为敏感,因为这类材料在加工时,受到机械力的作用,使磁畴的排列方向混乱,导致磁导率大为降低。例如坡莫合金,经机械加工后未经退火处理的磁导率仅为退火后磁导率的 5% 左右。因此磁屏蔽体在经机械加工后,必须进行退火处理,使磁畴排列方向一致,以提高材料的磁导率,其退火工序安排在屏蔽罩的机械加工全部完成之后进行。

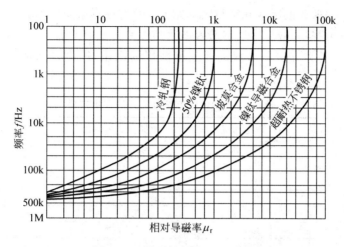

图 6-18 铁磁材料的 $\mu_r\text{-}f$ 曲线

6.5.2 导电材料

根据屏蔽理论,电屏蔽和电磁屏蔽是利用由导电材料制成的屏蔽体,并结合接地来切断干扰源与感受器之间的耦合通道,以达到屏蔽的目的,因此电导率成为选择屏蔽材料的主要依据。

由于电导率是一常数,不随场强及频率的变化而变化,因此电屏蔽和电磁屏蔽设计较磁屏蔽要简单得多,只需根据应用情况及经济成本,选择尽可能好的导电材料即可。

6.5.3 薄膜材料与薄膜屏蔽

现代电子设备,尤其是计算机、通信与数控设备广泛地采用了工程塑料机箱,其加工工艺性能好,经过注塑等工艺,机箱具有造型美观、成本低、重量轻等优点。为了具备电磁屏蔽的功能,通常在机箱上采用喷导电漆、电弧喷涂、电离镀、化学镀、真空沉积、贴导电箔(铝箔或铜箔)及热喷涂工艺,在机箱上产生一层导电薄膜,称为薄膜材料。假定导电薄膜的厚度为 1,电磁波在导电薄膜中的传播波长为 λ_1。若 $1<\lambda/4$,则称这种屏蔽层的导电薄膜为薄膜材料,这种屏蔽为薄膜屏蔽。

由于薄膜屏蔽的导电层很薄,吸收损耗几乎可以忽略,因此薄膜屏蔽的屏效主要取决于反射损耗,表 6-4 给出了铜薄膜在频率为 1MHz 和 1GHz 时不同厚度的屏蔽效能计算值。

表 6-4 铜薄膜屏蔽层的屏蔽效能

屏蔽层厚度/nm	105		1250		2196		21 960	
频率 f/MHz	1	1000	1	1000	1	1000	1	1000
吸收损耗 A/dB	0.014	0.44	0.16	6.2	0.29	9.2	2.9	92
反射损耗 R/dB	109	79	109	79	109	79	109	79
多次反射修正次数 B/dB	−47	−17	−26	−0.6	−21	0.6	−3.5	0
屏蔽效能 SE/dB	62	62	83	84	88	90	108	171

由表 6-4 可见,薄膜的屏效几乎与频率无关。只有在屏蔽层厚度大于 $\lambda/4$ 时,由于吸收损耗增加,多次反射损耗才趋于零,屏蔽效能才随频率升高而增加。

表 6-5 给出了各类方法所形成的薄膜屏蔽层的电阻、厚度及所能达到的电磁屏蔽效能值。

表 6-5　各种喷涂方法可达到的评比效能

方　　法	厚度/μm	电阻/$(\Omega \cdot mm^{-2})$	屏蔽效能/dB
锌电弧喷涂	12~25	0.03	50~60
锌火喷涂	25	4.0	50~60
镍基涂层	50	0.5~2.0	30~75
银基涂层	25	0.05~0.1	60~70
铜基涂层	25	0.5	60~70
石墨基涂层	25	7.5~20	20~40
阴极涂层	0.75	1.5	70~90
电镀	0.75	0.1	85
化学镀	1.25	0.03	60~70
银还原	1.25	0.5	70~90
真空沉积	1.25	5~10	50~70
电离镀	1	0.01	50

6.5.4　导电胶与导磁胶

导电、导磁胶是电子工业专用胶粘剂。由于目前用作胶粘剂的主体材料都是电磁的非导体,故所有的导电、导磁胶都是在普通胶粘剂中添加导电、导磁填料配制而成的。

1. 导电胶粘剂

导电胶粘剂是由树脂、固化剂和导电填料配制而成的。常用的树脂是环氧树脂、聚氨酯、酚醛树脂、丙烯树脂等。导电填料主要有银粉、铜粉、镀银粒子、乙炔炭黑、石墨、碳纤维等,导电填料用得最多的是电阻率低、抗氧化好的银粉。这种银粉一般是由化学置换或电解沉淀法制成的超细银粉。为了达到良好的导电性,一般银粉添加量为树脂的 2.5 倍左右,乙炔炭黑或石墨粉等用量为树脂的 $0.5\sim1$ 倍左右。

2. 导磁胶粘剂

导磁胶粘剂是由树脂、固化剂和导磁铁粉(羰基铁粉)等组成。导磁胶主要用于各种变压器铁心和磁心的胶接。

表 6-6 给出了常用导电、导磁胶粘剂的参数。

表 6-6　常用导电、导磁胶粘剂的参数

牌号及名称	组　成	固化条件			剪切强度/MPa	体积电阻率/$\Omega \cdot cm$	特　点
		温度/℃	压力/($N \cdot mm^2$)	时间/h			
DAD-2 导电胶	聚氨酯,还原银粉	20 或 50	5	965	8(20℃) 10(200℃)	$1\sim5\times10^{-3}$	胶接范围广,韧性好
DAD-3 导电胶	酚醛树脂、电解银粉	160	5~1	2~3	15(20℃) 10.8(60℃)	10^{-4}	胶接温度高,耐热性好

续表

牌号及名称	组成	固化条件			剪切强度/MPa	体积电阻率/Ω·cm	特点
		温度/℃	压力/(N·mm²)	时间/h			
DAD-8 导电胶	环氧树脂、胺、银粉	20	5	24	14.9(−60℃) 17.4(20℃) 6(120℃) 4.3(150℃)	$10^{-2} \sim 10^{-3}$	使用方便,室温固化,强度较高
DAD-24 导电胶	环氧树脂、银粉	130	5	3	6.9(−60℃) 5(20℃) 5(60℃)	$1 \sim 5 \times 10^{-4}$	电阻率低,耐热较好
DAD-10 导电胶	环氧树脂、胺、银粉	100	5	1	7.2(−60℃) 5(20℃) 4.5(150℃)	$10^{-3} \sim 10^{-4}$	电阻率低
DAD-54 导电胶	环氧树脂、银粉	120	5	3	9.7(−60℃) 6(20℃)	10^{-4}	电阻率低
HH-701 导电胶	环氧树脂、银粉	20	5	24	20(20℃)	$10^{-3} \sim 10^{-4}$	电阻率较低,胶接强度好
HH-711 导电胶	环氧树脂、银粉	80 150	5	12~13	27(20℃)	$10^{-3} \sim 10^{-4}$	电阻率较低,胶接强度好
DLD-3 导电胶	环氧树脂、铜粉	120	5	3		10^{-3}	廉价,胶接强度好
DLD-5 导电胶	环氧树脂、镀银粒子	120	5	3		10^{-3}	廉价,胶接强度高
铜粉导电胶	环氧树脂、铜合金粉	20	5	24	8(20℃)	$10^{-3} \sim 10^{-4}$	廉价,电阻率低
导热胶	618环氧100份 液体丁醇15份 三乙醇胺15份 氧化铍粉150份	80~100	5	2~4	15(20℃)		导热性好,可绝缘
导热胶	618环氧100份 液体丁醇15份 三乙醇胺15份 氧化铁粉150份	80~100	5	2~4	15(20℃)		导磁性良好

随着技术的发展,新型导电、导磁胶粘剂也不断产生,如硅脂导电胶(CHO-BOND-1030)、环氧导电胶(CHO-BOND-0584-29)等。

导电胶的选用也应注意不同材料接触所引起的电化学腐蚀。导电胶对于某些环境因素(如水浸、潮热等)比较敏感,导致胶接接头强度下降,电阻率增高,但对于温度不敏感。

6.6 屏蔽完整性

设备的外壳对内部易受干扰的组件进行屏蔽保护,此时设备的外壳要按屏蔽要求来设计。但其壳体为了设备的正常工作,还必须为电源线、控制线,以及信号线的输入、输出线等留下引线孔,基于散热、通风等原因,还需在壳体上开孔开窗,这就造成电气不连续,使屏蔽效能大大降低,引起外壳泄漏或易受干扰。完全屏蔽是理想情况,但在实际中很难做到。要使一个机壳在从直流到可见光电磁波频率范围内提供110dB的屏蔽效能或达到设计要求,往往是非常不现实的,这就需要设计者根据实际情况制定壳体屏蔽设计方案。对屏蔽进行完整性设计是完全必要的。

在屏蔽的设计中需要考虑以下的一些因素:盖板、通风孔、测量仪表的指示窗、显示窗、电位器轴、指示灯、保险丝、开关、门,以及各种线、电源线和信号线连接器。

显然,几乎在所有实际应用中都需要对孔、缝隙进行屏蔽。虽然从理论上讲,对壳体的所有边进行很好的焊接就能提供极好的屏蔽,但这在实际上是不可能的。因此,就有必要考虑采用哪种材料来提高屏蔽的完整性。

1. 盖板

为了仪器的维护、测试或校准,需要一次一次地打开仪器带孔的盖板。对于金属盖板来说,最常采用的方法是使用导电填料或硅树脂填料。另一方法是指形物支撑,采用铜铍合金指形支撑物时,由于它们比较容易损坏,因此小心使用非常必要。一般来讲,最好的方法是采用编织导线网或加有金属微粒的硅树脂填料。如果出入口是临时使用,那么可以考虑导电填料。当盖板移去时,需要把已有的导电填料刮除报废,露出配件干净的接触表面,当盖板重新盖上时,再仔细填入新的填料以保证接合的完整性。

2. 通风孔

通风孔的处理一般采用两种方法:一种是采用屏蔽盖板,另一种是采用蜂窝状盖板。通常对于屏蔽室和屏蔽机壳,既需要对流通风也需要风扇强制通风。因为必须要从射频衰减和对空气流的阻力方面来综合考虑通风口所用电磁屏的屏蔽材料。屏蔽盖板相对较便宜,但它的屏蔽效能有限,并且由于紊流还会影响空气的流动。

蜂窝状材料常常被采用,这是因为这种材料既能提供较高的屏蔽效能又能提供线形空气流。在蜂窝状结构中,每一个六边形单元都是一个截止波导,用于提高屏蔽效能。设计者可用蜂窝状材料来密封可能成为RF干扰信号通道的散热孔、通风孔和光线孔。这种材料具有重量轻、空气流阻力小、屏蔽效能高等优点。面板是根据用户的要求做成预先钻孔或有固定钩扣的刚性铝结构。

3. 缝隙

屏蔽体上的接缝处由于结合表面不平、清洗不干净、有油污或焊接质量不好,以及紧固螺钉之间、铆钉之间存在空隙等原因,会在接缝处造成缝隙。若电磁波垂直入射穿过缝隙,则它在缝隙的传输特性和自由空间的传输特性是不一样的,这是因为缝隙形状窄长而较深。当缝长小于1/4波长时,根据波导理论可以认为,在平面波作用下,缝隙中的波阻抗将大于自由空间波阻抗。在缝隙入口处由于波阻抗的突变而引起反射损耗。入射波通过缝隙时会发生反射损耗与传输损耗,从而产生屏蔽作用,缝隙中的电磁传播过程既不同于金属整体内部传播,又不同于自由空间传播。因此它会造成带有缝隙的金属屏蔽体的屏蔽效能下降。

当金属屏蔽体缝隙的缝长大约等于三倍金属板的集肤深度时,缝隙的吸收损耗和金属板的吸收损耗相等,缝隙基本上不降低屏蔽效能。若缝长大于三倍金属板的集肤深度时,则缝隙屏蔽效能就会降低,因此可以采用以下几种方法来提高屏蔽效能。

(1)增加缝隙深度。盒箱壳体中活动端面的接合处存在最常见的屏蔽体的缝隙,缝隙深度往往取决于屏蔽体的壁厚。若在连接处加上边,不但增加了接触面,便于紧固,而且还增加了缝隙深度。这使吸收损耗增加,从而提高了总的屏蔽效能。

（2）提高接合面加工精度。提高接合面的加工精度是减少漏缝的有效方法,但采用精密加工方法会使成本骤增,通常采用铸造成型加工、端面磨平加工、电焊接加工等都可以取得较好效果。例如,在航空航天领域的机载设备,为提高屏蔽效能,不乏采用整体精密铸造和焊接连接的机盒。

（3）加装导电衬垫。一般来说,用薄板材料以钣金加工制成的屏蔽盒箱,其接合面很难做到不留缝隙,因此只有通过在缝隙中加装导电衬垫来提高屏蔽效能。

（4）在接缝处涂导电涂料。导电涂料流动性好,容易渗透进入接合表面以填补缝隙。使用导电涂料时,必须对接缝表面进行清理。

（5）增加接缝处的重叠尺寸。在使用螺钉或铆钉紧固接合部位的许多缝隙中,缝长主要取决于螺钉间距,因此调整紧固钉间距可以改善屏蔽效果。两个接合面的重叠量是缝隙深度的主要决定因素,因此缝深也是影响屏蔽效能的参量之一。重叠量越多,屏蔽效能就越大。在同样重叠量的情况下,频率越高则波长越短,在螺钉间距不变、缝长一定时,缝长相对波长的比值就越小,屏蔽效能就随频率升高而下降。

4. 指示灯、表盘的处理

指示灯、保险管、开关及表盘等设备必备器件一般安装在外壳上,而这些外壳往往是主要的屏蔽体,很显然,这些屏蔽性能很差的器件将显著降低屏蔽体的屏蔽效能。为了最大限度地降低这些器件的影响,必须采取一些补救措施。常用的措施有以下几种:

（1）采用金属网与电磁密封衬垫相互配合的方法,如图 6-19 所示。

（2）采用滤波器加隔离舱的屏蔽方法,如图 6-20 所示。

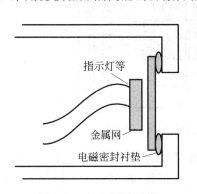

图 6-19　加金属网屏蔽

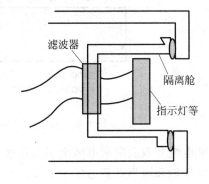

图 6-20　加隔离舱屏蔽

（3）采用截止波导,如图 6-21 所示。

5. 穿过屏蔽体的导线

穿过屏蔽体的导线既可以将屏蔽体外部的干扰信号传导至屏蔽体内部,造成屏蔽体屏蔽效能的下降,又可能将屏蔽体内部的信号传导到屏蔽体外部,对其他设备造成干扰。解决此问题的方法一般是将屏蔽电缆作为屏蔽体的延伸,屏蔽体与屏蔽电缆构成如图 6-22 所示的哑铃式的全封闭体。

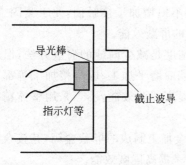

图 6-21　利用截止波导提高屏蔽效能

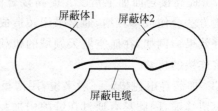

图 6-22　哑铃式全封闭体

但在某些场合,图 6-22 所示的屏蔽方法可能比较难以实现。这时可以在屏蔽体的电缆入口处先将导线中可能存在的电磁骚扰滤除,但这又有可能导致电缆中的有用信号被滤除。在实际应用时,应兼顾这一对矛盾。

6. 屏蔽电缆端接

屏蔽电缆的屏蔽层必须将芯线完整地覆盖起来,两端也不例外。因此电缆两端的连接器外壳必须能够与电缆所安装的屏蔽机箱实现 360°电气搭接。矩形连接器护套中的床鞍夹紧方式能够满足大多数场合对搭接的要求。绝对要避免使用小辫连接,即使其很短也不可以用。图 6-23 给出了典型的 D 形连接器的屏蔽端接方式。

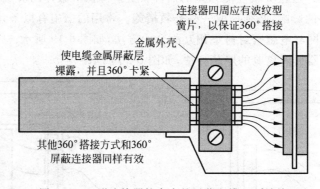

图 6-23　D 形连接器护套中的屏蔽电缆 360°端接

同轴电缆和双股屏蔽电缆由于其连接器是金属螺纹的,效果大大改善。这些连接器在高频时的性能和可靠性都远优于卡装式的(如 BNC)。因此,在卫星电视接收机外壳上看到的都是这种连接器。

多芯电缆也最好使用螺纹连接的圆形连接器,但实际中使用 D 形或矩形连接器的情况更多一些,原因是 D 形或矩形连接器的机械特性与某些多芯电缆的机械特性更吻合。对于连接器制造商而言,屏蔽电缆与连接器 360°连接,然后再连接到屏蔽箱上,这种要求似乎很难实现。因此在选定一种连接器时,一定要特别注意是否能实现这一点。在实现屏蔽层搭接这一点上,要特别注意单簧片、线夹和导线等连接方式,这些都是变形的"小辫",会限制高频时的效果。当连接器与屏蔽效能较低的机箱或电缆一起使用时,其屏蔽效能也会降低。

习题

1. 屏蔽效能由哪几部分组成？

2. 当要屏蔽的磁场很强时，怎样才能达到比较好的屏蔽效果？

3. 求距频率为 10kHz 电流环 2.5cm 处的 0.015cm 厚铜屏蔽层的屏蔽效能。若铝屏蔽层位于远场，屏效为多少？

4. 求距频率为 10kHz 电流环 1cm 处的 0.032cm 厚铜屏蔽层的屏蔽效能。如果屏蔽层位于远场，屏效为多少？

5. 计算在频率为 1kHz 磁场中，铜屏蔽层的厚度分别为 0.02cm、0.04cm、0.06cm 时的屏蔽效能。

6. 一个空间尺寸为 4.5m×3m×3m 的机箱，用 0.1mm 厚铜板制成，求对频率 f 为 1MHz 电磁波的屏蔽效能。

7. 一个屏蔽桶由铁丝编成，网孔每边长 $w=12\text{mm}$，孔的直径 $d=1\text{mm}$，屏蔽筒的半径 $r_0=4\text{m}$，求对频率 $f=10^5\text{Hz}$ 电磁波的屏蔽效能。

8. 一铜质屏蔽层，其厚度 $d=0.1\text{mm}$，离干扰源的距离 $r=1\text{m}$，试分别求对频率 $f=100\text{kHz}$、$f=10\text{kHz}$ 电磁波的屏蔽效能。

第7章

CHAPTER 7

印制电路板 PCB 的
电磁兼容设计

目前,用于各类电子设备和系统的电子器材仍然以印制电路板为主要装配方式。实践证明,即使电路原理图设计正确,印制电路板设计不当,也将使载有小功率、高精确度、快速逻辑或连接到高阻抗终端的一些导线受到寄生阻抗或介质吸收的影响,致使印制电路板发生电磁兼容性问题。例如,如果印制板两条细平行线靠得很近,则会形成信号波形的延迟,在传输线的终端形成反射噪声。

在电子设备或系统的 EMC 设计中,最重要的是有源器件的正确选择和印制电路板(PCB)的设计。

7.1 有源器件敏感度特性和发射特性

电磁兼容性问题的关键是模拟和逻辑有源器件的选择,必须注意有源器件固有的电磁敏感度特性和电磁骚扰发射特性。

7.1.1 电磁敏感度特性

为信号接收和信号处理所设计的芯片或器件可以分为调谐器件和基本频带器件类。调谐器件起带通元件作用,包含预期对中心频率及其附近频率的接收与放大,如通信接收机、各类放大器等。其频率特性包括中心频率、带宽、选择性和带外乱真响应等。基本频带器件起低通元件作用,包含从直流到截止频率的接收与放大,如低频放大器、视频放大器等。其频率特性包括截止频率和截止频率以外的抑制特性,以及带外乱真响应等。此外,这两种器件还具有两种重要特性,即输入阻抗和输入端的对称或不对称特性。

这两种器件最重要的敏感度参数是带内敏感度,这决定了它们的敏感度特性。灵敏度和带宽是评价敏感器件最重要的参数,灵敏度越高,带宽越大,抗扰度越差。

模拟器件的灵敏度以器件的固有噪声为基础,即等于器件固有噪声的信号强度或最小可识别的信号强度,称为灵敏度。模拟器件的带内敏感度特性取决于灵敏度和带宽。

逻辑器件的带内敏感度特性取决于噪声容限或噪声抗扰度,噪声容限即叠加在输入信号上的噪声最大允许值,噪声抗扰度可表示为

$$噪声抗扰度 = \frac{直流噪声容限}{典型输出翻转电压} \times 100\% \tag{7-1}$$

噪声容限可分为直流噪声容限、交流噪声容限和噪声能量容限。直流噪声容限把逻辑器件的抗扰度和逻辑器件典型输出翻转电压联系起来。交流噪声容限进一步考虑了逻辑器

件的延迟时间,如果骚扰脉冲的宽度很窄,逻辑器件还没有来得及翻转,骚扰脉冲就消失了,那么就不会引起干扰。噪声能量容限则同时包含了典型输出翻转电压、延迟时间和输出阻抗,定义为

$$N_{\mathrm{E}} = \frac{U_{\mathrm{TH}}^2}{Z_{\mathrm{o}}} T_{\mathrm{pd}} \tag{7-2}$$

式中,N_{E} 为噪声能量容限;U_{TH} 为逻辑器件的典型输出翻转电压;T_{pd} 为延迟时间;Z_{o} 为输出阻抗。如果噪声能量大于噪声能量容限,则逻辑器件将误翻转。表 7-1 列出了各种逻辑器件族单个门的典型特性,包括直流噪声容限和噪声抗扰度,推荐使用 CMOS、HTL 器件。模拟和逻辑器件的带外敏感度特性用灵敏度和抑制特性斜率表示,因为有源器件的敏感度特性主要存在于带外,所以带外特性十分重要。低电平、高密度组装、高速、高频器件很容易受到骚扰,特别是脉冲骚扰。

7.1.2　电磁骚扰发射特性

电子噪声主要来自设备内部的元器件,包括热噪声、散弹噪声、分配噪声、$1/f$ 噪声和天线噪声等。逻辑器件的电磁骚扰发射包括传导骚扰和辐射骚扰,前者可通过电源线、信号线、接地线等金属导线传输,后者可由器件辐射或通过充当天线的互连线进行辐射。凡是有骚扰电流经过的地方,都会产生电磁骚扰发射。

传导骚扰随频率呈正比增加,辐射骚扰则随频率平方而增加,所以,频率越高就越容易产生辐射。

逻辑器件是一种骚扰发射较强的、常见的宽带骚扰源,器件翻转时间越短,对应逻辑脉冲所占频谱越宽,如图 7-1 所示可表示为频谱宽度 BW 与上升时间 t_{r} 的关系:

$$BW = 1/\pi t_{\mathrm{r}} \tag{7-3}$$

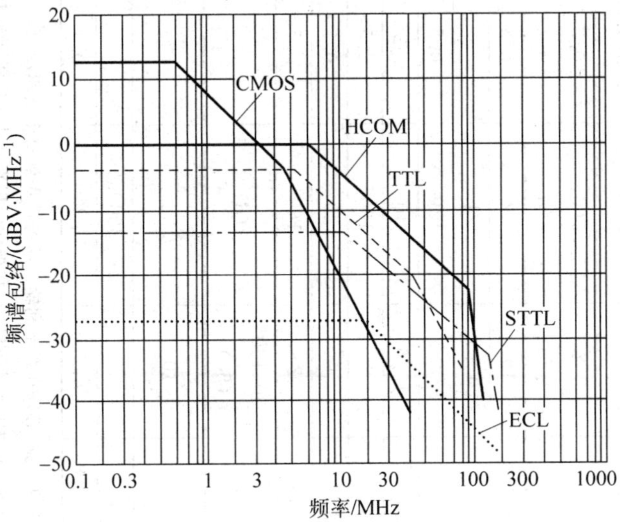

图 7-1　典型逻辑器件的电压频谱

实际辐射频率范围可能达到 BW 的 10 倍以上。例如 $t_{\mathrm{r}} = 2\mathrm{ns}$ 时,频谱宽度 $BW = 159\mathrm{MHz}$,实际辐射频率范围可达 1.6GHz 以上。

表 7-1 各种逻辑器件族单个门的典型特性

逻辑族	典型输出翻转电压/V	上升/下降时间/ns	带宽 $1/\pi t_r$ /MHz	允许的最大 U_{CC} 电压降/V	无负载时电源瞬态电流/mA	输入电容/pF	单门输入电流①瞬/稳	速度×功率/PJ	直流噪声容限②/mV	噪声抗扰度④/%
ECL(10k)	0.8	2/2	160	0.2	1	3	1.2/1.2mA	50	100	12
ECL(100k)	0.8	0.75	420	0.2		3	3/0.5mA		100	12
TTL	3.4	10	32	0.5	16	5	1.8/1.5mA	100~150	400	12
LP TTL	3.5	20/10	21		8	5	1/0.3mA	35	400	12
STTL	3.4	3/2.5	120	0.5	30	4	5/4mA	60	300	9
LS-TTL	3.4	10/6	40	0.25	10	6	2/0.6mA	20	300	9
AS	3.4	2	160	0.5	40	4	7/1mA	15	300	9
ALS	3.4	4	80	0.5	10	5	4.3/03.mA	5	300	9
Fast	3	2	160	0.5		5	8/0.5mA	10	300	10
COMS③ 5V(15V)	5(15)	90/100 (50)	3(6)		7(10)	5	0.2/<10μA	5~50 (0.1~1MHz)	1V (4.5V)	20 (30)
HCMOS③ (5V)	5	10	32	2	10	5	1.5/<10μA	10~150 (1~10MHz)	1V	20
GAAS(1.2V)	1	0.1	3000			≈1	10μA	0.1~1	100	10
MOSFET	0.6,0.8	0.03	10 000	0.1		0.6	12~16μA	0.03	100	14

注：① 驱动器件的电流,必须在最不利输入状态馈送到每个被驱动门;

② 直流噪声容限值为驱动门的 U_{out1} 和被驱动门 0 或 1 识别 0 或 1 所需要地 U_{in} 之间的差;

③ 对某些工艺,像 CMOS 和 HCMOS,速度功率乘积与钟频率有关,因为它们的输入阻抗大多为电容性的;

④ 用噪声容限/翻转电压来表示,百分比值越大,抗扰度越好。

7.1.3　Δ*I* 噪声电流和瞬态负载电流

Δ*I* 噪声电流和瞬态负载电流是产生传导骚扰和辐射骚扰的初始源,下面讨论这两种电流的危害。

1. Δ*I* 噪声电流的产生与危害

在数字电路的信号完整性(signal integrity)问题中,一个很重要的组成部分是 Δ*I* 噪声电流问题,也称为地线跳跃(ground bounce)问题。

Δ*I* 噪声电流的产生和进行骚扰的基本机理是:当数字集成电路在加电工作时,它内部的门电路将会发生 0 和 1 的变换,实际上是输出高低电位之间的变换。在变换的过程中,该门电路中的晶体管(对于 TTL 电路是三极管,对于 CMOS 电路是场效应管)将发生导通和截止状态的转换,会有电流从所接电源流入门电路,或从门电路流入地线,从而使电源线或地线上的电流不平衡,发生变化。这个变化的电流就是 Δ*I* 噪声的源,也称为 Δ*I* 噪声电流。由于电源线和地线存在一定的阻抗,其电流的变化将通过阻抗引起尖峰电压,并引发其电源电压的波动,这个电源电压的变化就是 Δ*I* 噪声电压,它会引起误操作并产生传导骚扰和辐射骚扰。

由于在集成电路内,多个门电路共用一条电源线和地线,所以其他门电路将受到电源电压变化的影响,严重时会使这些门电路工作异常,产生运行错误。这种 Δ*I* 噪声电流也可称为芯片级 Δ*I* 噪声电流。同时,在一块数字印刷电路板上,常常是多个芯片共用同一条电源线和地线,而多层数字印刷电路板则采用整个金属薄面作为电源线或地线,这样一个芯片工作引发的 Δ*I* 噪声电流将通过电源线和地线骚扰其他芯片的正常工作,这就是电路板级 Δ*I* 噪声电流。

图 7-2 所示为由 4 个门组成的数字电路。在门 1 翻转之前,它输出高电位,而且门 1 和门 3 之间的驱动线对地电容 C_s 被充电,其值等于电源电压。

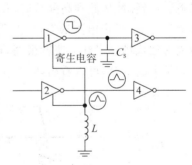

图 7-2　当门 1 由高电位向低电位翻转时产生的 Δ*I* 噪声

当门 1 由高电位向低电位翻转时,将有电流 $\Delta I_1 = I_p$,由门电路注入地线,C_s 的放电电流 $\Delta I_2 = I_L$ 也将注入地线。设前者为在 2ns 内引起的电流变化,为 4mA,由于地线电感 L 的作用,在门 1 和门 2 的接地端产生尖峰电压,引起电源电压的波动,即 Δ*I* 噪声电压 U。设地线电感 L 为 500nH,则有电源电压的波动为

$$U = -L\frac{\mathrm{d}i}{\mathrm{d}t} = 500\mathrm{nH} \cdot \frac{4\mathrm{mA}}{2\mathrm{ns}} = 1\mathrm{V} \qquad (7\text{-}4)$$

如果门 2 输出低电平,则该尖峰脉冲耦合到门 4 的输入端,造成门 4 状态的变化。所以,Δ*I* 噪声电压不仅引起了传导和辐射发射,还会造成电路的误操作,若想降低 Δ*I* 噪声电压的幅度,则需要减小地线电感 L。

Δ*I* 噪声电压对数字电路的危害,可概括如下。

(1)影响同一集成芯片内其他门电路的正常工作。如果 Δ*I* 噪声电压足够大,将使门电路的工作电源电压发生较大的偏移,从而使芯片工作异常,发生错误。

(2)影响其他集成芯片的运行。一个芯片产生的 Δ*I* 噪声将沿着电源分配系统传导,从

而使其他芯片工作异常,发生错误。

(3) 使门电路的输出发生波形扭曲变形,从而增加相连门电路的工作延迟时间,严重时可使整个电路的机器工作周期发生紊乱,导致工作错误。

随着集成电路的运行速度日益提高,集成电路芯片和数字印刷电路板的集成度日益增大,ΔI 噪声的骚扰日趋明显,过去忽略 ΔI 噪声电压的电路设计方法已不能适应现代数字电路的发展。所以必须研究 ΔI 噪声电压的特性,以期得到更有效地抑制 ΔI 噪声电压的电路设计方法。

2. 瞬态负载电流与 ΔI 噪声电流的复合

瞬态负载电流 I_L 可由式(7-5)计算:

$$I_L = C_s \frac{\mathrm{d}u}{\mathrm{d}t} \tag{7-5}$$

式中,C_s 为驱动线对地电容与驱动门电路输入电容之和;$\mathrm{d}u$、$\mathrm{d}t$ 分别为典型输出翻转电压和翻转时间。使用单面板时,驱动线对地电容为 $0.1\sim0.3\mathrm{pF/cm}$,多层板为 $0.3\sim1\mathrm{pF/cm}$。当典型输出翻转电压为 $3.5\mathrm{V}$,翻转时间为 $3\mathrm{ns}$ 时,设单面板上驱动线长度为 $5\mathrm{cm}$,门电路共 5 个端口,每个端口输入电容为 $5\times10^{-12}\mathrm{F}$,则瞬态负载电流为

$$I_L = (5\mathrm{cm}\times0.3\mathrm{pF/cm}+5\times5\mathrm{pF})\times3.5\mathrm{V}/3\mathrm{ns} = 30\mathrm{mA}$$

当驱动线较长,使它的传输延迟超过脉冲上升时间时,瞬态负载电流可表示为

$$I_L = \Delta U/Z_0 \tag{7-6}$$

式中,ΔU 为翻转电压;Z_0 为驱动线特性阻抗。设 $Z_0=90\Omega$,$\Delta U=3.5\mathrm{V}$,则有 $I_L=3.5/90=38\mathrm{mA}$。瞬态负载电流 I_L 与 ΔI 噪声电流将发生复合。由于逻辑器件发生导通和载止状态的转换时,ΔI 噪声电流总是从所接电源注入器件,或由器件注入地线;而瞬态负载电流 I_L 则不然,当脉冲从低到高翻转时,I_L 为正且与 ΔI 噪声电流叠加,当脉冲从高到低翻转时,I_L 为负且与 ΔI 噪声电流抵消,如图 7-3 所示。图 7-4 所示为逻辑器件工作时的传导骚扰电流和辐射骚扰场。当开关速度很高,存在引线电感及驱动线对地电容时,将产生很高的瞬态电压和很大的电流,可以看出,它们是传导骚扰和辐射骚扰的初始源。

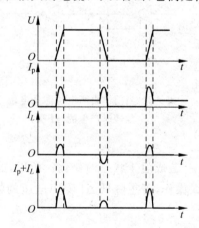
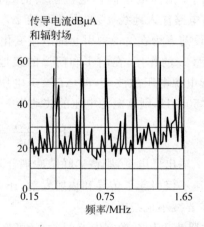

图 7-3　瞬态负载电流与 ΔI 噪声电流的复合　　图 7-4　逻辑器件工作时的传导骚扰电流和辐射骚扰场

克服瞬态电压和电流的办法是:减小 L、C_s、ΔI 和 ΔU,增加 $\mathrm{d}t$,即 t_r。为此,应优选多层板,使引线电感尽可能减小。此外,还应减小驱动线对地分布电容和驱动门输入电容,正

确选择信号参数和脉冲参数等。安装去耦电容,也是抑制 ΔI 噪声电流的一种方法。

3. 去耦电容对 ΔI 噪声电流的抑制作用

在电子电路设计中采用去耦技术能够阻止能量从一个电路传输到另一个电路。在电路中,当 CMOS 逻辑器件的众多信号引脚同时发生 0、1 变换时,不论是否接有容性负载,都会产生很大的 ΔI 噪声电流,使得器件外部的工作电源电压发生突变。这时可采用去耦技术来保证直流工作电压的稳定性,确保各逻辑器件正常工作。一般是选择安装去耦电容来提供一个电流源,以补偿逻辑器件工作时所产生的 ΔI 噪声电流,防止器件从电源和接地分布系统中吸取该电流,从而造成电源电压的波动。从另外一个角度来说,由于电路中电源线和地线结构表现为一个感性阻抗,从而使 ΔI 噪声电流表现为一个 ΔI 噪声电压破坏逻辑器件的工作,去耦电容可以补偿并减小这个感性阻抗,以降低影响器件正常工作的 ΔI 噪声电压。

去耦电容可以分为两种:本地去耦电容和整体去耦电容(旁路电容)。本地去耦电容可以就近为器件产生的 ΔI 噪声电流提供一个电流补偿源;整体去耦电容则为整个电路板提供一个电流源,来补偿电路板工作时所产生的 ΔI 噪声电流。

(1)本地去耦电容

所有高速逻辑器件都要求安装本地去耦电容来满足器件开关时所需的突变电流,CMOS 器件因极快的波形边缘变化更是要求如此。安装本地去耦电容减小了电源供给结构的感性阻抗,阻止了器件工作电源电压的瞬间电压突变,可以保证逻辑器件的正常工作。

对每一个 CMOS 逻辑器件来说,一般需要安装 $0.001\mu F$ 的电容,其位置应尽可能靠近并联在器件的电源和接地引脚。现在人们常常采用一个值比较大的电容和一个值比较小(一般数量级相差 100 倍)的电容来作为一个去耦电容安装在器件旁,例如 $0.1\mu F$ 和 $0.001\mu F$ 的电容并联,以便同时起到旁路和去耦的作用。

在使用本地去耦电容时,一定要保证 ΔI 噪声电压引发的芯片直流电源电压的波动在正常工作电压的漂移限值内。

本地去耦电容 C 的计算方法如下。

由

$$\Delta I = C \frac{\mathrm{d}U}{\mathrm{d}t} \tag{7-7}$$

可得

$$C = \frac{\Delta I}{\mathrm{d}U/\mathrm{d}t} \tag{7-8}$$

式中,ΔI 为 ΔI 噪声电流与瞬态负载电流的复合;$\mathrm{d}U$ 为允许最大 U_{CC} 电压降(V);$\mathrm{d}t$ 为上升/下降时间(ns)。

例:$\Delta I = 50\mathrm{mA}$,要求 $\mathrm{d}U \leqslant 0.1\mathrm{V}, \mathrm{d}t = 2\mathrm{ns}$。

求得

$$C = \frac{\Delta I}{\mathrm{d}U/\mathrm{d}t} = \frac{50\mathrm{mA}}{0.1\mathrm{V}/2\mathrm{ns}} = 1000\mathrm{pF}$$

注意选用温度系数小、引线电感小的电容器。

(2)整体去耦电容

整体去耦电容(旁路电容)用来补偿印刷电路板与母板之间或印刷电路板与外接电源之间电源线及地线结构上发生的电流突变。它一般工作于低频状态,为本地去耦电容补充所需电荷,以保证工作电源电压的稳定。整体去耦电容一般为印刷电路板上所有负载电容 C 总和的 $50\sim100$ 倍。其位置应紧靠整个印刷电路板外接电源线和地线。整体去耦电容又称为旁路电容。

7.2 线路板上的电磁骚扰辐射

线路板的辐射主要产生于两个源:一个是 PCB 走线,另一个是 I/O 电缆。电缆辐射往往是主要的辐射源。因为电缆是效率很高的辐射天线。有些电缆尽管传输的信号频率很低,但由于 PCB 上的高频信号会耦合到电缆上,因此也会产生较强的高频辐射。

线路板上的辐射以共模和差模的方式辐射。

7.2.1 差模辐射与共模辐射

骚扰电流在导线上传输时有两种方式:差模方式和共模方式。一对导线上如果流过的电流大小相等,方向相反,则称为差模电流,一般有用信号都是差模电流。一对导线上如果流过的电流方向相同,则称为共模电流。骚扰电流在导线上传输时既能以差模方式出现,也能以共模方式出现。差模电流产生差模辐射,共模电流产生共模辐射,如图 7-5 所示。

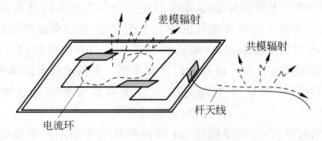

图 7-5　差模辐射与共模辐射

7.2.2 差模辐射

1. 差模辐射场

差模电流流过电路中的导线环路时,将引起差模辐射,如图 7-5 所示。这种环路相当于小环天线,能向空间辐射电场、磁场,或接收电场、磁场。

用电流环模型计算得到差模电流的辐射电场强度为

$$E = 131.6 \times 10^{-16} (f^2 AI)(1/r)\sin\theta \tag{7-9}$$

式中　E——电场场强(V/m);

f——差模电流的频率(Hz);

A——差模电流的环路面积(m^2);

I——差模电流的强度(A);

r——观察点到差模电流环路的距离(m)。

在电磁兼容分析中,常仅考虑最坏情况,因此,设 $\sin\theta=1$,由于在实际的测试环境中,地面总是有反射的,考虑这个因素,实际的值最大可增加一倍,即

$$E = 263 \times 10^{-16} \cdot (f^2 AI) \cdot (1/r) \tag{7-10}$$

测量距离,对于军标,取 $r=1$,对于民用标准,距离可以是 3m、10m 或 30m。

2. 脉冲信号差模辐射的频谱

脉冲信号差模辐射的频谱是脉冲信号的频谱与差模辐射的频率特性的乘积。脉冲信号的频谱如图 7-6 所示,脉冲信号具有很宽的频谱,在线性-对数坐标中画出频谱的包络线有两个拐点,一个在 $1/\pi d$ 处,另一个在 $1/\pi t_r$ 处。d 是脉冲的宽度,t_r 是脉冲的上升时间。在 $1/\pi d$ 以下,包络线保持不变;在 $1/\pi d \sim 1/\pi t_r$ 之间,以 20dB/dec 的速率下降;在 $1/\pi t_r$ 以上,以 40dB/dec 下降。$1/\pi t_r$ 的频率称为脉冲信号的带宽。非周期的脉冲信号的频谱是连续谱,周期信号的频谱是离散谱。由于离散谱的能量集中在有限的频率上,因此周期信号是电磁干扰发射的主要因素。

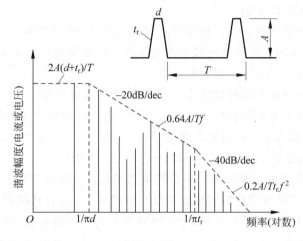

图 7-6 脉冲信号的频谱

脉冲信号差模辐射的频谱如图 7-7 所示。

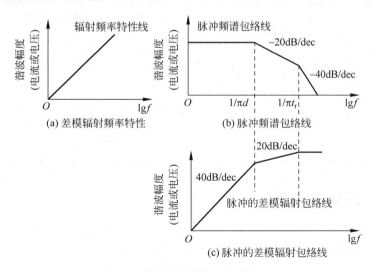

图 7-7 脉冲信号差模辐射的频谱

对于脉冲信号,其频谱包络线分为 3 段(如图 7-7(b)所示):平坦段、20dB/dec 下降段、40dB/dec 下降段。

差模辐射频率特性线如图 7-7(a)所示,差模辐射的强度随着频率的升高而增加,增加速率为 40dB/dec。显然,脉冲信号差模电磁辐射的频谱包络线也为 3 段:40dB/dec 增加段,20dB/dec 增加段、平坦段。

因此,有时尽管电路的时钟信号虽然不高,但却能产生频率很高的电磁辐射,就是因为差模辐射的频谱一直延伸到脉冲信号的全频段。

3. 降低差模辐射的方法

根据差模辐射的计算公式(7-10),可以直接得出降低差模辐射的方法。

(1)降低电路的工作频率;

(2)减小信号环路的面积;

(3)减小信号电流的强度。

高速的处理速度是所有软件工程师所追求的,而高速的处理速度是靠高的时钟频率来保证的,因此限制系统的工作频率有时是不允许的。这里所说的限制频率指的是减少不必要的高频成分,主要指 $1/\pi t_r$ 频率以上的频率。

信号电流的强度也是不能随便减小的,但有时缓冲器能够减小长线上的驱动电流。

最现实而有效的方法是控制信号环路的面积。通过减小信号环路面积能够有效地降低环路的辐射,表 7-2 给出了不同逻辑电路为了满足 EMI 指标要求所允许的环路面积。这是对于 10m 处,电磁辐射极限值在 30~230MHz 之间为 30dBμV/m,在 230~1000MHz 之间为 37dBμV/m 的情况下的面积限制。但这绝不意味着只要电路满足了这个条件,PCB 就能满足 EMI 指标要求。因为线路板的辐射不仅有差模辐射,还有共模辐射,而共模辐射往往比差模辐射更强。但如果不满足这些条件,PCB 肯定会产生超标电磁辐射。

表 7-2 中是单个环路的辐射,如果 n 个环路辐射的辐射频率相同,则总辐射正比于 $\sqrt{n}$。

表 7-2　不同逻辑电路为了满足 EMI 指标要求所允许地环路面积

逻辑系列	上升时间/ns	电流/mA	不同频率下允许的面积/cm²			
			4MHz	10MHz	30MHz	100MHz
4000B	40	6	1000	400		
74HC	6	20	50	45	18	6
74LS	6	50	20	18	7.2	2.4
74AC	3.5	80	7.5	2.2	0.75	0.25
74F	3	80	7.5	2.2	0.75	0.25
74AS	1.4	120	2	0.8	3	0.15

7.2.3　共模辐射

共模辐射是由于接地电路中存在电压降,某些部位具有高电位的共模电压,如图 7-8 所示,当外接电缆与这些部位连接时,就会在共模电压的激励下产生共模电流,成为辐射电场的天线,如图 7-5 所示。这种情况多数是由于接地系统中存在电压降所造成的。共模辐射通常决定了产品的辐射性能。

1. 共模辐射场

共模辐射主要从电缆上辐射,可用对地电压激励的长度小于 1/4 波长的短单极天线来

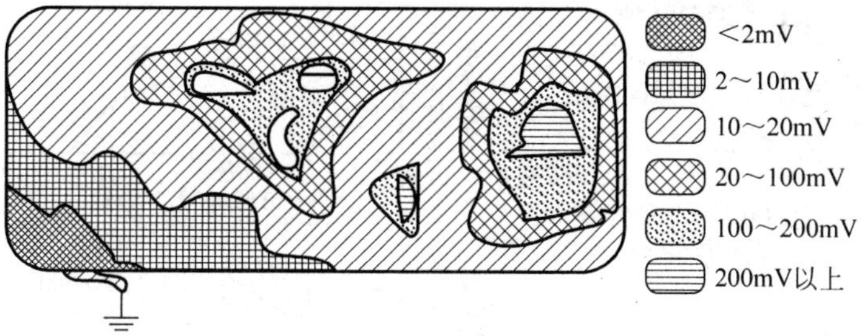

图 7-8 典型的地电位分布

模拟,对于接地平面上长度为 l 的短单极天线来说,在距离 r 处辐射场(远场)的电场强度为

$$E = 4\pi \times 10^{-7}(f \cdot I \cdot l)(1/r)\sin\theta$$
$$E = 12.6 \times 10^{-7}(f \cdot I \cdot l)(1/r)\sin\theta \quad (7\text{-}11)$$

式中 E——电场强度(V/m);

f——共模电流频率(Hz);

I——共模电流(A);

l——电缆长度(m);

r——测量天线到电缆的距离(m);

θ——测量天线与电缆的夹角(度(°))。

此公式适合于理想天线,理想天线上的电流是均匀的,实际天线顶端电流趋于 0,在实践中,可以在天线顶端加一个金属板,构成容性负载,从而获得均匀电流。实际的电缆,由于另一端接有一台设备,相当于一个容性加载的天线,即天线的端点接有一块金属板,这时天线上流过均匀电流,设天线指向为最大场强,则得到最大场强计算公式:

$$E = 12.6 \times 10^{-7}(f \cdot I \cdot l)(1/r) \quad (7\text{-}12)$$

从式(7-12)中可以看到,共模辐射与电缆的长度 l、共模电流的频率 f 和共模电流强度 I 成正比。与控制差模辐射不同的是,控制共模辐射可以通过减小共模电流来实现,因为共模电流并不是电路工作所需要的。

如果假设差模电流的回路面积是 $10\mathrm{cm}^2$,载有共模电流的电缆长度是 1m,电流的频率是 50MHz,令共模辐射的电场强度等于差模辐射的电场强度,则得到

$$I_d/I_c = 1000$$

这说明,共模辐射的效率远远高于差模辐射。

2. 脉冲信号共模辐射的频谱

综合考虑脉冲信号的频谱和共模辐射的频率特性,可以绘出共模辐射的频谱,如图 7-9 所示。共模辐射的频谱分为 3 段:第一段随频率以 20dB/dec 的速率上升,第二段为平坦,第三段随频率以 20dB/dec 下降。

与差模辐射的不同点在于,共模辐射的幅度超过 $1/\pi t_r$ 后开始下降,而不是保持不变。因此共模辐射主要集中在 $1/\pi t_r$ 的频率以下。

3. 降低共模辐射的方法

式(7-12)表明,共模辐射与共模电流的频率 f、共模电流 I 及天线(电缆)长度 l 成正比。因此,降低共模辐射应降低频率 f、减小电流 I、减小长度 l,而限制共模电流 I 是降低共

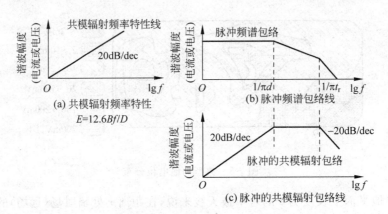

图 7-9　脉冲信号共模辐射的频谱

模辐射的基本方法。为此,需要做到以下几点。

(1) 尽量降低激励此天线的源电压,即地电位;

(2) 提供与电缆串联的高共模阻抗,即加共模扼流圈;

(3) 将共模电流旁路到地;

(4) 电缆屏蔽层与屏蔽壳体作 360°端接。

这里采用接地平面就能有效地降低接地系统中的地电位。为了将共模电流旁路到地,可以在靠近连接器处,把印刷电路板的接地平面分割出一块,作为"无噪声"的输入/输出地,为了避免输入/输出地受到污染,只允许输入/输出线的去耦电容和外部电缆的屏蔽层与"无噪声"地相连,去耦环路的电感应尽可能小。这样,输入/输出线所携带的印刷电路板的共模电流就被去耦电容旁路到地了,外部骚扰在还未到达元器件区域时也被去耦电容旁路到地,从而保护了内部元器件的正常工作。

将两根导线同方向绕制在铁氧体磁环上,就构成了共模扼流圈,直流和低频时差模电流可以通过,但对于高频共模电流,则呈现出很大阻抗而被抑制。

7.3　印制电路板(PCB)的电磁兼容设计

PCB 往往是所有精密电路设计中容易忽略的一种部件。由于很少把印刷电路板的电特性设计到电路里去,所以整个效应对电路的功能可能是有害的。如果印刷电路板设计得当,它将具有减少骚扰和提高抗扰度的优点;反之,将使印刷电路板发生电磁兼容性问题。

在设计印刷电路板时,设计的目的是控制下述指标:

(1) 来自 PCB 电路的辐射;

(2) PCB 电路与设备中的其他电路间的耦合;

(3) PCB 电路对外部干扰的灵敏度;

(4) PCB 上各种电路间的耦合。

总之,应使板上各部分电路之间不发生干扰,都能正常工作,对外辐射发射和传导发射尽可能低,外来骚扰对板上电路不发生影响。

印刷电路板的制造涉及许多材料和工艺过程,以及各种规范和标准。设计处理准则应符合 GB4588.3—88《印刷电路板设计和使用》。该标准规定了 PCB 设计和使用的基本原则、要求和数据等,对 PCB 设计和使用起指导作用。其中第 6 章"印刷电路板的布局设计"方法对电磁兼容性设计有一定的参考作用,是设计师应当遵守的设计准则。

7.3.1 单面印制电路板(PCB)的设计

单面板制造简单,装配方便,适用于一般电路要求,不适用于要求高的组装密度或复杂电路的场合。如果 PCB 的布局设计合理,可以实现电磁兼容性。

当进行单面或双面板(这意味着没有电源面和地线面)的布线时,最快的方法是先人工布好地线,然后将关键信号(如高速时钟信号或敏感电路)靠近它们的地回路布置,最后对其他电路进行布线。为了使布线从一开始就有一个明确的目标,在电路图上应给出尽量多的信息,包括:

(1) 不同功能模块在线路板上的位置要求;

(2) 敏感器件和 I/O 接口的位置要求;

(3) 线路图上应标明不同的地线,以及对关键连线的要求;

(4) 标明在哪些地方不同的地线可以连接起来,哪些地方不允许;

(5) 标明哪些信号线必须靠近地线。

1. 线路板迹线的阻抗

精心的迹线设计可以在很大程度上降低迹线阻抗造成的骚扰。当频率超过数千赫兹时,导线的阻抗主要由导线的电感决定,细而长的回路导线呈现高电感(典型的为 10nH/cm),其阻抗随频率升高而增加。表 7-3 显示了典型 PCB 走线和板阻抗与频率的关系。如果设计处理不当,将引起共阻抗耦合。减小电感的方法有如下两种:

(1) 尽量缩短导线的长度,如有可能,增加导线的宽度;

(2) 使回线尽量与信号线平行并靠近。

表 7-3 印刷线路的阻抗 (W-迹线宽度,t-迹线厚度,l-迹线长度)

频率/Hz	基线阻抗/Ω							板阻抗 /(Ω·mm^{-2})
	$W=1mm$ $t=0.03mm$				$W=3mm$ $t=0.03mm$			
	$l=10mm$	$l=30mm$	$l=100mm$	$l=300mm$	$l=30mm$	$l=100mm$	$l=300mm$	
50	5.74mΩ	17.2mΩ	57.4mΩ	172mΩ	5.74mΩ	19.1mΩ	57.4mΩ	813μΩ
100	5.74mΩ	17.2mΩ	57.4mΩ	172mΩ	5.74mΩ	19.1mΩ	57.4mΩ	813μΩ
1k	5.74mΩ	17.2mΩ	57.4mΩ	172mΩ	5.74mΩ	19.1mΩ	57.4mΩ	817μΩ
10k	5.76mΩ	17.3mΩ	57.9mΩ	174mΩ	5.89mΩ	20.0mΩ	61.4mΩ	830μΩ
100k	7.21mΩ	24.3mΩ	92.5mΩ	311mΩ	14.3mΩ	62.0mΩ	225mΩ	871μΩ
300k	14.3mΩ	54.4mΩ	224mΩ	795mΩ	39.9mΩ	177mΩ	657mΩ	917μΩ
1M	44.0mΩ	173mΩ	727mΩ	2.95Ω	131mΩ	590mΩ	2.18Ω	1.01mΩ
3M	131mΩ	516mΩ	2.17Ω	7.76Ω	395mΩ	1.76Ω	7.54Ω	1.71mΩ
10M	437mΩ	1.72Ω	7.25Ω	25.8Ω	1.31Ω	5.89Ω	21.8Ω	1.53mΩ
30M	1.31Ω	7.16Ω	21.7Ω	77.6Ω	3.95Ω	17.6Ω	65.4Ω	2.20mΩ
100M	4.37Ω	17.2Ω	72.5Ω	258Ω	13.1Ω	58.9Ω	218Ω	3.72mΩ
300M	13.1Ω	51.6Ω	217Ω	395Ω	176Ω			7.39mΩ
1G	43.7Ω	172Ω						

地面之上单根圆直导线的电感可用下式计算

$$L = 0.2S\left(\ln\left(\frac{4h}{d}\right) - 1\right) \tag{7-13}$$

式中，h 为导线离地的高度(m)；S 为导线的长度(m)；d 为导线的直径(m)。

地面之上扁平导线的电感可用下式近似计算

$$L = 0.25S\left(\ln\left(\frac{2S}{W}\right) + 0.5\right) \tag{7-14}$$

式中，S 为导线的长度(m)；W 为导线的宽度(m)。

地面之上两根载有相同方向电流的导线的电感为

$$L = (L_1 L_2 - M^2)/(L_1 + L_2 - 2M) \tag{7-15a}$$

若 $L_1 = L_2$，则

$$L = (L_1 + M)/2 \tag{7-15b}$$

式中，L_1、L_2 分别为导线 1 和导线 2 的自感；M 为互感。

两根电流方向相反的平行导线，由于互感作用，能够有效地减小电感，可表示为

$$L = L_1 + L_2 - 2M \tag{7-16}$$

当导线距离地线的高度为 h，两导线间的距离为 D 时，互感 M 为

$$M = 0.1S\ln\left(1 + 4\frac{h^2}{D^2}\right) \tag{7-17}$$

当细导线相距 1cm 以上时，互感可以忽略，当将细而长的迹线改成铜箔板时，直接得到的好处是：准无限大的板，无外部电感，它仅有电阻和内部电感，它是按集肤深度范围上的频率增加，而不是按在细导线情况下的频率增加。例如，在表 7-3 中，在 100MHz 频率下，板阻抗仅为 3.72Ω，即 30mA 开关电流在共地中仅引起 100μV 压降。因此，为了使电源和回路导线达到低阻抗，应使用尽可能宽的铜迹线。

当低阻抗板实现不了时，可以使用具有相当宽度的平直电源分配总线。对 EMI 而言，这些解决办法比导线更好，因为它们有小的电感和大的电容，所以平直总线能提供较低的阻抗。

表 7-4 给出了 4 种不同传输线的特性阻抗与其几何形状的关系。表 7-4 中第 3 种选件是在板的同一面上，边对边放置。如果设置 $Z_0 < 10\Omega$，则第 3 种选件应当要求 D/W 约小于 1.01($Z_{03} < 8\Omega$)，那是不可能的，除非加一个分立的旁路电容器。因为表 7-4 中第 2 种选件使用大面积的铜板，一般都需要多层板(将在后面讨论)。有时也可使用表 7-4 中的第 1 种选件，即双面板，也叫阳-阴 PCB。例如，表 7-4 中第一种选件对应总线宽为 8mm 和间距为 0.2mm，其特性阻抗仅为 4Ω。那么，对一个肖特基门的最大电压降为：30mA × 4Ω = 120mV。

表 7-4 中第 4 种选件是第 2 种选件的变形，通常称带状线。表中阻抗计算公式为

$$Z_{01} = (377/\sqrt{\varepsilon_r})(h/W), \quad W > 3h \text{ 和 } h < 3t \tag{7-18a}$$

$$Z_{02} = (377/\sqrt{\varepsilon_r})(h/W), \quad W > 3h \tag{7-18b}$$

$$Z_{03} = (377/\sqrt{\varepsilon_r})(h/W)\ln(D/W + \sqrt{(D/W)^2 - 1}) \tag{7-18c}$$

式(7-18c)中，$W \gg t$，D 远大于到靠近接地平板的距离。

$$Z_{04} = Z_{02}/2 \tag{7-18d}$$

表7-4 4种不同传输线的特性阻抗

W/h 或 D/W	平行带①	带居地板上方②	带的边靠边③	带状线④
	$Z_{01}(\Omega)$	$Z_{02}(\Omega)$	$Z_{03}(\Omega)$	$Z_{04}(\Omega)$
0.5	140	120	NA	60
0.6	124	108	NA	54
0.7	114	98	NA	49
0.8	110	95	NA	47
0.9	106	92	NA	46
1.0	104	90	0	45
1.1	98	84	25	42
1.2	92	80	34	40
1.5	86	70	53	35
1.7	80	66	62	33
2.0	72	60	73	30
2.5	60	56	87	27
3.0	54	48	98	24
3.5	48	43	107	21
4.0	42	40	114	20
6.0	34	34	127	17
6.0	28	28	137	14
7.0	24	24	146	12
8.0	21	21	153	11
9.0	19	19	160	9
10.0	17	17	166	8
12.0	14	14	176	
16.0	11.2	11.2	188	
20.0	8.4	8.4	204	
26.0	6.7	6.7	212	
30.0	6.6	6.6	227	
40.0	4.2	4.2	243	
50.0	3.4	3.4	255	
100.0	1.7	1.7	293	

注：① 采用聚酯薄膜介质 $\varepsilon_r = 5$；

② 采用纸底酚醛或玻璃环氧介质 $\varepsilon_r = 4.7$；

③ 采用空气介质；

④ 对应几何形状的阴影面积，由于端电容的影响，表中所列的 Z_0 可能大于实际值。

2. PCB 布线

在 PCB 布线时，应先确定元器件在板上的位置，然后布置地线、电源线，再安排高速信号线,最后考虑低速信号线。

　　元器件的位置应按电源电压、数字及模拟电路、速度快慢、电流大小等进行分组,以免相互干扰。根据元器件的位置可以确定 PCB 连接器各个引脚的安排。所有连接器应安排在 PCB 的一侧,尽量避免从两侧引出电缆,降低共模辐射。

　　(1)电源线

　　如图 7-10 所示,在考虑安全的条件下,电源线应尽可能靠近地线(如图 7-10(a)所示),以减小差模辐射的环面积,也有助于减小电路的交扰。而图 7-10(b)的环面积较大,这种布线方式不好。

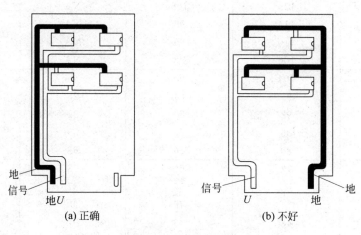

图 7-10　电源布线

　　(2)时钟线、信号线和地线的位置

　　图 7-11(a)中信号线与地线距离较近,形成的环面积较小;图 7-11(b)中信号线与地线距离远,形成的环面积较大。所以采用图 7-11(a)所示布线形式比较合理。

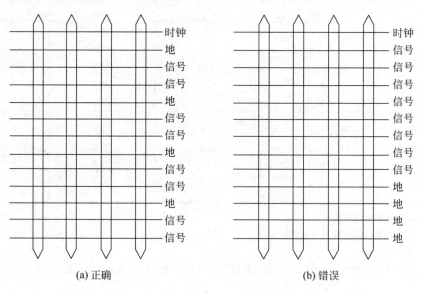

图 7-11　时钟线、信号线和地线的布线

（3）按逻辑速度分割

当需要在电路板上布置快速、中速和低速逻辑电路时，应按图7-12布置，高速的器件（快逻辑、时钟振荡器等）应安放在紧靠边缘连接器的范围内，而低速逻辑和存储器应安放在远离连接器的范围内。这样对降低共阻抗耦合、辐射和交扰都是有利的。

（4）应避免PCB导线的不连续性

① 迹线宽度不要突变；

② 导线不要突然拐角。

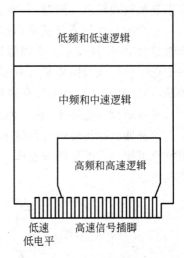

图7-12 功能布线图

7.3.2 双面印制电路板（PCB）的设计

双面板适用于只要求中等组装密度的场合，安装在这类板上的元器件易于维修或更换。

在高速数字电路中，应该把印制迹线作为传输线处理。常用的印刷线路板传输线是微带线和带状线，如表7-4中的选件2和选件4。微带线是一种用电介质将导线与接地面隔开的传输线，印制迹线的厚度、宽度和迹线与接地面间介质的厚度，以及电介质的介电常数，决定了微带线特性阻抗的大小。微带线准确的特性阻抗 Z_0 可用下式计算：

$$Z = \frac{87}{\sqrt{\varepsilon_r + 1.41}} \ln \left(\frac{5.98h}{0.8W + t} \right) \qquad (7-19)$$

式中，Z_0 为微带特性阻抗（n）；W 为印制迹线的宽度（mm）；t 为印制迹线的厚度（mm）；H 为迹线与接地面间电介质的厚度（mm）；ε_r 为相对介电常数。

因此，使用双面板有利于实现电磁兼容性设计。

7.3.3 单面板和双面板几种地线的分析

1. 地线网格

平行地线概念的延伸是地线网格，这使信号可以回流的平行地线数目大幅度地增加，从而使地线电感对任何信号而言都保持最小。这种地线结构特别适用于数字电路，如图7-13所示。

在进行线路板布线时，应首先将地线网格布好，然后再进行信号线和电源线的布线。当进行双面板布线时，如果过孔的阻抗可以忽略，则可以在线路板的一面走横线，另一面走竖线。高速信号线尽量靠近地线，以减小环路面积。

除了直流电源的地线要通过较大的电流，需要有一定的宽度外，地线网格中的其他导线并不需要很宽，即使只有一根很窄的导线，也比没有好。

地线网格的间距也不能太大，因为地线的一个主要作用是提供信号回流路径，若地线网格的间距过大，则会形成较大的信号环路面积。大环路面积

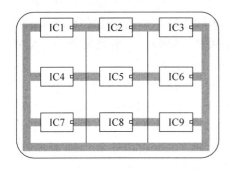

图7-13 地线网格结构

会引起辐射和敏感度问题,另外,信号回流实际走环路面积小的路径,其他地线并不起作用。

地线网格并不适合低频小信号模拟电路,因为这时要避免公共阻抗耦合。当电路的工作频带很窄时,地线上的高频骚扰并不是主要问题。为了降低对静电放电(ESD)的敏感性,一个低阻抗的地线网格是很重要的,但是必须与主参考地结构连接起来,这种连接可以是间接的(通过电容器),也可以是直接的。

在高速数字电路中,有一种地线方式是必须避免的,这就是"梳状"地线,如图 7-14 所示。这种地线结构使信号回流电流的环路很大,会增加辐射和敏感度,并且芯片之间的公共阻抗也可能造成电路的误操作。在梳齿之间加上横线,就很容易地将梳状地线结构变为地线网格了。

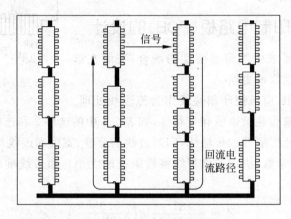

图 7-14　梳状地线结构

2. 地线面

地线网格的极端形式是平行的导线无限多,构成了一个连续的导体平面,这个平面称为地线面。这在多层板中很容易实现,它能提供最小的电感。这种结构特别适合于射频电路和高速数字电路。通常的四层板中还专门设置了一个电源面,它能够在高频时提供一个低的"源—地"阻抗。

值得注意的是,从 EMC 的角度看,地线面的主要作用是减小地线阻抗,从而减少地线骚扰。地线面和电源面的屏蔽作用是很小的,特别是当器件安装在线路板表面时,几乎没有屏蔽作用,将地线面和电源面布置在外层几乎没有什么好处,特别是考虑调试、维修和修改等因素时。

图 7-15 比较了地线面上任意两点之间的阻抗和一条导线的阻抗,在较高的频率时,阻抗开始增加,这是趋肤效应的结果。但这种效果是频率的平方根的函数(每 10 倍频程 10dB),而电感造成的阻抗变化与频率成正比(每 10 倍频程 20dB)。在地线面的中心位置,可以获得较理想的阻抗,而在靠近边缘处,阻抗值将变为中心值的 4 倍。

在双层板上也可以使用地线面,这绝不是简单地将没有用到的面积上布上铜箔然后连接到地线上,因为地线面的目的是提供一个低阻抗的地线,因此它必须位于需要这种低阻抗地线的信号线的下面(或上面)。在高频时,回流信号并不一定走几何上最短的路径,而是会走最靠近信号线的路径。这是因为这种路径与信号线之间的环路面积最小,因此具有最小电感和小阻抗,所以地线面能够保证回流电流总是取最佳路径。图 7-16 所示是不同地线方

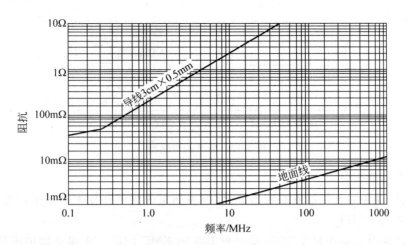

图 7-15　地线面与导线的阻抗比较

式的比较,前面已指出,两根电流方向相反的平行导线的环路电感为

$$L = L_1 + L_2 - 2M$$

式中,L_1、L_2 为每根走线的电感;M 是走线之间的互感。M 与两根走线之间的距离成反比,当两根走线重合时,$M = L_1 = L_2$,$L = 0$。由于地线面与走线之间的距离很小,因此地线面能够减小信号环路的电感。

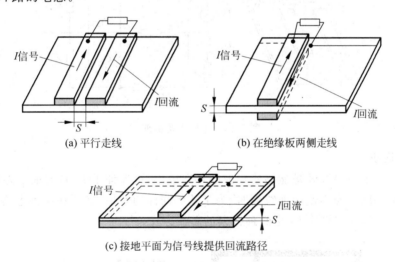

(a) 平行走线　　　　　　　　　　(b) 在绝缘板两侧走线

(c) 接地平面为信号线提供回流路径

图 7-16　不同地线的比较（S 决定环路电感）

从以上讨论不难看出,地线面上的电流必须是连续的,这样才能取得预期的效果。当地线面必须断开时,应在重要的信号(如时钟信号)迹线下面设置一根连线,如图 7-17(a)所示。因此使用多层线路板布线,专门设置一层地线面是最简单的设计。

地线面上因分开数字地和模拟地而需要开槽时,高速信号线不应跨越槽缝,以免环路面积扩大,因为电流总是走阻抗最小的路径。高频时,电流走环路电感最小的路径,环路面积越小,环路电感就越小。但如果高速信号线跨过槽缝,则回流线被迫绕过槽缝,使环路面积加大。必要时可以在槽上架"桥",例如,A/D 变换器就可置于桥上(如图 7-17(b)所示),其"地"脚如果在模拟地一侧,数字信号的回流就可过"桥"回到地脚,从而保持环面积最小,此

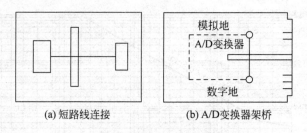

(a) 短路线连接   (b) A/D变换器架桥

图 7-17　断开的地线面

"桥"也可用电容器架设。

此外,还应避免将连接器安装在槽缝上,因为如果两侧存在较大的地电位差,就会通过外接电缆产生共模辐射。

地线面还能有效地控制串扰,这是一种系统内 EMC 问题。走线之间的串扰机理有电感耦合、电容耦合以及共阻抗耦合 3 种(如图 7-18 所示)。地线面可将公共地线阻抗 Z_g 减少 $40\sim70$dB,由于地线面使不同的信号回路不在一个平面内,因此对减少电感耦合也有好处。地线面对电容耦合的改善是由于导线对地的电容 C_{1g}、C_{2g} 增大。

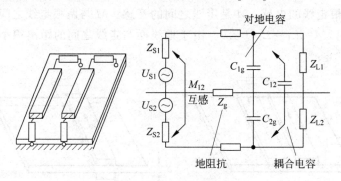

图 7-18　走线串扰机理

3. 环路面积

地线面的一个主要好处是能够使辐射的环路最小,这保证了 PCB 的最小差模辐射和对外界骚扰的敏感度。当不使用地线面时,为了达到同样的效果,必须在高频电路或敏感电路的邻近设置一根地线。图 7-19 是两种错误的布线方式。

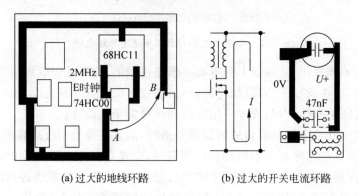

(a) 过大的地线环路   (b) 过大的开关电流环路

图 7-19　错误接地的例子

第 1 个例子(如图 7-19(a)所示)是微处理器 68HC11 的 2MHz E 时钟信号送到 74HC00，74HC00 的另一个输出送回到微处理器的一个输入端。两个芯片的距离较近，可以使连接线尽量短。但它们的地线连到了一根长地线相反的两端，结果使 2MHz 时钟信号的回流绕了 PCB 整整一周，其环路面积实际是线路板的面积。实际上，可从 A 到 B 连接一根短线，使 2MHz 时钟的谐波辐射减少 15～20dB，如果使用地线网格，可以进一步使辐射降低。

第 2 个例子(如图 7-19(b)所示)是一个工作频率为 400kHz 的功率 MOSFET 构成的开关电源，瞬变时间为 10ns 数量级，因此开关波形的谐波分量超过了 100MHz。去耦电容器距离开关管的距离有几厘米，结果在电源和地线之间形成了较大的环路。在开关管和变压器的邻近设置一只 47nF 的射频去耦电容，有效地减小了这个环路中的射频电流，结果使 10MHz 以上的传导发射降低了 20dB。

表面安装技术能够有效地减小信号环路面积。但为了充分发挥表面安装技术的优点，应使用专门有一层地线面的多层板布线。在双层板上使用表面安装技术仅能获得有限的改进，因为在双层板中，使用表面安装技术仅仅是将整个板的尺寸减少了，也就是将走线减少了。而在多层板中，信号环路面积明显减小。

4. 输入/输出地的结构

前面已指出，为了降低电缆上的共模辐射，需要对电缆采取滤波和屏蔽技术。但不论滤波还是屏蔽都需要一个没有受到内部骚扰污染的干净地。当地线不干净时，滤波在高频时几乎没有作用，除非在布线时就考虑这个问题，一般这种干净地是不存在的。干净地既可以是 PCB 上的一个区域，也可以是一块金属板。所有输入/输出线的滤波和屏蔽层必须连到干净地上，如图 7-20 所示。干净地与内部的地线只能在一点相连，这样可以避免内部信号电流流过干净地，造成污染。

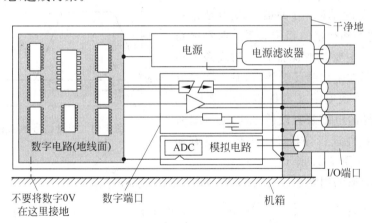

图 7-20　接口的地线

为了 ESD 防护的目的，必须将电路地线连接到机壳上。当电路地与机壳需要直流隔离时，可以使用一个 10～100nF 的射频电容器连接。

绝对不要将数字电路的地线面与模拟电路地线面的区域重叠，因为这样会将数字电路骚扰耦合进模拟电路。数字地和模拟地可以在数—模转换器的部位单点连接。

直接与数字电路相连的接口应使用缓冲器，以避免直接连到数字电路的地线上，较理想的接口是光隔离器,当然这会增加成本。当不能提供隔离时,可以使用以输入/输出地为参考点的缓冲芯片,或者使用电阻或扼流圈缓冲,并在线路板接口处使用电容滤波。

5. 地线布线规则

由于对所有的信号线都实现最佳地线布线是不可能的,在设计时应重点考虑最重要的部分。从 EMI 的角度考虑,最重要的信号是高电流变化率(di/dt)信号,如时钟线、数据线、大功率方波振荡器等。从敏感度的角度考虑,最重要的信号是前后沿触发输入电路、时钟系统、小信号模拟放大器等系统中的信号。一旦将这些重要信号分离出来,就可以把设计的重点放在这些电路上。

在产品设计过程中,一个有效的工具是地线图。这是一张关于设备中所有地线连接的图,包括所有的地参考点和地路径(通过机箱、电缆屏蔽层、走线、导线等)。这张图中仅有地线,其他电路可以简化。在产品开发的整个过程中,这张图的制作、保存和实施都由指定的 EMC 设计师来执行。

7.3.4 多层印制电路板(PCB)的设计

对高速逻辑电路进行设计,使用单面板或双面板不能满足电磁兼容性要求时,应该研究多层板的应用。多层 PCB 设计中遇到的主要问题是电磁兼容设计。在进行多层 PCB 设计时,首先要考虑的是带宽和等效电路。要强调的是:①用于电磁兼容设计的带宽与电子电路的不同。②绝不能用脉冲重复周期决定的频带作为印制电路板的电磁兼容设计带宽。

1. 电磁兼容设计的带宽

电磁兼容设计的频率范围在频域的情形是不成问题的。除了基本频率外,再考虑谐波因素,通常取十倍频也就足够了。但是数字电路的情形则有些不同。下面以数字时钟信号为例说明数字信号的基本频率特性。时钟信号是解读数字信息的基础,时钟信号应当是稳定的,具有标准波形和严格的相位关系。时钟电路的电磁兼容设计主要是要保证在印制线条上传输的时钟信号不发生终端反射效应,基本上没有传输延迟,不对其他电路或器件造成串音干扰。在进行时钟电路的电磁兼容设计之前,必须对时钟信号的频谱特性进行分析。时钟信号具有如下的标准波形,如图 7-21 所示。

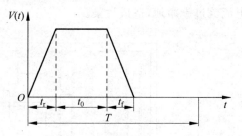

图 7-21 时钟信号的标准波形

这种等腰梯形的周期数字脉冲的傅里叶展开后有如下形式:

$$V(t) = V_0 \frac{\tau}{T} + \sum_{n=1}^{\infty} C_n \cos\left(2\pi \frac{t}{T} + \varphi_n\right), \quad \varphi_n = -n\pi\left(\frac{\tau + t_1}{T}\right) \tag{7-20}$$

$$C_n = 2V_0 \frac{t_0 + t_r}{T} \frac{\sin\left[\frac{n\pi(t_0 + t_r)}{T}\right]}{\frac{n\pi(t_0 + t_r)}{T}} \frac{\sin\left(n\pi \frac{t_r}{T}\right)}{n\pi \frac{t_r}{T}}, \quad \tau = t_0 + t_r \tag{7-21}$$

式中 τ——数字脉冲宽度;

　　t_r——数字脉冲的上升时间;

　　T——数字信号的重复周期;

t_0——等腰梯形的上底长度。

在前面的展开式中，如果设 $f=\dfrac{n}{T}$，则展开系数 C_n 在不同频段可以分别近似如下：

- 当 $f\leqslant 1/\pi\tau$ 时，可以认为 $\sin\pi f\tau\approx\pi f\tau$，同时有 $\sin\pi ft_r\approx\pi ft_r$，则有 $C_n\approx 2V_0\tau$；
- 当 $1/\pi\tau\leqslant f\leqslant 1/\pi t_r$ 时，可以认为 $\sin\pi f\tau\approx 1$，$\sin\pi ft_r\approx\pi ft_r$，则有 $C_n\approx 2V_0/\pi f$；
- 当 $f\geqslant 1/\pi t_r$ 时，可以认为 $\sin\pi f\tau\approx 1$，$\sin\pi ft_r\approx 1$，则有 $C_n\approx 2V_0/\pi^2 f^2 t_r^2$。

从上述简单分析知道，时钟信号的频谱特性可以分成三个区间：第一个区间是当 $f\leqslant 1/\pi\tau$ 时，其频谱幅值近似为常数 $C_n\approx 2V_0\tau$。到 $f=1/\pi\tau$ 时，发生了转折，在这个转折点之后，也就是在第二个区间中，时钟信号的频谱幅值近似为 $C_n\approx 2V_0/\pi f$。这种情况持续到 $f=1/\pi t_r$ 时，发生第二次转折，转折点之后，也就是在第三个区间中，时钟信号的频谱幅值近似为 $C_n\approx 2V_0/\pi^2 f^2 t_r^2$。以上情况如图 7-22 所示。

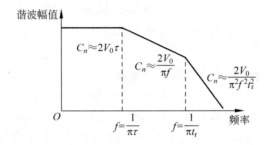

图 7-22　时钟信号的频谱特性

从图 7-22 可以看出，当考虑第一个转折点的十倍频点的频谱幅值时，在第二个区间中，时钟信号的频谱幅值近似为 $C_n\approx 2V_0/\pi f$，与频率成反比，则十倍频时谐波幅值将降低 10 倍，即降低 20dB；在第三个区间中，时钟信号的频谱幅值近似为 $C_n\approx 2V_0/\pi^2 f^2 t_r^2$，与频率的平方成反比，则十倍频谐波幅值将降低 100 倍，即降低 40dB。对标准的两根印制线条来讲，线间串音强度随频率增长，也就是十倍频谐波幅值将增长 20dB，时钟信号的频谱特性和线间串音强度的频率特性如图 7-23 所示。

综合考虑线间串音强度的频率特性与时钟信号的频谱特性，可以得到两根印制线条间串音强度随频率变化的情况，如图 7-24 所示。

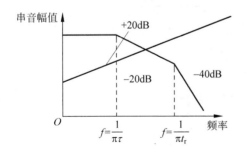

图 7-23　线间串音强度的频率特性与
时钟信号的频谱特性比较

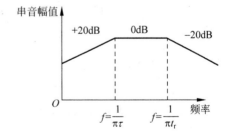

图 7-24　两根印制线条间串音强度
随频率变化的情况

在图 7-24 中，当 $1/\pi\tau\leqslant f\leqslant 1/\pi t_r$ 时，两根印制线条线间串音强度最大，到 $1/\pi t_r$ 的十倍频时，两根印制线条线间串音强度下降 20dB，所以在进行时钟电路印制线条电磁兼容设计时,通常考虑的 $1/\pi t_r$ 的十倍频。例如,在设计时钟电路或逻辑门电路时,辐射带宽与数字信号的上升或下降沿有关系,而不是数字信号的重复周期。关系为

$$f_{max} = \frac{1}{\pi t_r} \tag{7-22}$$

$$f_r = 10 f_{max} \tag{7-23}$$

例如,典型时钟驱动器的边沿速率是 2ns。此时,$f_{max} \approx 160MHz$。再考虑十倍频,则此时时钟电路可能产生高达 1.6GHz 的辐射带宽。在选择器件时,要选择最慢的逻辑系列。如果可能,尽量采用前沿大于 5ns 的逻辑器件,但目前使用的逻辑器件中有许多高速器件。例如,74ACT 和 74F 系列产品,其上升时间只有 1.5~5ns。在这样速率下,会产生很强的电磁辐射。一般的厂商在芯片说明中只给出最大的边沿(上升、下降)速率,并不给出最小的边沿速率。对一般器件来讲,$t_{max}=2\sim5ns$ 但 $t_{min}=0.5\sim1.0ns$。器件对电磁辐射贡献的大小与工作频率无直接关系,只取决于边沿速率。例如,5MHz 振荡器 74F04 边沿速率为 1ns,而 10MHz 振荡器 74ALS04 的边沿速率为 4ns,此时 5MHz 振荡器要比 10MHz 振荡器辐射更大的干扰电波。

2. 用于印制电路板电磁兼容设计的等效电路

用于印制电路板电磁兼容设计的电路与电路原理图不同,进行多层印制电路板电磁兼容设计时,要根据印制电路板电磁兼容设计的电路进行。印制电路板电磁兼容设计的电路与电路原理图的不同点主要是:印制电路板的电路原理图没有考虑电路中元件及印制板线条的分布参数,如分布电感、分布电容、分布互感、分布互电容以及传输延迟等项,但这些参数又恰恰是进行印制电路板电磁兼容设计的主要参数。在高频时,所用的电容、电阻、电感和引线都具有分布参数,其等效电路如图 7-25 所示。

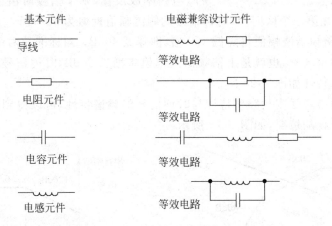

图 7-25　电路元件的高频等效电路

3. 决定多层印制电路板的布线安排

1) 布线原则

在多层印制电路板上进行布线时,首先要进行多层印制电路板的电磁兼容分析。多层印制电路板的电磁兼容分析的基本原理基于克希霍夫定律和法拉第电磁感应定律。根据克希霍夫定律,任何时域信号由源到负载的传输都必须构成一个完整的回路,频域信号由源到负载的传输都必定沿着一个最低阻抗的路径。这个原理完全适用射频电流的情况,如果射

频电流不是经由设计中的回路到达目的负载的,就一定是通过某个客观存在的电路到达的,这个客观存在的电路多数是由一些分布的耦合元件连接的。构成这一非正常回路中的一些器件就会遭受电磁干扰。但是,人们常常忽略分布的耦合元件。根据法拉第电磁感应定律,任何磁通变化都会在闭合回路中产生感应电动势,任何交变电流都会在空间产生电磁场。在数字电路设计中,人们最容易忽略的是存在于器件、导线、印制线和插头上的寄生电感、电容和导纳。例如,电容器的等效电路应当是电容、电感和电阻构成的串联电路。此外,在多层印制电路板的电磁兼容设计中,电通量对消技术是很有效的,最常用的电通量对消技术是利用由实金属平面产生的镜像电流的作用。这也是进行多层印制电路板布线时常常考虑的因素。

2) 决定布线层数

多层印制电路板设计时,首先要决定选用的多层印制电路板的层数。多层印制电路板的层间安排随着具体电路改变,但有以下几条共同原则。

(1) 电源平面应靠近接地平面,并且安排在接地平面之下。这样可以利用两金属平板间的电容作电源的平滑电容,同时接地平面还对电源平面上分布的辐射电流起到屏蔽作用。分布线层应尽量安排与整块金属平面相邻。这样的安排是为了产生通量对消作用。

(2) 把数字电路和模拟电路分开。有条件时,最好将数字电路和模拟电路安排在不同层内。如果一定要安排在同一层,则可采用开沟、加接地线条、分隔线条等方法来补救。模拟和数字的地、电源都要分开,绝不能混用,因为数字信号有很宽的频谱,是产生干扰的主要来源。

(3) 中间层的印制线条形成平面波导,在表面层形成微带线,两者传输特性不同。

(4) 时钟电路和高频电路是主要的干扰和辐射源,一定要单独安排,远离敏感电路。不同层所含的杂散电流和射频电流不同,布线时,不能等同看待。

图 7-26 所示是一个十层板的层间安排例子。第一层为优质布线层,第二层为地,第三层为布线层,第四层为另一布线层,第五层为地,第六层为电源层,第七和第八层为布线层,第九层为地,第十层为最后一个布线层。这种结构共有六个布线层、三个地,在第三和第四层以及第七和第八层之间有填充层。S、G、P、T 分别表示布线层、接地层、电源层、填充层。

图 7-26　十层板的层间安排例子

层间安排确定后,根据布线的密集程度就可以确定采用多层板的层数和基本结构。

3) 布线层的布线安排和电气特征

设计印制电路板的第一个问题是需要多少个布线层和电源层。层数由下述因素决定:功能要求、噪声抖动、信号分类隔离、要设计的布线条数、阻抗控制、VLSI 电路元件密度、总线路由等。选择印制电路板的层数,重要问题是每个布线层最好与实平面(电源或接地)相邻。表 7-5 为印制电路板布线的层间安排。

表 7-5　印制电路板布线的层间安排

层　数	1	2	3	4	5	6	7	8	9	10	注　释
2 层	S1 G	S2 P									低速设计通常用于十千周以下
4 层（2 个布线层）	S1	G	P	S2							很难设计高信号阻抗和低电源阻抗
6 层（4 个布线层）	S1	G	S2	S3	P	S4					低速高电源阻抗
6 层（4 个布线层）	S1	S2	G	P	S3	S4					只有 S2 用于任选高要求信号设计
6 层（3 个布线层）	S1	G	S2	P	G	S3					S1、S2 用于较低速信号
8 层（6 个布线层）	S1	S2	G	S3	S4	P	S5	S6			S2、S3 可用于任选高速信号,有较差的电源阻抗
8 层（4 个布线层）	S1	G	S2	G	P	S3	G	S4			EMC 性能最好
10 层（6 个布线层）	S1	G	S2	S3	G	P	S4	S5	G	S6	EMC 性能最好,S4 对电源噪声敏感

双层板有两种方法:第一种通常有横竖格和矩阵,用于低速设计,较少使用;第二种为现在多采用的方法。第一种:网格形,整个回路由每一个方块构成,方块不大于 1.5in^2。上层为垂直线,可以安排电源和接地线;下层为水平线,可以安排为布线层。经电源和接地点馈电,在连接器的电源和地之间及每一个 IC 上都要加退耦电容,布线为垂直和水平线格式。第二种:常用在 10kHz 以下的低频模拟电路设计中。电源线和接地线采用最近邻走线方式,以减小电源系统的通路电流。同层的电源走线采用辐射状设计,使连线总长度最小。设计接地线靠近电源线并取平行路径。尽量减小环路电流,该电流可由高频开关噪声、控制信号和电路开关产生。高频应用时要控制所有引线线条的表面阻抗和电流回路构成。低频应用主要控制走线路由,而不是阻抗大小。信号流应该平行于地线。应该避免不同分支相连接,避免出现产生接地环路。有多层的接地平面时,高速时钟的布线平面应靠近接地平面,而不是电源平面。因为从电磁干扰减弱技术来讲,必须靠近接地平面才能迅速将高频干扰信号泄放到大地,若进入电源,会影响其他电路工作,这是最基本的原则。

电源平面和接地平面上的分布电阻一定要减到很小。这些平面充满了电磁辐射频段的浪涌,会引起逻辑混乱、瞬间短路、总线上信号过载。不同逻辑部件的导通和截止电流比是不同的。分布电阻小就使线路平面与接地平面间的电磁干扰通量比线路平面与电源平面的通量小得多。靠近电源平面时将会引起信号相移、大电感、差的线条阻抗控制和变化的噪声。

多层印制电路板有多种典型设计方式,有的设计可获最小的 EMI 通量性能,有的设计由于增加了实心金属层,能限制射频电流通量的延伸,布线层的多少也不同。使用哪一种设计取决于布线网络个数、元件密度、总线尺寸、模拟和数字电路形式及可使用的位置。

在多层印制电路板电磁兼容设计中,决定印制线条间的距离及印制电路板电源层与边沿的距离的有两个基本原则:一个是 20-H 原则;另一个是 3-W 原则。图 7-27 所示为印制电路板布线的 20-H 原则原理图。

20-H 原则是 W·Michael King 提出的,可以表述如下:所有具有一定电压的印制电路板都会向空间辐射电磁能量,为减轻这个效应,印制电路板的物理尺寸都应该比最靠近的接地板的物理尺寸小 $20H$,其中 H 是两层印制电路板的间距。在一定频率下,两个金属板的

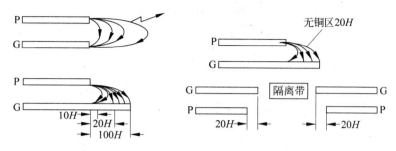

图 7-27 印制电路板布线 20-H 原则的原理

边缘场会产生辐射。减小一块金属板的大小使其边界尺寸比另一个接地板小，这样就可以降低印制电路板的辐射；当尺寸小于 $10H$ 时，辐射强度开始下降；当尺寸小于 $20H$ 时，辐射强度下降 70%；当尺寸小于 $100H$ 时，辐射强度下降 98%。一般推荐一块金属板的边界尺寸比另一块接地板的尺寸小于 $20H$，称为 20-H 原则。按照一般典型印制电路板尺寸，$20H$ 一般为 3mm 左右。例如：平面间距为 0.006in 的电路板，则 $20H$ 为 $20 \times 0.006 = 0.120in$，电源板只比接地平面小 0.120in。

采用了 20-H 原则之后，如果布线落在无铜面上，就要重新走线使之落在有实铜板的区域。采用 20-H 原则后，提高了印制电路板的自激频率。

20-H 原则决定了电源平面与最近的接地平面间的物理距离，这个距离包括铜皮厚、预填充和绝缘分离层的厚度。

3-W 原则：当两条印制线的间距比较小时，两线之间会发生电磁串扰，串音会使有关电路功能失常。为避免这种干扰的影响，应保持任何线条间距不小于三倍的印制线条宽度，即不小于 $3W$，W 为印制线条的宽度。印制线条的宽度取决于线条阻抗的要求，太宽会降低布线的密度，太窄会影响传输到终端的信号的波形和强度。

把 3-W 原则用于印制电路板边沿的线条时，要求印制线条的外边线到接地平面边线的距离大于 $W(\geqslant 1-W)$。不要将 3-W 法则只用于时钟线条，差分对、ECL 等也是 3-W 原则的基本应用对象。电源噪声也会通过电容耦合或电感耦合的渠道耦合到印制线条中去，引起数据错误。在 I/O 部分，由于有多种线条布线，而通常又没有铜底板或邻近的金属平面，这时，也需要采用 3-W 技术。

差分对电路的线条应当平行地布在布线层中，如果无法实现，也必须布在相邻的布线层。其他的线条与差分对电路的线条距离必须 3 倍于对应线条宽度的距离，而且必须全部如此。这有利于减轻线条间的电磁干扰造成的抖动。

4. 旁路电容与去耦电容的设计

设计 PCB 时经常要在电路上加电容器来满足数字电路工作时要求的电源平稳性和洁净度。电路中的电容可分为去耦电容、旁路电容和容纳电容 3 类。去耦电容用来滤除高速器件在电源板上引起的骚扰电流，为器件提供一个局域化的直流，还能降低印制电路中电流冲击的峰值。旁路电容能消除 PCB 上的高频辐射噪声，噪声会限制电路的带宽，产生共模骚扰。容纳电容则配合去耦电容抑制 ΔI 噪声。

设计中最重要的是确定电容量和接入电容的地点。电容器的自谐振频率是决定电容设计的关键参数。电容器的自谐振频率数值见表 7-6。

表 7-6 电容的谐振频率

电 容 值	通孔插装(0.25in 引线)/MHz	表面贴装(0805)/MHz
$1.0\mu F$	2.5	5
$0.1\mu F$	8	16
$0.01\mu F$	25	50
1000pF	80	160
100pF	250	500
10pF	800	1.6×10^3

电源板和接地板之间构成的平板电容器也有自谐振频率,这一谐振频率如果与时钟频率谐振,就会使整个 PCB 成为一个电磁辐射器。这一谐振频率可以达到 $200\sim400\mathrm{MHz}$。采用 20-H 原则还可以使这个谐振频率提高 $2\sim3$ 倍。采用一个大容量的电容器与一个小容量的电容器并联的方法可以有效地改善自谐振频率特性。当大容量的电容器达到谐振点时,大电容的阻抗开始随频率升高而变大;小容量的电容器尚未达到谐振点,阻抗仍然随频率升高而变小,并将对旁路或去耦起主导作用。如去耦电容为大容量电容器,则容纳电容作为小容量电容器。

去耦电容的电容量按式 $C=\dfrac{\Delta I}{\Delta U/\Delta t}$ 计算,式中 ΔI 为瞬变电流,ΔU 为逻辑器件工作允许的电源电压值的变化,Δt 为开关时间。当电源引线比较长时,瞬变电流会引起较大的压降,此时就要加容纳电容以便维持器件要求的电压值。设计时,先计算允许的阻抗 $Z_{\mathrm{m}}=\dfrac{\Delta U}{\Delta I}$,然后,由引线电感 L_{w} 求出不超过 Z_{m} 的对应的频率 $f_{\mathrm{m}}=\dfrac{Z_{\mathrm{m}}}{2\pi L_{\mathrm{w}}}$,当使用频率高于 f_{m} 时,要加容纳电容 $C_{\mathrm{b}}=1/2\pi f_{\mathrm{m}}Z_{\mathrm{m}}$,$C_{\mathrm{b}}$ 值通常在 $10\sim100\mathrm{pF}$ 以上。

电容材料对温度很敏感,要选温度系数好的、等效串联电感和等效串联电阻小的电容器,一般要求等效串联电感小于 $10\mathrm{nH}$,等效串联电阻小于 0.5Ω。在每个 LSI 或 VLSI 器件处都要加去耦电容,电源入口处要加入旁路电容。此外,I/O 连接器处、距电源输入连接器较远处、元件密集处、时钟发生电路附近都要加旁路电容器。

5. 时钟电路的电磁兼容设计

时钟电路在数字电路中占有重要地位,同时时钟电路也是产生电磁辐射的主要来源。一个具有 2ns 上升沿的时钟信号辐射能量的频谱可达 $160\mathrm{MHz}$,其可能辐射带宽可达十倍频,即能达到 $1.6\mathrm{GHz}$。因此,设计好时钟电路是保证达到整机辐射指标的关键。时钟电路设计主要的问题有如下几个方面:

1) 阻抗控制

计算各种由 PCB 线条构成的微带线和微带波导的波阻抗、相移常数、衰减常数等。许多设计手册都可以查到一些典型结构的波阻抗和衰减常数。特殊结构的微带线和微带波导的参数需要用计算电磁学的方法求解。

2) 传输延迟和阻抗匹配

由印制线条的相移常数计算时钟脉冲受到的延迟,当延迟达到一定数值时,就要进行阻抗匹配,以免发生终端反射,使时钟信号抖动或发生过冲。阻抗匹配方法有串联电阻、并联电阻、戴维南网络、RC 网络、二极管阵列等。

3）印制线条上接入较多容性负载的影响

接在印制线条上的容性负载对线条的波阻抗有较大的影响。特别是对总线结构的电路，容性负载的影响往往是要考虑的关键因素。

描述传输线可以采用以下 3 种方式。

（1）用传输波阻抗（Z_0）和传输时延（t_d）两个参数描述传输线：

$$Z_0 = \sqrt{\frac{1}{C}} \tag{7-24}$$

$$t_d = 1 \times \sqrt{LC} \tag{7-25}$$

（2）用传输波阻抗和（与波长有关的）规一化长度描述传输线。

（3）用单位长度的电感、电容和印制线的物理长度来描述传输线。

在 PCB 设计中经常采用第 1 种方式描述由印制线条构成的传输线。此时，传输时延的大小决定了印制线条是否需要采取阻抗控制的措施。当线条上有很多电容性负载时，线条的传输时延将会增大，与原来的传输时延有如下关系：

$$t_d' = t_d\sqrt{1 + C_d/C_0}, \quad l_m \leqslant t_r/2t_d' \tag{7-26}$$

t_d 为不考虑容性负载时的线条传输时延；C_0 为不考虑容性负载时的线条分布电容；l_m 为无匹配的最大印制线条长度。

还有许多其他时钟电路设计问题，如：

（1）时钟区与其他功能区的隔离；

（2）同层板中时钟线条屏蔽；

（3）时钟线避免换层；

（4）系统中没有严格时间关系的电路最好使用单独的时钟等。

7.4　表面安装技术

表面安装技术（Surface Mounting Technology，SMT）是新一代电子组装技术，它将传统的电子元器件压缩成为体积只有几十分之一的器件，从而实现了电子产品组装的高密度、高可靠、小型化、低成本，以及生产的自动化。这种小型化的元器件称为 SMD 器件（或称SMC、片式器件）。将元件装配到印刷板（或其他基板）上的工艺方法称为 SMT 工艺。相关的组装设备则称为 SMT 设备。

表面安装技术（SMT）作为新一代电子装联技术已经渗透到各个领域，SMT 发展迅速，应用广泛，在许多领域中已经或完全取代了传统的电子装联技术，SMT 以其自身的特点和优势，使电子装联技术产生了根本的、革命性的变革，在应用过程中，SMT 也在不断地发展和完善。我国从 20 世纪 80 年代初开始尝试引进这种技术，到 80 年代中期开始实际应用，进入 90 年代后，随着我国经济的快速发展而得到广泛的应用，SMT 已成为电子装联技术工艺水平的衡量尺度，没有采用 SMT 的电子装联会被认为是落后的工艺水平。因此，SMT 不仅在电子行业，而且是在我国多种行业中得到了广泛的应用。随着应用的推广，SMT 也得到更进一步的发展，本节将就表面安装技术的特点和相关设备的技术动向作一些简要介绍。

7.4.1 表面安装技术的特点

表面安装技术就其本身而言,仅是一种新的电子组装技术。然而,与传统通孔插装技术相比,却有着其鲜明的特点,而这些特点包括电子零件、印刷电路板和装配方法。

1. 电子零件

表面贴装电子零件与通孔插装零件相比,体积与重量大大缩减,因此在同样面积的印刷电路板上,可以放置 10 倍以上密度的电子零件,功能却日益复杂。举例而言,插装电阻通常占面积为 $10mm\times(2\sim3)mm$,而表面贴装电阻通常仅占面积 $3mm\times2mm$,甚至可做到 $0.6mm\times0.3mm$;插装集成电路一般面积为 $10mm\times30mm$,引脚最多只有 20 多个,而表面贴装集成电路在相同面积下引脚可达数百个,因此功能可大大增强。

其次,表面贴装电子零件引脚大幅缩短,在加快信号传输速度的同时,也改善了彼此间干扰;同时,由于其体型小,重心低,防震能力普遍较强。

再次,电子零件集成度的提高、工艺水平的改进,使功耗也大大降低。

2. 印刷电路板

由于表面贴装技术是将电子零件安装于印刷电路板表面,而非插入插孔中,因此印刷电路板通孔数量大大减少,使得辐射干扰因此减轻,对 EMI 及 RFI 所必须进行的额外屏蔽工作,也可得以减轻及改善。

尤为重要的是,印刷电路工艺随着表面贴装技术的兴起而发展,逐渐由多层板取代单、双层板。这样,设计者就会将信号层置于内层,而将接地层留在外面。这种将细线、密线保护在内层的做法,使电路板在可靠性及生产可行性上更为有利。同时内层板线路厚度均匀,也可获得较好的阻抗控制以及辐射控制。

3. 装配方法

如前所述,传统的通孔插件技术是将电子零件插入印刷电路板内,故零件只能单面安装,而表面贴装技术的电子零件附着在电路板表面,使双面安装零件成为可能,大大提高了产品的集成度与功能。

另外,表面贴装技术的生产流程中必须经过回流焊过程,所有的元件必须在 150℃上经受 $3\sim5min$、瞬间峰值温度高达 210℃ 的焊接。因此,众多表面贴装元件供应商纷纷提高技术水准以适应该变化,这同时也在元件基础上确保了采用表面贴装技术的设备在高温环境下能正常运行。

最后,表面贴装技术由于电子零件小、密度高,决定了其必须采用全自动流水线,人工装配已无法满足要求。这样,由于全自动装配,不仅产量和效率得到了提高,而且排除了人为因素,使生产工艺更容易处于受控状态,质量也得到了改进。

综上所述,表面贴装技术与传统的通孔插装技术比较,具有以下优点:

(1) 产品零件密度提高;

(2) 零件集成度提高,功能更复杂;

(3) 可使用多引脚零件;

(4) 零件引脚及接线短,可提高传输速度;

(5) 组装前不需零件引脚成型等准备工作;

(6) 减少零件储存空间;

（7）具有自动化生产能力，效率高，质量好；

（8）总成本降低；

（9）产品抗干扰能力强；

（10）产品具有抗震功能。

从以上表面安装技术的特点就可以看出，线路板技术的提高是随着芯片封装技术与表面安装技术的提高而提高的。现在看到的电脑板卡其表面粘装率都在不断地上升。实际上这种线路板用传统的网印线路图形是无法满足技术要求的，所以普通高精确度线路板，其线路图形及阻焊图形基本上采用感光线路与激光技术制作工艺。

7.4.2　SMT 设备的发展

表面安装技术中 SMT 设备的更新和发展代表着表面安装技术的水平，面向新世纪的 SMT 设备将向着高效、柔性、智能、环保的方向发展。

1. 高效的 SMT 设备

高效的 SMT 设备在向着改变结构和提高性能的方向发展。在结构上向着双路送板模式和多工作头、多工作区域发展。为了提高生产效率，尽量减少生产占地面积，新型的 SMT 设备正从传统的单路印刷电路板（PCB）输送向双路 PCB 的输送结构发展，贴装工作头结构在向着多头结构和多头联动方向发展。像富士公司的 QP132E 采用了 16 个工作头联动的结构，印刷机、贴片机、再流焊机等都有双路结构的设备，这将使生产效率有较大的提高。

在性能上贴片机向着高速、高精度、多功能和智能化方向发展。贴片机的贴装速度与贴装精度及贴装功能一直以来是相互矛盾的，新型贴片机一直向着高速、高精度、多功能方向努力发展。由于表面安装元器件（SMC/D）的不断发展，其封装形式也在不断变化，新的封装不断出现，如 GBA、FC、CSP 等，对贴片机的性能要求越来越高。

一些公司的贴片机为了提高贴装速度，采用了"飞行检测"技术，在贴片机工作时，贴片头吸片后边运行边检测，以提高贴片机的贴装速度。通常的"飞行检测"多用于片式元件和小规模的集成电路，因此许多机器贴片式元件的速度比较快，贴大型的集成电路就比较慢，新型贴片机将视觉系统与贴片头配置在一起，提高了对较大集成电路的贴装速度。例如，Europlacer 的贴片机在其旋转工作头的旁边加有视觉系统，当第一个吸嘴吸起元器件后，在第二个吸嘴吸元件的同时，第一个元器件已送到视觉系统进行检测，这样不仅缩短了工作头的贴片时间，而且增强了贴装功能，因此用它贴片式元件和贴集成电路速度是一样的，这也模糊了高速机与高精度机的概念。它能以每小时 20 000 片的速度贴 0402-50mm^2 的 QFP 等多种元器件。

德国 Simens 公司在其新的贴片机上引入了智能化控制，可以使贴片机保持较高产能的同时具有最低失误率，在机器上装置 FC Vision 模块和 Flux Dispenser 等以适应 FC 的贴装需要。

日本 Yamaha 公司在推出的 YV-88X 机型中引入了双组旋转贴片头和数码摄像头，不但提高了集成电路的贴装速度，而且保证了较好的贴装精度。

韩国 Mirae 的贴片机在驱动装置上采用了线性马达和悬浮技术，使得机器在运行时噪音低、振动小。

新一代贴片机的贴片速度有了较大的提高,富士的 QP132E 贴片速度可达每小时 13.3 万片,飞利浦的 FCM Base Ⅱ 贴片速度可达每小时 9.6 万片,西门子的 HS-50 贴片速度可达每小时 5.0 万片。

2. 柔性模块化的 SMT 设备

新型贴片机为了增强适应性和使用效率向着柔性贴装系统和模块化结构发展。日本富士公司 QP242E 一改贴片机的传统概念,将贴片机分为控制主机和功能模块机,可以根据用户的不同需要,由控制主机和功能模块机柔性组合来满足用户的需要,模块机有不同的功能,针对不同元器件的贴装要求,可以按不同的精度和速度进行贴装,以达到较高的使用效率,当用户有新的要求时,可以根据需要增加新的功能模块机。

模块化发展的另一个方向是向着功能模块组件方向发展,这种发展是将贴片机的主机作成标准设备,装备统一的标准的机座平台和通用的用户接口,将点胶贴片的各种功能作为功能模块组件,以满足用户需要的新的功能要求。例如,美国环球贴片机,在从点胶机到贴片的功能互换时,只需要将点胶组件与贴片组件互换即可。这种设备适合多任务、多用户、投产周期短的加工企业。

3. 环保型的 SMT 设备

随着人们对环保要求的不断提高,一些环保型的 SMT 设备随之出现,如富士公司的 NP133E 采用立式旋转头设计,实现了较低的噪音。ERSA 新型的波峰焊接机装置了一个在惰性气体环境内工作的超声波系统,以取代助焊剂装置。这种超声波在焊接前可以在 PCB 表面除去氧化物,PCB 和元器件表面的氧化物通过该系统产生中的声呐气窝效应 (Cavitation Effect)来去除。这就从根本上去除了生产中助焊剂带来的污染,因此也就避免了清洗带来的二次污染。如 SOTEC 公司的波峰焊接机等为了减少工作过程中热熔铅及助焊剂对环境的污染,采用了热熔铅及助焊剂过滤装置等。

7.4.3 SMT 封装元器件及工艺材料的发展

1. SMT 工艺材料的发展

SMT 工艺材料常用的包括条形焊料、膏状焊料、助焊剂、稀释剂和清洗剂等。其助焊材料是向免清洗方向发展,焊料则向无铅型、低铅、低温方向发展,总的情况是向着环保型材料方向发展。

2. SMT 封装元器件的发展

SMT 封装元器件主要有表面安装元件(SMC)、表面安装器件(SMD)和表面安装电路板(SMB)。SMC 向着微型化大容量发展,新的 SMC 元件的规格为 0201。在体积微型化的同时,向大容量的方向发展。SMD 向着小体积、多引脚方向发展,SMD 经历了从大体积、少引脚向大体积、多引脚的方向发展,现在已经开始由大体积、多引脚向着小体积、多引脚的方向发展,例如 BGA 向 CSP 的发展,倒装片(FC)应用将越来越多。SMB 则向着多层、高密度、高可靠性方向发展,随着电子装联向着更高密度的发展,许多 SMB 的层数已多达十几层,多层的柔性 SMB 也有较快的发展。

由于 SMT 发展快,新产品、新技术层出不穷,因此这里仅作简单地介绍。

习题

1. 请简要阐述 PCB 中的主要辐射源。

2. 试列举 PCB 设计中系统级电磁干扰产生的原因。

3. 请简述 PCB 布线的一般原则。

4. 在印制电路板的电源线输入端,常把一个大容量电容(例如 10μF)和一个小容量电容(例如 0.01μF)并联使用,实现对电源滤波。设 10μF 电容的引线电感为 5nH,0.01μF 的引线电感为 2nH,如题 4 图所示,画出两电容的并联阻抗 Z 与频率的对应关系草图,并由此说明使用这种方法的原因。

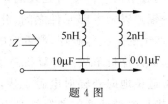

题 4 图

5. 请阐述什么是 3-W 原则。

6. 请简述安全地和信号电压参考地的概念。

7. 请简述 PCB 设计中去耦电容的配置原则。

第8章 计算机系统中的电磁兼容性

CHAPTER 8

计算机系统是一个十分复杂的数字信息传输与处理的系统,是一个含有多种元器件和许多分系统的数字系统,外来电磁辐射以及内部元件之间、分系统之间、各传送通道间的相互串扰对计算机及其数据信息所产生的干扰与破坏,严重地威胁着计算机工作的稳定性、可靠性和安全性。据统计,干扰引起的计算机事故占计算机总事故的 90% 左右。同时计算机作为高速运行的电子设备,又不可避免地向外辐射电磁干扰,对环境中的人体、设备产生干扰、妨碍或损伤。因此,研究计算机与电磁环境的兼容性是电磁兼容性领域里的重要分支。本章将针对计算机系统的特殊性,着重讨论相关的电磁兼容技术,例如,在工控环境中软件的干扰抑制、计算机的病毒与防护、电磁信息的泄漏与防护等。

8.1 计算机电磁兼容性问题的特殊性

电磁兼容性设计的内容,从原理上讲是选择频率、频谱,以消除不必要的干扰,保证有用信号的传送;选择信号电平,在满足信噪比的前提下尽量选用低电平信号进行传送;选择阻抗以减少耦合;选择空间以防止电磁波传入。从技术上讲则是滤波、隔离、接地、屏蔽。

数字计算机是一种电子设备,它以高速运行(处理)及传送数字逻辑信号为两大特征,因此在电磁兼容性问题的研究中,与其他电子设备相比,具有许多特殊的属性。

8.1.1 数字计算机中的干扰

数字计算机是以数字脉冲信号来处理、传送信息的。数字计算机中的数字脉冲信号容易产生电磁辐射(干扰),这些电磁发射信号不但频谱成分丰富,而且携带信息。

(1) 数字计算机中含有数字电路和模拟电路,但以数字电路为主(包括开关模式工作的电路),其中应用最多的是二极管、集成电路块、微分电路、A/D 转换电路、D/A 转换电路。它们既是干扰源,又是受干扰的敏感元器件,尤其是 MOS、D/A 最为敏感。

(2) 虽然数字计算机既是干扰信号的敏感接收装置,又是干扰源,但是,由于其以低电平传送信号,属于低电平系统,故在电磁环境中以受干扰为主。

(3) 干扰对数字电路与对模拟电路的影响有本质上的不同:对模拟电路的影响是连续的,随干扰强度的增强而增加,干扰消失后可恢复原状态;而数字电路是逻辑工作方式,存在阈值电平及与之相对应的干扰容限(又称噪声容限),只有超过干扰容限的干扰信号才有危害,比模拟电路有利。

(4) 数字计算机有存储功能、判断功能及高速运算功能,这为抗电磁干扰的设计提供了有利条件,但是也可能带来严重的弊端。如在模拟电路中,瞬时干扰消失后系统可恢复正常工作,而在有存储记忆功能的数字电路系统中,瞬时干扰过去后不能恢复,必然潜伏着危机。

(5) 脉冲干扰是研究的重点,因为数字计算机以识别二进制码为基础,其组成以数字电路为主,数字电路传送的是脉冲信号,同时也对脉冲干扰敏感。以开关模式工作的开关及开关电源变化频率高达几十万赫兹,容易产生脉冲干扰。

(6) 由于数字计算机传送脉冲信号,因而系统工作频率范围很宽(150kHz～500MHz),包含了中波、短波、超短波及微波前端,正好与各种通信、电视、医疗、军用仪器同频段,电磁环境复杂,被干扰的可能性极大,当其电磁辐射空间场强超过 126dB 时,将对计算机构成严重干扰,计算机受害的程度取决于干扰源的频率、场强及计算机自身的电磁敏感度,为了安全可靠,计算机系统应按要求的最小带宽设计。

(7) 干扰是指有用信号以外的变化部分,是通常被称为噪声信号中能产生恶劣影响的那一部分,故有时又称其为噪声干扰信号或无意干扰信号。发现和寻找计算机干扰源的办法是寻找产生高频及电流电压发生瞬时变化($\mathrm{d}i/\mathrm{d}t$、$\mathrm{d}u/\mathrm{d}t$ 值大)的部位。

计算机是个低电平系统,但是却能产生上千、上万伏的瞬时电压,RAM 正常工作时耗电电流很小,但是瞬间工作时 1 片能有 80mA 的电流,16 片则有 1.28A,若变化时间仅有 15ns,则由于 $\mathrm{d}i/\mathrm{d}t$ 太大,稳压电源也无济于事。

通常计算机有威胁的干扰部位包括时钟发生器(产生几十兆赫左右的振荡)、高速逻辑电路、计算机开关电源、晶闸管、工频电源、电网线(感生雷电浪涌和高频电磁波)、带有电动机的部件(空调、打印机、磁盘驱动器)、开关元件(继电器、荧光灯、键盘等)、传输长线及电缆接头(终端不匹配产生波形失真、天线效应接收外界干扰)、监视器(CRT)、纸带、纸卡片、打印机(在高速处理时的静电感应)、印刷电路板(PCB)、机房内的地板、人的衣物鞋(产生静电)、机壳(接地不当的感应)、存储器磁媒体及有负载通断(尤其是感性负载)的场合。

(8) 干扰侵入计算机的主要途径有电源系统、传导通路、对空间电磁波的感应三方面(包括内部空间的静电场、磁场的感应),如图 8-1 所示。其中静电场、磁场的感应在计算机内普遍存在,静电是 MOS 电路的大敌。由于机器内有大量的磁媒体(磁芯存储器、打印机、

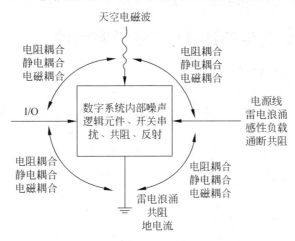

图 8-1　干扰侵入计算机的途径

电机、CRT 显示器),同时计算机工作于低电压大电流方式(5V、几百安),电源线、输入/输出线构成高速大电流回路,故有较强的磁感应。

(9) 由于高速性、高密集性和逻辑工作状态,使得计算机中使用的传输线需按具有分布参数特性的长线的理论去考虑,长线有延时、波形畸变、受外界干扰三方面的问题,因此应采取屏蔽与匹配措施,甚至于印刷电路板上的走线也要按式(8-1)验证后决定是否按长线处理:

$$L_C = \frac{t_r}{2T_P} \tag{8-1}$$

式中　L_C——临界长度;

　　　t_r——上升时间;

　　　T_P——延迟时间。

当线长大于 L_C 时,按长线处理。L_C 的数值实质上是频率和波形(t_r)的函数,当计算机的主频为 1MHz,高速组件的传输线为 0.5m 时作为长线处理;主频为 3MHz,0.3m 时即作为长线处理。一根 5m 长的导线产生 17ns 的延时,对低速电路影响不大,但对于高速门电路,平均延时才几纳秒,其影响不可忽略。

(10) 干扰信号在计算机中通常分为串模与共模干扰信号两种形态,在计算机中常用来表征干扰作用的存在,如图 8-2 所示。

串模干扰又称正态干扰、常态干扰、平衡干扰等,它是指串联于信号回路中的干扰,产生于传输线的互感,和频率有关,常用滤波和改善采样频率来减轻。

共模干扰又称共态干扰、同相干扰、对地干扰、不平衡干扰,是干扰电压同时加到两条信号线上出

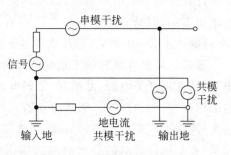

图 8-2　干扰信号的两种形态

现的干扰,因此线路传输结构保持平衡能很好地抑制共模干扰。另外,消除地电流能消除共模干扰。消除地电流的办法是一点接地或浮空隔离(用脉冲变压器、扼流圈或光耦合器截断地电流)。共模干扰要变成串模干扰才能对电路起作用。

8.1.2　特殊环境中的计算机电磁兼容问题

1. 工控环境中的电磁兼容问题

在各类数字计算机中,电磁兼容性问题较严重的是用于工业实时控制系统中的计算机(含微机、单片机、单板机)。由于工业现场各种动力设备不断地启停运行,工作环境恶劣、电磁干扰严重、干扰频繁、控制距离远、随机性大,保证可靠性和稳定性成为系统调试、安装、运行中的主要问题。生产现场中用到的一些大功率设备、开关器件往往与计算机共用供电线路,常通过"路"和"场"的途径去干扰计算机的工作,因此在工控环境中软件的干扰抑制就成为解决电磁兼容性问题的重点。

2. 军用环境中的电磁兼容问题

军用计算机和民用计算机具有不同的电磁兼容性抗干扰的敏感极限值,一般民用机极限值较高。由于军事环境的特殊性,工作环境十分复杂,对信息的可靠性、安全性要求又特

别高,因此常常要采用特殊的电磁兼容技术,如 TEMPEST 技术。

特别是现代战争的发展,已经不是传统意义上武器的对抗,而是发展成信息战、电子战、计算机战和网络战,不乏对敌方信息系统实施信息窃取、篡改、删除、欺骗、扰乱、阻塞、干扰、瘫痪等一系列的入侵活动和计算机病毒攻击,最终使敌方计算机网络无法正常工作,并获取大量信息情报。此类电磁兼容性问题已经不属本书讨论的范围,而是一门新的学科——信息战。

8.1.3　计算机病毒

"计算机病毒"是计算机特有的另一种干扰,它是一种预先估计不到的干扰程序或干扰指令,被视为逻辑炸弹,对计算机有致命的危害。其特点是具有隐蔽性(进入数据文件中)、潜伏性(可高达几年)、可自我复制性(占去很大的存储单元)、可激发性、可传染性、多品种、无法理解及巨大的危害性,尤其在计算机网络上易感染。目前对付病毒主要采用技术手段和立法手段。技术手段有取消信息共享的隔离法、对信息限制的分割法、限制病毒通过的阈值法、限制解释法等;立法内容主要是不许制造、不让销售、禁止传播等。

8.1.4　计算机的电磁泄漏

计算机的电磁泄漏包含两个含意。首先是指主机及其辅助设备产生的无意干扰对外界的辐射或传导。一个微机辐射的实测数据表明,不仅存在对外的泄漏,而且在比较宽的频率范围内已超过界限值,其覆盖的频率对无线电广播、电视等家用电器构成威胁。泄漏的另一个含意是指有用信息的泄漏,计算机中的电磁辐射信号不但频谱成分丰富,而且携带信息。它们虽然不一定是强信号,但是其影响并不全是由绝对大小决定的,往往是从相对关系认定的,特别是当截获者对某信息感兴趣时,他会利用放大、特征提取、解密、解码的方式来获取该信息。即使是很小的信号,采用现代化的信息处理技术也是有可能被截获的,而信息被截获的危害,绝不次于设备工作被干扰,因此研究信息泄漏及防护技术是十分必要的。

8.1.5　计算机电磁兼容性问题的新动向

由于计算机的高速化、高灵敏化、高密度集成化、系统化、多功能化以及其推广和普及,使得计算机的电磁兼容性问题更加突出。例如,高速化带来宽带噪声,高灵敏度使原本可略去的弱小噪声不可忽略,高密度集成化增强了内部的耦合干扰,系统化使干扰问题更为恶化,特别是计算机的应用普及,使得电磁环境更为复杂。预计今后的电磁兼容性将涉及如下问题:

(1)集成电路的封装材料含有微量的天然放射性同位素钍和铀,它们的原子裂变将产生 α 射线,使存储器误动作。因此,要从集成电路的制造技术和系统的制造两个方面考虑电磁兼容性的设计问题。

(2)数字逻辑电路与软件技术的微妙结合,正成为抑制噪声的有力武器,软件的应用将占越来越大的比重。例如,利用错误纠正码的软件手段检查并纠正错误,是去除进入系统的干扰的危害或切断干扰的有力手段。

(3)在计算机抗静电干扰措施中,用"分布式的静电保护涂覆"弥补静电保护的不足。在 MOS、A/D 等芯片板及印制电路板的接头上作静电涂覆,取得了很好的效果。

（4）目前，在计算机电磁兼容性设计中，尚未用到统计处理的方法，随着干扰情况的复杂化，这种方法今后将得以充分利用。

（5）采用光纤电路抗电磁脉冲干扰被认为是理想的途径。光束传输信号和处理信号是利用光技术所具有的高密度传送信息和不受电磁感应噪声影响的两大特征。导体上感应的以电流或电压形式出现的脉冲都不能通过光学纤维进行传输，光信号的频率与电磁脉冲的频率相隔很远，互相之间不会发生干扰。同时，一根 0.1mm 的光纤可替代 625 根铜线，大大地缩小了体积，减轻了耦合。

科学家把提高计算机容量和速度寄希望于光计算机。理论上电子与光子速度相等，由于电子在传送过程中的相互影响，实际速度仅为光子速度的几分之一，而光的波长是无线电波长的百万分之一，可以预言光计算机的速度将会比超级电子计算机快 1000 倍。

随着纤维光学、集成光学技术及光学全息技术的发展，数字式光计算机的研究有很大进展。目前，光纤通信已进入实用阶段，光变换器日渐完善，光存储器每平方毫米上可存储 100 万位 1 或 0 的信息，是超大规模集成电路所不能比的。目前这一成果已经获得应用。因此，光技术的应用及光计算机的研究必将使计算机的电磁兼容性提高到一个新的阶段。

8.2　计算机元部件抗干扰措施

8.2.1　一般数字集成电路的抗干扰措施

数字集成电路主要指 TTL 高速数字逻辑元件与 CMOS 高功能化元件，它们在计算机中应用时常给内部带来一些干扰。例如：通过端口接收干扰信号；端口感应静电并积累电荷，电荷积累多了将放电形成干扰；由于是多端口，且各端口的延迟不一致，往往在输出端的逻辑效果是产生一个不必要的窄脉冲输出；TTL 电路在状态转换瞬间，两个输出晶体管同时导通时产生大的冲击电流，加上反馈作用可成为一个干扰振荡器，等等。防止端口感应干扰，可将多余端口接地或通过电阻接电源；防止端口静电感应，可并接电容或涂静电防护层；对于多端口延迟的不一致，可采取同步逻辑电路来避免；对于前沿、后沿产生的振荡，可用施密特电路对波形进行整形来消除。

数字逻辑电路不仅能产生干扰，还对干扰十分敏感，并能对干扰信号记忆存储。其对由电源线、地线引入的干扰的抵御能力很差。因此，还必须着重通过在布线、加滤波电容、级间加缓冲存储器、引线间加屏蔽隔离、引脚涂防静电涂层等办法予以解决。对于已进入系统的干扰，在逻辑电路的输入端采用幅度鉴别（设门限阈值）、波形鉴别（用积分的方法将大幅度窄脉冲变成低于阈值的宽脉冲），或进行逻辑延迟处理等方法。如图 8-3 所示，增加一个延迟电路和一个与非门，满足延迟时间小于信号脉冲宽度而大于干扰脉冲宽度，则原信号与经过延迟后的原信号经过与非门后有输出（波形略窄），而干扰信号则不会有输出。

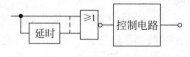

图 8-3　数字电路逻辑延迟去干扰

数字逻辑电路的干扰容限值本身就是一个限制干扰进入电路的阈值，可用来定量地描述数字电路承受干扰信号的能力，不超过这个容限值，就不会对电路形成干扰。干扰容限分为直流电压容限、交流电压容限、能量容限。由于数字逻辑电路有高电平、低电平两种输入，因此又分为高电平阈值与低电平阈值。经过对几种集成电路的工作速度、产生的噪声、噪声容限及带来的延时进行对比,认为 HTL(高阈值逻辑电路)最佳。若考虑元件的损耗,则 MOS 最好,但从价格考虑,还是 TTL 用得普遍。

8.2.2 动态 RAM 的抗干扰分析

RAM 用于数字系统的关键部位,如计算机的主存储器、CRT 显示器的刷新存储器。其存储密度高,根据采用的工艺不同可分为双极性和 MOS 型两大类,MOS 型密度高,存储容量大。RAM 是以电容器充放电为基础的部件,为提高存取速度,要求电容器快速充放电,此时峰值电流可达 100mA,频率可达到 100MHz,因此易产生串扰并经公共阻抗去干扰其他电路。同时,集成电路封装材料中含有微量的放射性元素(钍、铀),所放射的 α 射线会使集成电路出现瞬时的误差动作,被称为"软误差",在芯片制造中虽已解决,但有时随着存储容量的变化,芯片抵御射线感生电荷噪声能力有所变化,有少量放射出来引入了一些不稳定因素。目前通过表面涂以聚酰亚胺可使 α 射线大大减少。

MOS 式存储器在大容量计算机中用得较多,其可靠性对整机的影响极大。表现出的不稳定因素有:高温加速了结点的漏电,会因输出延时过长使取数失效;布线、匹配、装接不当会引入电源噪声;振荡、焊接浸渍会引起毛刺。为此在设计与使用中应注意以下几点:

(1) 因为 MOS 式存储器对温度敏感,故不能过热,应有散热措施。

(2) 易被静电击穿,输入、输出引脚不能直接接入印制板电路,需经 TTL 输入/输出缓冲隔离。

(3) 模板上的电源地线应设计成网状,可减轻每块芯片所在支路的电源地线瞬间干扰,其余线(如时钟线)尽量短,并与输入/输出线走向垂直,对于必需的较长的平行线,中间尽量布一根地线隔离进行。

(4) 为了降低电源噪声,存储板电源入口应加足够容量的低频钽电容,由于 MOS 的瞬时电流很大,电源引入处还要加高频滤波电容,每个组件的电源引脚上至少接一只。

(5) 在存储板上,驱动器的输出阻抗往往与信号线的特性阻抗不匹配,低电平时易产生振荡(因低电平时噪声容限小),可串入电阻以实现匹配。

(6) 地址总线和数据驱动器应尽可能靠近存储芯片,以防止线过长而引入电感,造成因延时引起的误动作。电源线用母线(电源线与地线间加入绝缘物质的线)并配以适当的旁路电容。

(7) 存储器电路中最易受噪声影响的是写入信号$\overline{WR}$,采用以下三方面方法来克服此问题:①选用噪声最难混入的电路;②尽量展宽写入信号的宽度;③芯片近处设旁路电容,防止电源波动影响。

(8) 地址线上加装铁氧体磁珠,可有效地抑制振荡与辐射。

8.2.3 A/D 转换器的抗干扰措施

A/D 转换器在将各物理量转换成数字量时,会遇到被测信号弱而干扰噪声强的情况,干扰来自设备预热、温度变化以及接触地电阻、引线电感、接地线等,也可能来自前级或电源。

进入 A/D 转换器的干扰从形态上可分为串模干扰噪声和共模干扰噪声。

1. 对串模干扰的抑制措施

串模噪声是和被测信号叠加在一起的噪声,可能来源于电源和引线的感应耦合,其所处的地址和被测信号相同。由于其变化比信号快,故常以此为特征去考虑抑制串模干扰。

(1) 采用积分式或双积分式的 A/D 转换器。其转换原理是平均值转换,瞬间干扰和高频噪声对转换结果的影响很小。

(2) 同步采样低通滤波法可滤除低频干扰,例如50Hz工频干扰。做法是先测出干扰频率,然后选取与此频率成整数倍的采样频率进行采样,并使两者同步。

(3) 将转换器做小,直接附在传感器上,以减轻线路干扰。

(4) 用电流传输代替电压传输。传感器与 A/D 相距远时易引入干扰,用电流传输代替电压在传输线上传输,然后通过长线终端的并联电阻,再变成 1~5V 电压送给 A/D 转换器,此时传输线一定要屏蔽并"一点接地"。

2. 对共模干扰的抑制措施

共模干扰产生于电路接地点间的电位差,它不直接对 A/D 转换器产生影响,而是转换成串模干扰后才起作用。因此,抑制共模干扰应从共模干扰的产生和向串模转换这两个方面着手。对共模干扰进行抑制的措施有以下几种:

(1) 浮地技术降低共模电流

采用差动平衡的办法能减轻共模干扰,但是难以做到完全抵消,浮地技术的实质是用隔离器切断了地电流,此时设备对地的绝缘电阻可做到 $10^3 \sim 10^5 \mathrm{M}\Omega$(见图 8-4)。

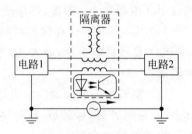

图 8-4　隔离浮地抑制共模干扰

(2) 屏蔽法改善高频共模干扰

当干扰信号的频率较高时,往往因为两条传送线的分布电容不平衡,导致共模干扰抑制差。采用屏蔽防护后,线与屏蔽体的分布电容上不再有共模电压。这里需要注意的是屏蔽体不能接地,也不能与其他屏蔽网相接。

(3) 电容记忆法改善共模干扰

A/D 转换器的工作在脱开信号连线的情况下进行,A/D 转换器所测的是事先存储在电容器上的电压,只要电路对称,就不受共模干扰的影响(见图 8-5)。

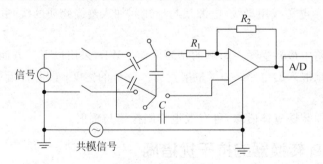

图 8-5　电容记忆法

3. 采用光耦合器解决 A/D、D/A 转换器配置引入的多种干扰

在工业现场计算机控制系统中,主机和被控系统相距较远,A/D 转换器如何配置是一个大问题,这对于保障系统的稳定性及正常的工作是十分重要的。若将 A/D 转换器和主机放在一起,虽然便于计算机管理,但模拟量传输线太长,造成传输距离过长,引起分布参数和干扰影响增加,对有用信号的衰减影响比较大。若将 A/D 转换器和控制对象放在一起,则存在因数字量传送线过长而对管理 A/D 转换器命令的数字量传送不利的问题。这两种情况都是因为传送线的匹配和公共地造成了共模干扰。若将 A/D 转换器放于现场,经过两次光电变换后将采集的信号经 I/O 接口送到主机,主机的命令由 I/O 再经两次光电变换送到 A/D 转换器,两次光电变换分别在数字量传送的两侧。这时整个系统有三个地:主机和 I/O 转换器共微机地、A/D 转换器和被控对象共现场地、传送数字信号的传输线单独使用一个浮地。

光耦合器切断了两边的联系,减轻了共模干扰,而且由于其单向性,夹杂在数字信号中的其他非地电流干扰因其幅度和宽度的限制,不能有效地进行电—光转换而不能通过。这种方法还有效地解决了长线的驱动和阻抗匹配问题,保证了可靠性,即使在现场发生短路故障,光耦合器也能隔离 500V 的电压,从而保护了计算机。由于浮置,还可用普通的扁平线代替昂贵的电缆。

4. 用软件法提高 A/D 转换器抗工频干扰的能力

在工业生产现场,工频干扰比较严重,在 A/D 转换器输入端叠加在模拟信号上,使 A/D 转换器采样的结果发生偏差,这可以用软件的方法进行抑制。这种软件方法的要点是:①硬件保证时钟频率和工频既要同步又要是倍频关系;②软件响应 A/D 转换器的请求,连续采样两次,两次采样时间间隔为工频周期的一半(50Hz 时取 10ms,400Hz 时取 1.25ms);③考虑工频的波动,A/D 转换器的操作与定时时钟中断同步。

8.2.4　计算机接口电路的抗干扰措施

计算机的外部设备种类繁多,工作方式各不相同,速度也各有快慢,而且这些外部设备必须与总线相连,以便于进行信息交换,并受计算机的控制。由于计算机不能同时与多个外部设备发生联系,故只能分时联系。这一切均由接口去完成,由此可以看出接口的任务是协调外部设备与计算机间的数据交换方式,缓冲输入、输出数据,以保证数据交换的异步操作;同时与优先分配及中断系统相适应,某些时候还承担部分计算。从某种意义上讲,计算机控制实质上是接口控制,因此接口电路的抗干扰性能直接影响着整个计算机的抗干扰性能。另外,接口是计算机印制电路板上传导干扰的主要来源,是滤波的重点,线上要串以磁珠减轻辐射,除此之外,人们还设计了专门抗干扰的接口电路。

1. 多输入通道接口抗干扰电路

图 8-6 表示了用差动式运算放大器组成的抗干扰电路,起到隔离共模干扰的作用,同时 R_8C_1 可滤除高频信号,输入电流范围为 0~10mA。多路模拟量输入时,可每一个通道接一个这种电路。

2. 接口电路抗脉冲干扰的措施

图 8-7(a)是远距离脉冲信号抗干扰接口电路,由于光耦合器输入阻抗很低(100Ω~1kΩ),而干扰源的内阻较大(约 $10^5 \sim 10^6 \Omega$),因此能送到光耦合器的光电电压有限,只能形成微弱的电流,而光耦合器的发光二极管有一定的电流阈值,即使电压很高的干扰信号也会被抑制掉,其寄生电容很小,绝缘电阻很高,各种干扰均难通过。图 8-7(a)中运算放大器起隔离作用,TTL 与非门供整形用。

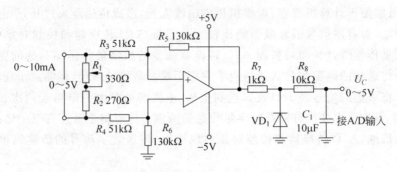

图 8-6　模拟量输入信号抗干扰接口电路

对近距离的脉冲干扰的抑制办法是滤波,图 8-7(b)中的 R_1C_1 起滤波作用,滤波的波形会有抖动,必须加一级施密特电路整形。

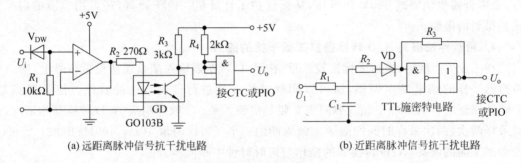

(a) 远距离脉冲信号抗干扰电路　　　　　　　(b) 近距离脉冲信号抗干扰电路

图 8-7　脉冲信号抗干扰接口电路

8.2.5　微型计算机总线的抗干扰措施

(1) 采用三态门式的总线提高抗干扰能力。CPU 在设计时一般输出端的直流负载能力为带一个 TTL 负载,而微型机的各种芯片都是以 MOS 电路为主,直流负载能力很小。当芯片数量比较多时,就必须考虑 CPU 各总线的负载能力,若能力不够,就需要通过缓冲存储器再与芯片相连,因此要有地址缓冲器、数据缓冲器等。

三态门缓冲器能减轻分布电容与电感对总线工作的影响,在总线上可连接 400 个芯片,其总线的抗干扰能力比集电极开路门约大 10 倍,可驱动 100m 长的线,而集电极开路门只能在接 3～5m 长的传输线时具有好的抗干扰能力。

(2) 总线接收端加施密特电路作缓冲器抗干扰。两印制电路板之间用长电缆连接,若接收端直接用一个门电路,则由于信号经长距离传输后会耦合一些噪声,加上印制电路板上噪声的共同作用,危害很大。在接收端印制电路板插座附近加施密特触发器,可以滤除外部噪声,提高总线接收的抗干扰性。

(3) 总线上数据冲突的防止措施。CPU 与随机存储器的连接是由总线收发器通过内部双向数据总线实现的。这种接法往往在内部数据总线上某瞬间产生冲突。所谓"数据冲突",是指总线上同时加入了两个不同的数据,由于高低电平正好相反,就会出现某些驱动电路产生瞬间短路的现象,这时冲击电流很大(一个 TTL 是 100mA,8 位数据线将流过 800mA),而且波形前、后沿很陡,因此频率成分很高,会导致电路误动作。解决的办法是缩短随机存储器存取数据的时间,即缩短选通时间。

（4）克服总线瞬间不稳定的措施。在三态驱动器（D）都是高阻抗时，用三态输出器件构成的总线是不稳定的。一是由于易感应外来干扰；二是接收器的输入电流将给总线的寄生电容充电到高电平，所有接在总线上的接收器都不稳定，一点点外来干扰就有可能振荡。

当两个相位相反的控制信号在时间上存在偏差时，一个由低电平变高电平的瞬间，而另一个还来不及由高电平变低电平，两个均是高阻状态。这一瞬间如果总线的负载是 TTL 电路，它将因自身的泄漏电流使总线电压不稳定；若负载全是 CMOS 或 NMOS，则有几百兆欧的断开状态，很容易耦合干扰。可以采取加吊高电阻的办法，总线通过电阻接到电源处，可使总线在此瞬间处于稳定的高电位，增强了总线的抗干扰能力。吊高电阻应大小适中，不至于成为驱动端负载。

8.3　工控环境中计算机的抗干扰技术

工控环境中计算机的抗干扰技术，应当包括硬件的抗干扰技术和软件的抗干扰技术。工业控制是计算机最重要的应用领域之一，也是计算机的最艰难的应用环境之一。经验认为：工业控制计算机的抗干扰性能根本在于硬件结构，软件抗干扰只是一个补充。硬件的设计应当尽可能地完善，不能轻易降低标准，让软件去补救。软件的编写则要处处考虑到硬件可能发生失效以及可能受到的干扰等种种问题，在保证实时性、控制精度和控制功能的前提下，尽力提高系统的抗干扰性能。要考虑得很细致，努力赋予软件高度的智能。把硬件和软件有机地结合起来，一个经得起长期现场考验的比较完善的工业控制系统才能实现。

8.3.1　工控计算机硬件的抗干扰设计

计算机的硬件抗干扰设计应当包括数字集成电路、动态 RAM、A/D 转换器、接口电路、计算机总线、I/O 接口及传输线、印制版、供电系统和计算机的显示器等所有部件的抗干扰设计。电磁兼容技术中的滤波、屏蔽、接地、隔离等技术都能很好地用于工业控制计算机（Industrial Process Control，IPC）的硬件抗干扰设计。

随着经济的发展和工业自动化需求的提高，用于工业控制的计算机技术有了很大的进步，出现了满足各种需求的种类繁多的 IPC，例如：

（1）可编程序控制器（PLC）；

（2）分布式控制系统（DCS）；

（3）工业 PC，能适合工业恶劣环境，配有各种过程输入/输出接口板；

（4）嵌入式计算机及 OEM 产品，包括 PID 调节器及控制器（单片机、单板机、控制器、家电等配套控制器）；

（5）机电设备数控系统（CNC、FMS、CAM）；

（6）现场总线控制系统（FCS）。

IPC 主要是指基于 PC 总线的工业计算机，依照国际 IEEE（国际电子电气工程师学会）的工业标准设计，最初是为了适应工业控制现场的复杂环境、满足系统可靠性能的要求。

目前，Compact PCI（CPCI）总线工控机得到了普遍的重视，因为它既具有 PCI 总线的高性能，又具有欧洲卡结构的高可靠性，是符合国际标准的真正的工业型计算机，适合在可靠性要求较高的工业和军事设备上应用。

CPCI 总线所具有的开放性、高可靠性和可热插拔(Hot Swap)特性,使其除了可以广泛应用在通信、网络、计算机电话整合(Computer Telephony),还适合实时系统控制(Real Time Machine Control)、产业自动化、实时数据采集(Real-Time Data Acquisition)、军事系统等需要高速运算、智能交通、航空航天、医疗器械、水利等模块化及高可靠度、可长期使用的应用领域。

CPCI 总线工控机从基础设计(如芯片)开始就高度重视电磁兼容性以及标准化。它采用高度集成化的工控机功能模块,并引入当今实时数字信号处理热点——DSP 高速数据信号处理器作为智能数据处理核心,极大地提高了系统数据处理能力及整体工控机的电磁兼容性和可靠性、稳定性。

8.3.2　工控计算机软件的抗干扰设计

计算机系统在工业现场使用时,大量的干扰源虽不能造成硬件系统的损坏,但常常使计算机系统不能正常运行,程序"跑飞",致使控制失灵,造成重大事故。一些不稳定因素常产生于生产的全过程中,实时控制系统往往是 24 小时连续工作,不允许断电检测。这些令工业控制系统大受困扰的问题并不是硬件就能够解决的,因为这些干扰信号大多数是瞬时存在的,时间间隔不确定,传播途径不清楚。而计算机软件却能对付这类具有随机性、瞬时性的干扰,例如在计算机的电源电压上,由于开关、继电器、雷电的影响而形成浪涌电压,电源电压出现瞬间欠压、过压、掉电,各种内外因素产生的瞬间干扰脉冲都属于这类干扰。

软件抗干扰是一种廉价、灵活、方便的抗干扰方式。纯软件抗干扰不需要硬件资源,不改变硬件环境,不需要对干扰源精确定位,也不需要定量分析,故实施起来灵活、方便。用于工业过程控制可很好地保证控制的可靠性。

用软件方法处理故障,实质上是采用冗余技术对故障进行屏蔽,对干扰响应进行掩盖,干扰过后对干扰所造成的影响在功能上进行补偿,实现容错自救。同时,在调试和运行中用容错技术对干扰进行多层次多角度的预防、屏蔽和监测。

1. 工控软件的结构特点及干扰途径

在不同的工业控制系统中,工控软件虽然完成的功能不同,但就其结构来说,一般具有如下特点:

(1) 实时性。工业控制系统中有些事件的发生具有随机性,要求工控软件能够及时地处理随机事件。

(2) 周期性。工控软件在完成系统的初始化工作后,随之进入主程序循环。在执行主程序的过程中,如有中断申请,则在执行完相应的中断服务程序后,继续主程序循环。

(3) 相关性。工控软件由多个任务模块组成,各模块配合工作,相互关联,相互依存。

(4) 人为性。工控软件允许操作人员干预系统的运行,调整系统的工作参数。在理想情况下,工控软件可以正常执行。但在工业现场环境的干扰下,工控软件的周期性、相关性及实时性受到破坏,程序无法正常执行,导致工业控制系统的失控,其表现如下。

① 程序计数器 PC 值发生变化,破坏了程序的正常运行。PC 值被干扰后的数据是随机的,因此引起程序执行混乱。在 PC 值的错误引导下,程序执行一系列毫无意义的指令,最后常常进入一个毫无意义的"死循环"中,使系统失去控制。

② 输入/输出接口状态受到干扰,破坏了工控软件的相关性和周期性,造成系统资源被

某个任务模块独占,使系统发生"死锁"。

③ 数据采集误差加大。干扰侵入系统的前向通道,叠加在信号上,导致数据采集误差加大。特别是当前向通道的传感器接口是小电压信号输入时,此现象更加严重。

④ RAM 数据区受到干扰发生变化。根据干扰串入渠道、受干扰数据性质的不同,系统受损坏的状况不同,有的造成数值误差,有的使控制失灵,有的改变程序状态,有的改变某些部件(如定时器/计数器、串行口等)的工作状态等。

⑤ 控制状态失灵。在工业控制系统中,控制状态的输出常常依据某些条件状态的输入和条件状态的逻辑处理结果而定。在这些环节中,由于干扰的侵入,会造成条件状态错误,致使输出控制误差加大,甚至控制失常。

2. 程序运行失常的软件对策

系统受到干扰侵害致使 PC 值改变,造成程序运行失常。对于程序运行失常的软件,对策主要是发现失常状态后及时引导系统恢复原始状态。

1) 设置监视跟踪定时器

使用定时中断来监视程序运行状态。定时器的定时时间稍长于主程序正常运行一个循环的时间,在主程序运行过程中执行一次定时器时间常数刷新操作。这样,只要程序正常运行,定时器就不会出现定时中断。而当程序运行失常,不能及时刷新定时器时间常数而导致定时中断时,可利用定时中断服务程序将系统复位。在 80C51 应用系统中作为软件抗干扰的一个实例,具体做法是:

(1) 使用 8155 的定时器所产生的"溢出"信号作为 80C51 的外部中断源 INT1,用 555 定时器作为 8155 中定时器的外部时钟输入。

(2) 8155 定时器的定时值稍大于主程序的正常循环时间。

(3) 在主程序中,每循环一次,对 8155 定时器的定时常数进行一次刷新。

(4) 在主控程序开始处,对是硬件复位还是定时中断产生的自动恢复进行分类判断处理。

2) 设置软件陷阱

当 PC 失控时,会造成程序"乱飞"而不断进入非程序区,此时只要在非程序区设置拦截措施,使程序进入陷阱,然后强迫使程序进入初始状态。例如,Z80 指令系统中数据 FFH 正好对应为重新起动指令 RST 56,该指令使程序自动转入 0038H 入口地址。因此,在 Z80 CPU 构成的应用系统中,要将所有非程序区全部置成 FFH 用以拦截失控程序,并在 0038H 处设置转移指令,使程序转至抗干扰处理程序。

3. 系统"死锁"的软件对策

在工业控制系统中,A/D 转换器、D/A 转换器、显示等输入/输出接口电路是必不可少的。这些接口与 CPU 之间采用查询或中断方式工作,而这些设备或接口对干扰很敏感。干扰信号一旦破坏了某一接口的状态字后,就会导致 CPU 误认为该接口有输入/输出请求而停止现行工作,转去执行相应的输入/输出服务程序。但由于该接口本身并没有输入/输出数据,因此使 CPU 资源被该服务程序长期占用不释放,其他任务程序无法执行,使整个系统出现"死锁"。对这种干扰造成的"死锁"问题,在软件编程中,可采用"时间片"的方法来解决。其具体步骤为:

(1) 根据不同的输入/输出外设对时间的要求,分配相应的正常的最大输入/输出时间。

（2）在每一输入/输出的任务模块中，加入相应的超时判断程序。这样当干扰破坏了接口的状态造成 CPU 误操作后，由于该外设准备好信息长期无效，经一定时间后，系统会从该外设的服务程序中自动返回，保证整个软件的周期性不受影响，从而避免"死锁"情况的发生。

4. 数据采集误差的软件对策

根据数据受干扰性质及干扰后果的不同，采取的软件对策也各不相同，没有固定的模式。对于实时数据采集系统，为了消除传感器通道中的干扰信号，在硬件措施上常采取有源或无源 RLC 网络，构成模拟滤波器对信号进行频率滤波。同样，运用 CPU 的运算、控制功能也可以实现频率滤波，完成模拟滤波器类似的功能，这就是数字滤波。在许多数字信号处理专著中都有专门论述，可以参考。随着计算机运算速度的提高，数字滤波在实时数据采集系统中的应用将愈来愈广。在一般的数据采集系统中，可以采用一些简单的数值、逻辑运算处理方法来达到滤波的效果。下面介绍几种常用的方法。

1）算术平均值法

对于一点数据连续采样多次，计算其算术平均值，以其平均值作为该点的采样结果。这种方法可以减轻系统的随机干扰。对采集结果一般进行 3～5 次平均即可。

2）比较取舍法

当控制系统测量结果的个别数据存在偏差时，为了剔除个别错误数据，可采用比较取舍法，即对每个采样点连续采样几次，根据所采数据的变化规律确定取舍，从而剔除偏差数据。例如，"采三取二"即对每个采样点连续采样三次，取两次相同的数据为采样结果。

3）中值法

根据干扰造成采样数据偏大或偏小的情况，对一个采样点连续采集多个信号，并对这些采样值进行比较，取中值作为该点的采样结果。

4）一阶递推数字滤波法

这种方法是利用软件完成 RC 低通滤波器的算法，实现用软件方法代替硬件 RC 滤波器。一阶递推数字滤波公式为

$$Y_n = QX_n + (1-Q)Y_n - 1 \qquad\qquad (8\text{-}2)$$

式中　Q——数字滤波器时间常数；

　　　X_n——第 n 次采样时的滤波器输入；

　　　Y_n——第 n 次采样时的滤波器输出。

采用软件滤波器对消除数据采集中的误差可以获得满意的效果，但应注意，选取何种方法应根据信号的变化规律进行选择。

5. RAM 数据出错的软件对策

在实时控制过程中，干扰造成比较严重的危害之一就是冲毁 RAM 中的数据。由于 RAM 中保存的是各种原始数据、标志、变量等，如果这些数据被破坏，会造成系统出错或无法运行，根据数据被冲毁的程度，一般可分为 3 类：

（1）整个 RAM 数据被冲毁；

（2）RAM 中某片数据被冲毁；

（3）个别数据被冲毁。

在工业控制系统中，RAM 的大部分内容是为了进行分析、比较而临时存放的，不允许

丢失的数据只占极少部分。在这种情况下,除了那些不允许丢失的数据外,其余大部分内容允许短时间被破坏,最多只引起系统一个很短时间的波动,很快就能自动恢复。因此,在工控软件中,只要注意对少数不允许丢失的数据进行保护,一般常用的方法有校验法和设标法。这两种方法各有千秋,校验法比较烦琐,但查错的可信度高;设标法简单,但对数据表中个别数据冲毁的情况,查错则无能为力。在编程中一般应综合使用,其具体做法为:

(1) 将 RAM 工作区重要区域的始端和尾端各设置一个标志码 0 或 1;

(2) 对 RAM 中固定不变的数据表格设置校验字。

在程序的执行过程中,每隔一定时间通过事先设计的查错程序来检查其各标志码是否正常,如果不正常,则利用数据冗余技术通过抗干扰处理程序来进行修正。冗余数据表的一般设计原则是:

(1) 各数据表应相互远离分散设置,减小冗余数据同时被冲毁的概率;

(2) 数据表应尽可能远离栈区,减少由于操作错误造成堆栈数据被冲的可能。

上述对 RAM 区域的恢复处理方法,在不同的应用系统中应根据具体情况进行取舍。

6. 控制状态失常的软件对策

在条件控制系统中,人们关注的问题是能否确保正常的控制状态。如果干扰进入系统,就会影响各种控制条件,造成控制输出失误。为了确保系统安全,可以采取下述软件抗干扰措施。

1) 软件冗余

对于条件控制系统,将控制条件的一次采样、处理控制输出,改为循环采样、处理控制输出,这种方法具有良好的抗偶然因素干扰作用。

2) 设置当前输出状态寄存单元

当干扰侵入输出通道造成输出状态破坏时,系统可以及时查询当前输出状态寄存单元的输出状态信息,及时纠正错误的输出状态。

3) 设置自检程序

在计算机系统内的特定部位或某些内存单元设置状态标志,在运行中不断循环测试,以保证系统中信息存储、传输、运算的高可靠性。

上述介绍的几种有关工控软件的抗干扰编程方法是作者在工作实践中的体会。在设计工控软件的过程中,只要采取相应的抗干扰措施,就可获得较好的抗干扰效果。如果结合各种硬件抗干扰措施一起使用,将会大大提高系统的可靠性。

8.3.3　工控计算机抗干扰用到的软件技术

软件抗干扰是一种廉价、灵活、方便的抗干扰方式。纯软件抗干扰不需要硬件资源,不改变硬件的环境,不需要对干扰源精确定位,也不需要定量分析,故实施起来灵活、方便。

工控计算机采用软件抗干扰措施是对硬件抗干扰措施的一个补充和延伸,其实质是采用冗余技术对故障进行屏蔽,对干扰响应进行掩盖,对干扰所造成的影响在功能上进行补偿,实现容错自救。软件抗干扰运用得法可以显著提高工控系统的可靠性和智能性。

工业控制计算机在环境恶劣、电磁干扰严重的工业现场里面临着巨大的考验,其抗干扰能力是一个关键的因素。因此,除了整个系统的结构和每个具体的工控机都需要仔细设计硬件抗干扰措施之外,还需要注重软件抗干扰措施的应用。软件抗干扰技术就是通过软件运行过程中对自己进行自监视及与工控网络中各机器间的互监视,来监督和判断工控机是否出错或失效的一个方法。这是工控系统抗干扰的最后一道屏障。

1. 工控计算机实时控制软件运行过程中的自监视技术

自监视技术是工业控制计算机自己对自己的运行状态进行监视。

某些类型的工控机 CPU 内部具有 Watchdog、Timer,例如 Intel 8098、80198 系列,就可以方便地通过设定 Watchdog 工作方式以及采用合适的软件编程相互配合来达到自监视目的。而没有 Watchdog、Timer 的 CPU,例如 Z80、80C51 系列等,则可以通过外加 Watchdog 电路,再配以软件达到自监视目的。这种软硬结合的自监视法通常是很有效的,可以大幅度提高工控机的抗干扰能力。如果 Watchdog 电路设计得好,软件也编制得好的话,不仅可以及时发现程序"跑飞",而且还可以实现"跑飞"程序修复,这是最好的自监视手段。

然而,这并不等于万无一失,可能发生的情况有:

① Watchdog 电路本身失效。

② 设置 Watchdog 的指令正好在取指令时被干扰而读错。

③ Watchdog "发现"程序"跑飞"之后,其产生的复位脉冲或者 NMI 申请信号正好被干扰而没奏效等。虽然以上导致 Watchdog 失效的因素几率很小,但却是存在的。另外,还有相当数量的工业控制计算机没有 Watchdog 电路。因此,下面重点讨论软件自监视法。

(1) 随时监督检查程序计数器 PC 的值是否超出程序区。

计算机正常运行时,其 PC 值一定在程序区内。如果 PC 值跑出程序区,计算机肯定已发生了程序"跑飞"。检查程序计数器 PC 值是否在程序区内的方法,是在经常要产生外部中断的某个中断服务程序中,读取转入该中断时推入堆栈的断点地址。如果该地址在程序区内,则认为 PC 值正常,否则就是程序跑飞了。此时,程序跳转到机器的重启动入口或者复位入口,机器重新启动。如果没有这样一个合适的中断源,则可以专门设置一个定时中断或者几个定时中断,在中断服务程序中检查 PC 值是否合法,一旦发现不对,就立即转入机器的重启动入口。定时器中断的时间常数可视机器的繁忙程度和重要性设定,一般从几毫秒到几百毫秒都可以。

这个方法的局限性是不能查出 PC 值在程序区内乱跳,即此时 PC 值虽受干扰却并没有超出程序区,而是错位乱拼指令而构成一些莫名其妙的操作,或者死循环。

(2) 主循环程序和中断服务程序相互监视。

每个工控机的主循环程序和中断服务程序都有一定的运行规律可循,因此可以设计出主循环程序与各中断服务程序、各中断服务程序之间的相互监视。每个监视对要定义一个 RAM 单元,依靠对其计数/清零的方法表达相互监视信息。例如,某工控机的主循环程序循环一次最长时间为 80ms,它的一个定时中断的时间常数为 10ms,当安排该定时中断监视主循环程序运行时,可以每次 10ms 中断对该 RAM 单元进行加 1 计数,而主循环程序每循环一次对该 RAM 单元清零。因此,正常运行时,这个监视计数 RAM 单元的计数值不可能大于等于 9,如果 10ms 定时中断服务程序发现其计数值大于等于 9,就可知主循环程序已经被干扰跑飞或出现死循环,于是跳转到机器的重启动入口,重新恢复运行。使用这个方法,如果设计得当,是非常有效的。经验证明,主循环程序被干扰跑飞可能性最大,中断服务程序越短小,越不易跑飞。主循环程序和中断服务程序以及中断服务程序之间的相互监视,多设计几个监视对会更好。

（3）随时校验程序代码的正确性。

工业控制计算机的实时控制程序代码通常都采用 EPROM 固化运行，一般不易发生被改写的情况。但程序成年累月地运行，有时也会出现极个别的单元出错。其原因可能是芯片质量问题或者因静电、雷击干扰等造成的改写。程序出错了，将直接造成运行错误或者无法运行。校验的方式可以采用累加和校验或者 BCH 校验（一种 CRC 校验方法）。当采用 BCH 校验时，其分组附加的冗余字节可以集中在程序区之外的某个 EPROM 区域里。校验方法是在某个短小而且经常发生的中断服务程序内安排一个校验模块，可以设计成每次循环校验一部分程序代码，分若干次校验完成，或者当代码少、任务轻松时也可以一次校验完。如果发现校验错，应当立即向工控网络主站报告或者以自身报警的办法告知操作人员，以便及时处理。

这个方法的局限性是被损坏的程序代码不是校验程序块，而且以该中断还可以正常响应为前提。由于该中断服务程序短小，通常还是有很大的概率自监视程序代码的正确性。

（4）随时校验 RAM 的正确性。

RAM 成年累月运行，因其质量因素和接插件接触因素都可能导致其出现故障，这也会使控制系统发生错误，因此需要经常监视 RAM 的正确性。监视可以安排在主循环程序，也可以安排在某个经常要发生的中断服务程序中，分几次或者一次全部对 RAM 进行检查。检查的方法是先将被检查的 RAM 单元的内容读出，存放在某个通用寄存器里，然后对该单元写入一个特定码，再读出进行比较，如果不正确就说明该单元可能损坏，此时要及时报告工控网络主站或者自身报警，提醒操作人员处理。这个写入的特定码常用的是 55H-AAH 法，即写入 55H，再读出比较，如果正确，再写入 AAH，再读出比较。该组码对每个比特都有 0、1 写入/读出检验，如果不正确，最好再验证两次后才确定校验结果。不管该单元是否有错，校验之后都应恢复它的原始数据，再报警或进行后面的操作。

使用这个方法要注意处理好各个中断源的级别关系。

2. 实时控制系统的互监视技术（空间冗余）

一个分布式工控网络或者重要环节的双机热备份运行，都可以构成软件抗干扰的互监视。主从式的工控网，主站和从站可以相互监视运行状况；环形网的相邻站或者全部站也都可以相互监视运行状况；双机热备份运行的两工控机，更应该相互监视。对于网络型的各站间的相互监视，主要是定时互相询问和按要求回答，如果没有按要求回答，则表示该站可能出现问题（当然也可能是网络通信出问题），操作人员应及时前往处理。最简单的询问和回答码的设计是询问方发出一组数字，回答方经过某种简单的运算（例如求反），再发回询问方。这种相互监视法可检验被询站是否死机以及校验通信网络完好与否。而重要环节的双机热备份运行的相互监视则可做得更深入，除了这种询问回答方式之外，还可做到控制量是否正常的相互监视，发现问题应当及时报警，通知值班人员处理。

3. 其他常采用的软件抗干扰技术

1）广布陷阱技术

以上讨论的自监视法和互监视法都是建立在工控机能正确运行全部或部分程序的基础上的。有时一个意想不到的干扰，会破坏中断和所有程序的正常运行。此时 PC 可能在程序区内，也可能在程序区之外，要使它自恢复正常运行，只有依赖于广布"陷阱"的技术了。

这里所谓的"陷阱"，是指某些类型的 CPU 提供给用户使用的软中断指令或者复位指令。例如,Z80 指令 RST 38H,其机器码为 FFH。CPU 执行该指令时,将当前程序计数器的值压入堆栈,然后转到 0038H 地址执行程序。如果把 0038H 作为一个重启动入口,机器就可以恢复新的工作了。再例如,Intel 8098、Intel 80198 系列的复位指令 RST,机器码也为 FFH。CPU 执行该指令时,其内部进行复位操作,然后从 2080H 开始执行程序。当然,Intel 80198 系列还有更多的非法操作码可作为"陷阱"指令使用,这时只需要在 2012H 的一个字的中断矢量单元处安排中断入口,并且编制一个处理非法操作码的中断服务程序,一旦遇到非法操作码,就能进行故障处理。经验表明,"陷阱"不但需要在 ROM 的全部非内容区、RAM 的全部非数据区设置,而且要在程序区内的模块之间广泛布置。一旦机器程序"跑飞",总会碰上"陷阱",立即就可以救活机器了。

2) 重复功能设定法

工控机很多功能的设定,通常都是在主程序开始时的初始化程序里设定的,以后再也不去设定,这在正常情况下没有问题,但偶然的干扰会改变 CPU 内部这些寄存器或者接口芯片的功能寄存器,例如,把中断的类型、中断的优先级别、串行口和并行口的设定修改了,机器的运行肯定会出错。因此,只要重复设定功能操作不影响其当前连续工作的性能,都应当纳入主程序的循环圈里。每个循环都可以刷新一次设定,从而避免了偶然的意外。对于那些重复设定功能操作会影响当前连续工作性能的,则要尽量设法找机会重新设定。例如串行口,如果接收发送完某帧信息之后,会有一个短暂的空闲,此时应作出判断并且安排重新设定一次的操作。

3) 重要数据备份技术

工控机中的一些关键数据,应当至少有两份以上的备份,当操作这些数据时,可以把主、副本进行比较,如果不同,就要分析原因,采取预先设计好的方法进行处理。还可以将重要数据采用校验和或者分组 BCH 校验的方法进行校验。将这两种方法结合使用则更可靠。

4) 数字滤波技术

数字滤波技术既可属硬件仿真(代替滤波器的功能)技术,又可属时间冗余技术。它不靠硬件,而是靠计算机的高速、多次运算达到模拟并提高精度的目的。根据数据的性质不同,消除干扰的软件滤波的方法也有所不同:

(1) 对于温度、压力、流量等数值模拟量,可采取算术平均值滤波,因其对高斯型噪声的滤除有效。

(2) 中值滤波对尖刺脉冲干扰、阶跃干扰等模拟量有效。

(3) 一阶滞后滤波由于采用了递推技术,对快速的干扰源滤波有效。

(4) 逻辑滤波用于开关量滤波,信号是二值状态,采用多数表决法,用"逻辑与"或"逻辑或"作滤波结果。

5) 冗余技术

(1) 时间冗余。多次采样输入、判断,以提高输入的可靠性;利用多次重复输出来判断,提高输出的可靠性;重新初始化,强行恢复正常工作。

(2) 指令冗余。对重要的指令重复写上多个,即使某一个被干扰,程序仍可执行。

(3) 空间冗余。整机、电源、接口、数据区均可设置备份,软件用于判别干扰和转换设备。

软件抗干扰的技术还有很多,例如坏值剔除、人工控制指令的合法性和输入设定值的合法性判别等,这些都是一个完善的工业控制系统必不可少的。

8.4　计算机电磁信息泄漏与防护

8.4.1　计算机电磁信息辐射泄漏的途径

计算机是采用高速脉冲数字电路工作的,因此,只要处于工作状态就会向机器外辐射含有敏感信息的电磁波。根据电磁辐射的内容,大致可以分为以下几种情况:

1. 无信息调制的电磁辐射

如计算机的开关电源、时钟频率、倍频和谐频等,这类电磁波辐射多数没有信息内容调制,个别的有 50Hz 交流电源或单一频率调制,不易造成敏感信息泄漏。

2. 并行数据信息的电磁辐射

计算机系统内部的信息流主要有 4 个部分:数据总线、地址总线、控制总线及 I/O 输出。其中,前 3 个部分信息的共同特征是都是并行数据流(8 位、16 位、32 位、64 位等),这些并行的数据信息泄漏后是极难还原的,主要原因如下:

(1) 并行的多位数据在时域上同步,频域上相关。从理论上讲,难以将这些交织在一起的频谱信息分离开。

(2) 这些并行的数据都是二进制编码。在不同的操作系统和不同的应用程序中,对同一组码的定义是完全不同的,因此很难确定某一组二进制码的确切含义。这类辐射信号的内容多数反映计算机的运算过程,辐射频率主要集中在 2～450MHz 内。

3. 寄生振荡

即计算机电子线路中的分布电容、布线电感在特定条件下,对某一频率谐振而产生的振荡。这种辐射的频率范围不规律,从几十千赫到上千兆赫都有,辐射的能量也不相等,有的辐射信号理论上可以传播数公里。

4. 计算机终端的视频信号辐射

计算机 I/O 传输的数据一般是串行数据,如打印机、绘图仪、传真接口等,这些数据的速率低,其辐射信息容易还原。尤其是光栅扫描式阴极射线管显示器的视频信号辐射,由显示卡输出的视频信息经预处理、放大后加在显示器的阴极及控制栅极,信号的幅度高达 $700V_{pp}$,行、场信号经同步、放大后,形成上百伏的高电压,偏转线圈的电流可以达到安培级。这些串行特征的视频信号在大幅度、大电流的情况下很容易造成电磁信息辐射泄漏。形成此类电磁辐射的部分有显示卡、连接线、CRT 视放电路等。

5. 计算机显示器阴极射线管产生的 X 射线

据报道,这种 X 射线也可以通过特殊的技术手段进行还原。

8.4.2　计算机电磁信息辐射的特点

通过对大量计算机的测量发现,所有计算机都存在一定的电磁信息辐射泄漏。从电磁辐射总的情况来看,品牌机要好于组装机,新机型好于老机型,新机型的电磁辐射频率一般高于老机型。另外,计算机的电磁辐射还具有以下特点:

(1) 电磁辐射信号多数为窄带信号;

(2) 辐射信号频率主要为几兆赫到 500MHz,100MHz 以下普遍存在较强的开关电源信号;

（3）辐射频率分布在非常宽的频域范围内，这些频率多是谐波关系；

（4）单个频率点一般只包含部分的视频信息。

8.4.3 计算机电磁信息辐射泄漏的防护技术

为了尽量降低计算机视频信息电磁泄漏的危险，必须采取安全防护措施。目前的防电磁信息泄漏技术措施主要有 3 种：信号干扰技术、电磁屏蔽技术和 TEMPEST 技术。

1. 信号干扰技术

干扰技术又称为伪信息泄漏防护技术，是指把干扰器发射出来的电磁波和计算机辐射出来的电磁波混合在一起，以掩盖原泄漏信息的内容和特征等，使窃密者即使截获这一混合信号也无法提取其中的信息。

计算机电磁辐射干扰器大致可以分为两种：白噪声干扰器和相关干扰器。

白噪声干扰器采用白噪声作为干扰源，对计算机辐射信号进行覆盖。此类干扰器的优点是结构简单、成本低，可以对放置在一起的多台计算机同时起到干扰作用。但同时存在以下不足：

（1）干扰器的干扰信号和计算机的辐射信号之间没有相关联系。窃取者在接收这种白噪声干扰的混合信号后，仍然可以将噪声信号去除掉，从中提取出视频信息。

（2）白噪声干扰器的辐射功率一般比较高，会造成电磁环境污染。由于这类原因，白噪声干扰器正逐步被相关干扰器所取代。

计算机视频辐射相关干扰器模仿计算机的显示规律，生成的干扰信号和计算机视频辐射信号具有相同的频谱特性，使辐射信号和干扰信号在空间混合后形成一种复合信号，因此破坏了原辐射的信号形态，使窃收者无法还原其信息。在具体实现过程中，必须考虑以下基本要求：

（1）干扰信号与辐射信号频域相同，即干扰信号时钟与信息像素时钟相同；

（2）干扰信号与泄漏信号时域相同，即有一定的帧周期重复特性；

（3）干扰信号自身的保密性要高，信号结构不能是单一的简单模式；

（4）能够自动跟踪显示模式的改变，自动适应各种不同模式下工作的显示终端；

（5）干扰信号应该具有相当程度的隐蔽性和欺骗性；

（6）在保证干扰信号强度符合电磁兼容标准的前提下，必须保证干扰信号有足够的幅度和足够的频率覆盖范围。

相关干扰器的特点决定了相关干扰器和要保护的计算机必须是一对一的配置关系。也就是说，一台相关干扰器只能对一台计算机的视频辐射起到相关保护作用，对于周围的其他计算机只是不相关干扰。由于相关干扰采用的并不是高场强覆盖式原理，其干扰信号的场强值可以做得非常接近或略高于计算机辐射的最大场强值，因而相关干扰器一般不会影响其他电子设备的正常工作。

2. 屏蔽技术

屏蔽室是一个导电的金属材料制成的大型六面体，它基于"法拉第笼"的原理（即闭合导电球面体内电位差为零、电波的趋肤效应、反射衰减），能够抑制和阻挡电磁波在空中传播。它具有两种基本功能：①阻止外部电磁干扰进入屏蔽室；②使屏蔽室内的电磁能量不外泄。

屏蔽技术是防止计算机信息泄漏的重要手段,使用不同结构和材料制造的屏蔽室,一般可以使电磁波衰减 60~140dB。

屏蔽室的种类很多。按屏蔽材料分,有铜网式、钢板式、电解铜箔式等;按结构分,有单层钢板式、双层钢板式、多层复合式等;按安装形式分,有焊接式、组装式等。影响屏蔽室性能的因素有以下几个方面:

(1) 屏蔽材料。导电率高的金属材料有助于提高屏蔽室的屏蔽效能。

(2) 拼接、焊接工艺。焊接的效果一般好于其他拼接方式。

(3) 通风窗和屏蔽室门。是屏蔽室的关键组件,直接影响屏蔽室的整体性能。

(4) 电源滤波器。

阻碍屏蔽技术普遍应用的主要原因是造价太高,受安装场地等条件的限制。一般 20~30m² 场地的屏蔽室的造价即需几十至上百万元。因此屏蔽技术较适用于重要的大型计算机设备或多台小型计算机集中放置的场合。

3. TEMPEST 技术

TEMPEST 技术即低辐射技术,是指在设计和生产计算机设备时就对可能产生电磁辐射的元器件、集成电路、连接线、显示器等采取防辐射措施,从而达到降低计算机信息泄漏的最终目的。目前广泛采用的 TEMPEST 技术有:屏蔽、红/黑设备隔离、布线与元器件选择、滤波、I/O 接口和连接处理、TEMPEST 测试技术等。下面对 TEMPEST 防护技术进行简单的介绍。

TEMPEST,即"瞬时电磁脉冲发射标准"(Transient Electro-Magnetic Pulse Emanation Standard Technology)的英文缩写。据文献可查,该词最早出现在 1969 年美国制定的"EMC 计划"中。而美国早在 20 世纪 50 年代就开始了计算机"泄密发射"(Compromising Emanations)的研究,并在 1981 年颁布了一系列 TEMPEST 标准;20 世纪 80 年代中期,英国和北约颁布了类似的标准,其他国家也制定了相应的研究开发计划,这些标准都是非常机密的,此方面的研究工作也都是秘密开展的。随着 TEMPEST 技术的发展,其研究范围又增加了电磁泄漏的侦察检测技术,用于截获和分析对手的泄漏发射信号。1998 年,英国剑桥大学的科学家 Ross Anderson 和 Markus Kuhn 提出了 Soft Tempest 的概念,即通过"特洛伊木马"程序主动控制计算机的电磁信息辐射,这标志着 TEMPEST 技术从"被动防守"到"主动进攻"的转变。

我国是从 20 世纪 80 年代中期开始关注 TEMPEST 领域的,已经在计算机系统电磁信息泄漏的安全防护方面取得了一些研究成果。但因为起步晚,许多课题尚有待深入研究、发展。

TEMPEST 是信息安全保密的一个专门研究领域。它包括对信息设备的电磁泄漏发射信号中所携带的敏感信息进行分析、测试、接收、还原以及防护的一系列技术。这里主要讨论电磁泄漏的防护,即低辐射技术,目前广泛采用的 TEMPEST 防护技术有以下几种。

(1) 屏蔽。屏蔽是 TEMPEST 技术中采取的基本措施。屏蔽的内容非常广泛,电子设备中每个零件、功能模块等都可以分别进行屏蔽。例如,使用屏蔽室、屏蔽柜对整个电子设备进行屏蔽,使用隔离仓、屏蔽印刷线路板对设备中容易产生辐射的元器件进行屏蔽。

(2) 红/黑设备隔离。在安全通信和 TEMPEST 系统中,其基本单元可划分为红设备和黑设备两个部分。其中,红设备是指处理保密信息、数据的设备,黑设备是指处理非保密信息和数据的设备。红/黑单元之间是绝对不允许进行数据传输的。通常是在两者之间建立红/黑界面,避免两单元的直接连接,仅仅实现黑到红设备之间的单向信息传输。

(3)布线与元器件选择。采用多层布线和表面安装技术,尽量缩短线路板上走线和元器件引线的长度,选用低速和低功耗逻辑器件以减少高次谐波。

(4)滤波。使用合适的滤波器,削弱高次谐波,减少线路板上各种传输线之间的辐射和红/黑信号的耦合。

(5)I/O接口和连接。在输入/输出接口上除了使用滤波器外,还要使用屏蔽电缆,尽量降低电缆的阻抗和失配,使用屏蔽型连接器以降低设备之间的干扰。

(6)TEMPEST测试技术。即检验电子设备是否符合TEMPEST标准。其测试内容并不限于电磁发射的强度,还包括对发射信号内容的分析、鉴别。

生产和使用低辐射计算机设备是防止计算机电磁辐射泄密的根本措施。国外的一些先进国家对TEMPEST技术的应用非常重视,对使用在重要场合的计算机设备的辐射要求极为严格。

习题

1. 干扰侵入计算机的途径有哪些?
2. 计算机电磁兼容性设计的方法指的是什么?
3. 单片机系统电磁兼容的特点是什么?有哪些技术?
4. 什么叫计算机电磁泄漏?
5. 计算机电磁泄漏的主要途径有哪些?如何防护?
6. 计算机软件抗干扰的特点是什么?有哪些技术?

第 9 章

电磁兼容的预测与建模技术

20 世纪 90 年代,电磁兼容性工作已经逐步从事后检测处理发展到预先评估、预先检验和预先设计,即在方案设计阶段就有针对性地开展预测分析工作,把过去用于研制后期试验测量和处理以及返工补救的费用,安排到加强事前设计和预测检验中来。产品电磁兼容性达标认证已由一个国家统一行动发展到一个地区或一个贸易联盟统一行动。

电磁兼容预测与建模的一个重要特点就是涉及的范围极广,有元器件、设备、分系统或系统之分。系统、设备的预测与建模比一个器件的预测与建模要复杂得多,如对汽车和飞机需要用拓扑的方法分层模拟;信号频率范围大,从直流到几十吉赫兹;计算对象几何尺寸差异大,从微电子应用到飞机、大型舰船,乃至空间大气层等。

本章分别讨论 4 个专题:明确 EMC 预测与建模的目的、判断 EMC 问题所属的电磁场性质、电磁兼容预测与建模计算方法的选择以及电磁兼容预测常用软件功能。

9.1 明确 EMC 预测与建模的目的

预测与建模的开始必须有明确的目标和期望的结果(包括场的可视化)。明确目的是为了确保建立的模型是确实可用的,必须确定在被模拟的系统中有哪些信息可以利用。掌握有用信息对定义模型很重要,并要确保没有东西被遗漏。从模拟获取的结果不可能比初始信息更精确,不幸的是这一点经常在建立模型的过程中被忽视。然而,想包揽不必要的细节也会有潜在的危险,会使模型变得过于庞大和复杂。例如,评估某系统的发射可能是最终的目的,但是在实践的过程中,问题可能要被分解成几个适当的部分。每一个独立的源可能需要单独模拟,这样做是为了便于判断输出数据的合理性。严谨的思考是为了模拟过程可以在最有效的条件下进行。

由于计算机模拟对于构思差与构思好的模型是同等对待的,要绝对避免输入一堆"垃圾"并输出一批"废品",因此精炼初始数据十分必要。一些需要的数据可能在复杂的形式中,如当系统外壳的几何形状、电缆布置或电源系统在机械 CAD 的数据库中已经很好地定义并且可以利用的时候,在工作的初级阶段应该充分利用。但是如果把所有的细节都包括在模型中,会导致模型非常复杂。只有在预测与建模的经验丰富以后,才可能很快地决定一个模型中哪些特性可以被简化或忽略,开发出有效的模型。

9.2 判断 EMC 问题所属的电磁场性质

场的方法是以分布的观点来观察求解的问题域,下面对各种类型干扰电磁场源的性质、特性加以分类、归纳,以便做定量分析。

9.2.1 场的分类及特性

麦克斯韦方程是描述一切宏观电磁现象的基础。式(9-1)是法拉第电磁感应定律的微分形式,表示变化的磁场要产生电场。式(9-2)是安培定律的微分形式,它表示磁场不仅由传导电流产生,而且随时间变化的电场也要产生磁场。E、H 随时间变化越快,产生的感应量越大。这是处理电磁兼容问题时必须牢记的最基本的原理。

式(9-3)和式(9-4)分别表示电场的有源性,电力线总是从正电荷发出到负电荷终止,即磁力线的闭合性。

$$\nabla \times E = -\frac{\partial B}{\partial t} \tag{9-1}$$

$$\nabla \times H = \frac{\partial D}{\partial t} + J_c \tag{9-2}$$

$$\nabla \times D = \rho, \quad D = \varepsilon E \tag{9-3}$$

$$\nabla \times B = 0, \quad B = \mu H \tag{9-4}$$

式中各物理量的含义及单位分别为电场强度 $E(V/m)$、电位移矢量 $D(C/m^2)$、磁感应密度 $B(Wb/m^2)$、磁场强度 $H(A/m)$、自由电荷体密度 $\rho(C/m^3)$、媒质的介电常数 $\varepsilon(F/m)$、媒质的磁导率 $\mu(H/m)$。

1. 静电场与恒定磁场

静电场与恒定磁场是指不随时间变化的电场和磁场。在麦克斯韦方程组中,把随时间变化的项去掉以后,即得如下方程:

静电场

$$\nabla \times E \approx 0, \quad \nabla \times D = \rho \tag{9-5}$$

定义

$$E = -\nabla \varphi \tag{9-6}$$

则有

$$\nabla^2 \varphi = -\rho/\varepsilon \quad \text{或} \quad \nabla^2 \varphi = 0 \tag{9-7}$$

表示标量电位函数 φ 满足泊松或拉普拉斯方程。

恒定磁场

$$\nabla \times H = J_c, \quad \nabla \times B = 0 \tag{9-8}$$

定义

$$B = \nabla \times A, \quad \nabla \times A = 0 \tag{9-9}$$

则有

$$\nabla^2 A = \mu J_c \quad \text{或} \quad \nabla^2 A = 0 \tag{9-10}$$

式(9-8)表示磁力线总是闭合的且包围电流。式(9-10)表示矢量磁位 A 也满足泊松或拉普拉斯方程。虽然磁场和电场的性质是完全不同的,但它们之间存在着对偶关系。

2. 准静态电场和磁场

准静态电磁场是指电场和磁场都是时间的函数,即$\dfrac{\partial D}{\partial t}\neq 0$,$\dfrac{\partial B}{\partial t}\neq 0$,但是当研究对象最大方向的尺寸远小于正弦电磁量变化的波长时,则可以忽略由$\dfrac{\partial B}{\partial t}$产生的电场及位移电流$\dfrac{\partial D}{\partial t}$产生的磁场,从麦克斯韦方程可导出以下方程:

$$\nabla\times E=0,\quad \nabla\times D=\rho(t),\quad \nabla^{2}\varphi=-\frac{1}{\varepsilon}\rho(t) \tag{9-11}$$

$$\nabla\times H=J(t),\quad \nabla\times B=0,\quad \nabla^{2}A(t)=-\mu J_{\mathrm{c}}(t) \tag{9-12}$$

以上两式分别被称为电准静态(EQS)场和磁准静态(MQS)场。例如,50Hz的工频电场在真空中的波长$\lambda=v/f=3\times10^{8}/50=6000\mathrm{km}$。对一条200km长,即$L\ll\lambda$的输电线来说,线上任意点处的电压可以认为是同时到达相同的值,不必计其滞后现象,所以称为"准"静态场。将式(9-11)、式(9-12)分别与式(9-5)、式(9-7)及式(9-8)、式(9-10)中的各物理量相比,除了式(9-11)、式(9-12)中的物理量是时间函数以外,两组方程中的物理量满足相同的运算法则,方程性质完全一样,所以其场分布特征也完全一样。这一特征对处理低频电、磁场特别重要,一定频率范围内的正弦电磁场问题完全可以用求解静态电磁场的方法来处理。不仅50Hz的问题是这样,即使是频率为100MHz的电源,因为它对应的波长是3m,一段10km的线对它来说仍满足$L\ll\lambda$(一般以10倍计算)条件,还是可作为准静态场来处理。这一类场在工程上是大量存在的,掌握此原理极为重要。

3. 电大与电小

在EMC问题中必须分清电大与电小的概念。

(1)电小。是指研究对象的最大尺寸L与信号波长λ相比小得多,即$L\ll\lambda$,可以忽略电磁量在对象上的传播效应,使问题大为简化。如图9-1(a)所示,线路的长度比波长小得多,可以用集中参数电路处理。对场的问题,也可以用准静态电磁场来处理。

(2)电大。是指研究对象的最大尺寸可与信号波长λ比拟。对某一线路来说,如果线长$L\approx\lambda$或$L=n\lambda(n<10)$,则此时一段导线上的电压既是时间的函数,也是长度的函数,如图9-1(b)所示。在同一时刻,A、B、C三点上的电压是不同的,必须用分布参数理论,或者说必须用电磁波的方法来处理。图9-1(c)是用分布参数对图9-1(b)进行表示的等值电路图。

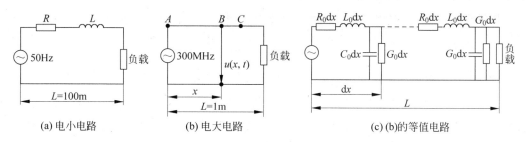

图 9-1　电大与电小示例图

对于大量的电子设备、通信器件,工作频率为几百兆甚至几十吉赫,1cm 长的线也是长线(电大电路),相当于发射天线。因为它们在高频下工作,因此很容易给器件带来干扰。即使采用屏蔽措施,也极容易因措施不完善或疏忽而带来意想不到的干扰。

4. 准静态电流场(涡流场)

在良导电媒质(电导率 $\sigma \gg \omega\varepsilon$)中,忽略位移电流 $\left(\dfrac{\partial D}{\partial t}\right)$ 产生的磁场,但计及 $\dfrac{\partial B}{\partial t}$ 产生的电场,则会造成电磁场在良导电媒质中的扩散(渗透)过程,如图 9-2 所示。随着透入深度 x 的增加,进入导体中的场强 E 不断减小。从麦克斯韦方程可导出无源情况下的电场的方程:

$$\nabla^2 E - \mu\sigma \frac{\partial E}{\partial t} = 0 \qquad (9\text{-}13)$$

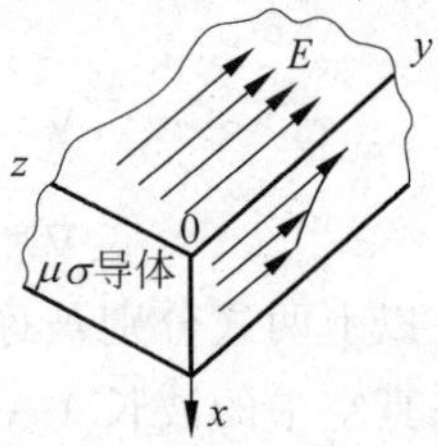

图 9-2 导电媒质中的扩散场

注意该方程的特征是:场强对空间以二次导数形式变化,对时间以一次导数形式变化。在一维的情况下,假设 E 只有 y 方向的分量 E_y(见图 9-2),并不随 z 变化,则方程变为

$$\frac{\partial^2 E_y}{\partial x^2} - \mu\sigma \frac{\partial E_y}{\partial t} = 0$$

对涡流场的屏蔽是比较麻烦的问题。

5. 平面电磁波

在均匀媒质中的无源区域,假设电场只有一个 x 方向的分量 E_x,则磁场只有一个 y 方向的分量 H_y(即为一维情况)。根据麦克斯韦方程,可以导出电磁场以一定的相位速度 $v = \sqrt{1/\mu\varepsilon}$ 向着与 E_x、H_y 都垂直的方向(即 z 方向)传播,用方程表示为

$$\begin{cases} \dfrac{\partial^2 E_x}{\partial z^2} = \dfrac{1}{v^2} \times \dfrac{\partial^2 E_x}{\partial t^2} \\[3mm] \dfrac{\partial^2 H_y}{\partial z^2} = \dfrac{1}{v^2} \times \dfrac{\partial^2 H_y}{\partial t^2} \end{cases} \qquad (9\text{-}14)$$

这种电场与磁场互相垂直并在与传播方向相垂直的平面内保持幅值不变的波,称为均匀平面波,也称横电磁(TEM)被。其特征是场强对时间、空间都按二次导数变化,为一维波动方程。当媒质为真空时,平面电磁波的相位速度 $v_0 = \sqrt{1/\mu_0\varepsilon_0} = 3 \times 10^8 \, \text{m/s}$。在 EMC 问题中常用均匀平面波源来考察设备对远场区的抗干扰能力。

如果媒质有损耗,则电场的一维波动方程就变为

$$\frac{\partial^2 E_x}{\partial z^2} - \mu\varepsilon \frac{\partial^2 E_x}{\partial t^2} - \mu\sigma \frac{\partial E_x}{\partial t} = 0 \qquad (9\text{-}15)$$

式(9-15)表示在有损耗的媒质中电磁波为幅值不断衰减、相位不断滞后的平面波。图 9-3(a)、图 9-3(b)所示分别为空气中及有损耗媒质中的横电磁波。在空气中,E_x 与 H_y 在时间上相位差 $90°$,沿传播方向幅值不变。因终端为理想导体板,所以在导体板表面必然满足 $E_x = 0$。在有损耗的媒质中,E_x 与 H_y 在时间上不是相差 $90°$,而且随着波的传播,不仅幅值衰减,而且相位移亦在改变。

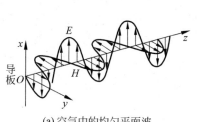
(a) 空气中的均匀平面波

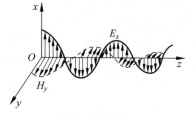
(b) 有损耗介质中的平面波

图 9-3　横电磁波

9.2.2　确定 EMC 问题所属的电磁场性质

从场的观点看,任何 EMC 问题都属于上述介绍的几种电磁场范畴,总体上可分为准静态场和麦克斯韦方程描述的全时域(包括脉冲)场。

1. 准静态场技术

准静态场技术可用于解决研究对象的几何尺寸与电磁波长相比很小的问题,分别独立地解出电场和/或磁场,而不考虑电场和磁场之间的耦合关系。它包括了几乎所有的工频问题,如与电力系统中所有一次稳态线路有关的电磁问题。对于电力系统中所有与二次线路有关的电磁问题,除了少数涉及微电子系统之间或微电子系统内部的干扰,需要具体分析以外,大多是准静态场问题。

2. 扩散场技术

如果要考虑集肤效应或涡流损耗,则需用扩散方程(准静态电流场)。即使是 50Hz 的电源,当导体的直径比电磁波的透入深度大时,也必须考虑集肤效应。变压器中的铁心损耗,以及工业上大量的感应加热问题,其工作频率通常都在数十千赫到数百千赫的范围内,由于其功率大,常常会对周围产生干扰。

3. 全时域波技术

当电力线路发生短路故障或遭受雷击时,就会出现脉冲场的问题,即是麦克斯韦方程所代表的全时域方程解的问题。它既可以用频率域的方法,也可以用时域的方法去分析。所谓频域法,是将时域的波形用傅里叶变换找出其对应的频谱,求出各频率分量的解后,再用傅里叶反变换求得其时域解。

对于高频设备、无线电发射电路、微波通信、集成电路等,一般都需要用麦克斯韦时域方程处理,并要进一步明确所关心的是近场区还是远场区。有时一个设备(如汽车、船舰、飞机)零部件的工作频域包含从低频(包括直流)到甚特高频(几十至几百吉赫)等多种频段的正弦信号、脉冲信号(如点火装置、静电放电),因此电磁兼容问题是这些器械设计制造时的一个特别重要的问题。在 EMC 测试室里经常可看到整台汽车或其部件在进行测试。

4. 谐波平衡技术

在 EMC 问题中会碰到大量非线性器件和谐波问题。谐波平衡法在解决非线性问题中出现谐波以及微波电路在复频率域中的问题时是强有力的技术支持。早期谐波平衡有限元法的应用十分有限,是因为理论本身不完善和代码编写复杂,这些问题目前已得到解决。

谐波平衡有限元法不同于传统频域和时域的有限元法。谐波平衡法使用正弦曲线的线性叠加来建立解,并且用正弦曲线系数来表示波形。谐波平衡有限元法可以解决非线性周期稳态准静态电磁场问题,也可以直接解决频域中电磁场的稳态响应问题。因此,当场呈现出与时间常数相差很大而且有点非线性的时候,谐波平衡有限元法通常比传统的时域法更有效。如果稳态响应只包含几个主要的正弦曲线,则谐波平衡法仅需要很少的数据就可以精确地表示响应。

9.3 电磁兼容预测与建模计算方法的选择

电磁兼容预测对象的多样性,决定了其建模计算方法的多样性。可以说,计算电磁学的所有方法,从低频到高频,从解析到数值法,都在电磁兼容预测中得到了应用;而且,由于实际问题的复杂性,往往还必须结合电路算法才能获得最终的预测结果,因此,为即将进行的数值模拟建立一个合适的模型并选择适当的仿真工具是非常重要的。正确地根据实际问题进行预测、建立计算模型是工作成败的关键,以下将分别就场、路的主要算法原理和应用领域予以介绍。

9.3.1 场的方法

场的方法是以分布的观点来观察求解的问题域。其出发点是麦克斯韦方程组,内容就是求解边值问题。根据求解结果与实际解的逼近程度可分为解析法和近似法两类。其中解析法是指利用数学变换得出严格解。其优点是结果准确并可借此把握问题域中各变量之间的内在联系,尤其是各参数对所关心结果的影响;但其缺点也很明显,那就是只能求解极少数形状简单的场域。所以目前工程领域主要是采用近似法进行求解,其中数值法和高频近似解法应用最为广泛。

目前在电磁兼容领域常用的算法主要包括有限差分法(FDM)、有限元法(FEM)、边界元法(BEM)及矩量法(MoM)等。一般而言,这些数值算法在求解域相对于波长不是很大时可以给出满足工程要求的结果。但当求解域远大于波长时,由于计算量随计算域的增大而呈级数急剧增长,使计算时间、计算资源达到难以接受的程度,因此人们习惯称这类算法为低频算法。与此对应的是高频近似算法,其中的代表算法是几何绕射理论(GTD),其算法专门针对波长相对于计算域很小的"高频"问题。以下将分别介绍有限差分法(FDM)、有限元法(FEM)、矩量法(MoM)、几何绕射理论(GTD)的算法原理及应用步骤。

9.3.1.1 有限差分法

有限差分法(FDM)的核心思想是以差分代替微分,即从微分方程出发,利用差分原理把微分方程转化为差分方程组,实现连续电磁场域的离散化求解。下面依次介绍其实现步骤及应用特点。

1. 实现步骤

1) 边值问题

为简化讨论,下面以二维静电场为例,其第一类边值问题可描述为

$$\begin{cases} \dfrac{\partial^2 u}{\partial^2 x^2} + \dfrac{\partial^2 u}{\partial^2 y^2} = -\dfrac{\rho}{\varepsilon} \\ u(x,y)\,|_c = f(k) \end{cases} \tag{9-16}$$

式中，u 为位函数，是坐标的函数。

2）场域剖分

为了将连续问题离散化处理，必须进行求解域的网格剖分。对图 9-4 所示的场域，用边长为 h 的正方形网格剖分，称网格线的交点为节点。根据与场域边界线 D 的关系不同，可把节点分为三类：

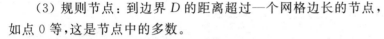

（1）边界节点：恰好落在 D 上的节点，如点 P；

（2）不规则节点：到边界 D 的距离不足一个网格边长的节点，如点 2；

（3）规则节点：到边界 D 的距离超过一个网格边长的节点，如点 0 等，这是节点中的多数。

图 9-4　不同节点示意图

节点分类的原因是不同类型的节点有不同的差分格式。

3）节点差分格式

规则节点：

对于图 9-4 中的 0 点，有

$$u_1 + u_2 + u_3 + u_4 - 4u_0 = -\rho/\varepsilon \tag{9-17}$$

式中，u_0、$u_1 \sim u_4$ 分别为点 0、1～4 的电位。

不规则节点：

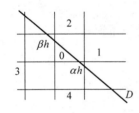

图 9-5　不规则节点示意图

对于图 9-5 中的不规则点 0，设其到边界 D 的距离分别为 αh、$\beta h (0 < \alpha, \beta < 1)$，其差分格式为

$$\frac{u_1}{\alpha(1+\alpha)} + \frac{u_2}{\beta(1+\beta)} + \frac{u_3}{1+\alpha} + \frac{u_4}{1+\beta} - \left(\frac{1}{\alpha} + \frac{1}{\beta}\right)u_0 = -\rho/\varepsilon \tag{9-18}$$

另外，对于对称边界节点、不同媒质分界面上的边界点等都有对应的差分格式，限于篇幅，此处不再一一列出。得出所有节点的差分格式后，就可以合成以各节点电位为未知量的矩阵方程：

$$\boldsymbol{Ku} = \boldsymbol{p} \tag{9-19}$$

其中，$\boldsymbol{K}$ 为 $n \times n$ 单元系数矩阵，n 为节点总数；$\boldsymbol{u}$ 为节点电位列矩阵；$\boldsymbol{P}$ 为右端项列矩阵。

求解式（9-19）就可以得出各节点的位值并进而得出其他的相关参数。

2. 应用特点

目前，有限差分法已在微波、电磁散射、雷达等领域得到广泛应用。其最大优点就是成熟可靠，程序模块性强；不足之处是处理几何形状复杂、变化剧烈的场域时有一定的工程难度。

9.3.1.2　有限元法

有限元法（FEM）是基于体积离散的技术，主要用于频域。有限元法（FEM）的基本思路是通过与边值问题对应的泛函得出等价的变分问题（即泛函的极值问题），把连续的求解域离散成剖分单元之和，对泛函求极值，得出有限元矩阵方程，求解后得出整个问题域中的电磁场分布状况。有限元法的最大优点是可以用多种形状、不同大小及高阶近似函数来逼近待求解。许多成熟的商用软件，如 ANSYS、HFSS、ANSOFT 等都有网格自动剖分功能，并可根据误差大小作自适应调整,以达到要求的精度。有限元法使用方便,程序通用性强,而且便于处理非线性、多层媒质及各向异性场。

下面以亥姆霍兹(Helmhortz)场的有限元实现为例说明其变分、剖分等关键步骤的实施。

1. 变分问题

大家知道,齐次亥姆霍兹场边值问题可表述为

$$\begin{cases} \nabla \cdot (\nabla \varphi) + K_C^2 \varphi = 0 \\ \varphi \mid_{s_1} = \varphi_A \\ \partial \varphi / \partial n \mid_{s_2} = 0 \end{cases} \tag{9-20}$$

式中,n 为边界法线方向;$S_1 + S_2$ 为总边界;K_C 为波数。

其变分描述为

$$\begin{cases} J(\varphi) = \int_U [(\nabla \varphi)^2 - K_C^2 \varphi] dU \\ \varphi \mid_{s_1} = \varphi_A \end{cases} \tag{9-21}$$

值得注意的是,边值问题中的第一类和第二类边界条件在处理上有着根本的不同:前者需要单独处理,称为强加边界条件;而后者则自动满足,称为自然边界条件。事实上,在有限元法应用中,除第一类边界条件外均为自然边界条件。这也正是有限元法适应性强的原因之一。

2. 场域剖分及单元刚度矩阵

在有限元剖分中,可用的单元有多种选择,但在剖分中必须注意以下原则:

(1) 各单元只能以顶点相交,这是建模一致性所要求的;

(2) 求解量在不同单元的同一顶点上相等;

(3) 为保证按统一公式计算的单元面积总为正值,各单元顶点的编号顺序须一致,即按逆时针方向编号。获得单元刚度矩阵的关键之一是建立形状函数。对于图 9-6 所示的三角元,若以 φ_i、φ_j、φ_m 表示各顶点的场位,则

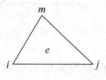

图 9-6　三角元

$$\bar{\varphi}(x, y) = \sum_{n=i,j,m} [N_n^e(x, y)][\varphi_n] \tag{9-22}$$

式中,$N_n^e = f(x_i, y_i, x_j, y_j, x_m, y_m)$,可以看出:$N_n^e$ 只与顶点坐标相关,即与单元几何形状有关,故称为形状函数,且有

$$\begin{cases} [N_n^e(x, y)] = [N_i^e, N_j^e, N_m^e] \\ [\varphi_n] = [\varphi_i, \varphi_j, \varphi_m]^T \end{cases} \tag{9-23}$$

由式(9-21)、式(9-23),得单元泛函为

$$J_e(\varphi) = \int_{S_e} \left[\left(\frac{\partial \varphi}{\partial x} \right)^2 + \left(\frac{\partial \varphi}{\partial y} \right)^2 - K_e^2 \varphi^2 \right] dx dy \tag{9-24}$$

其矩阵表示式

$$J_e(\boldsymbol{\varphi}) = \boldsymbol{\varphi}_e^T \boldsymbol{K}_e \boldsymbol{\varphi}_e - K_e^2 \boldsymbol{\varphi}_e^T \boldsymbol{T}_e \boldsymbol{\varphi}_e \tag{9-25}$$

其中,$\boldsymbol{K}_e$ 为单元系数矩阵,也称为单元刚度矩阵,对于三角元为 3×3 矩阵,且

$$K_{rs}^e = \frac{1}{4\Delta}(b_r b_s + c_r c_s) \quad (r, s = i, j, m) \tag{9-26}$$

式中，Δ 为单元面积，b_r、c_r、b_s、c_s 取决于顶点坐标。

式(9-25)中

$$T_e = \int_{s_e} [N]_e^{\mathrm{T}} [N]_e \mathrm{d}x \mathrm{d}y \qquad (9\text{-}27)$$

而且

$$T_{rs}^e = \int_{s_e} N_r^e N_s^e \mathrm{d}x \mathrm{d}y = \begin{cases} \Delta/6 \, r = s \\ \Delta/12 \, r \neq s \end{cases} \quad (r, s = i, j, m) \qquad (9\text{-}28)$$

3. 总体合成

由各单元的刚度矩阵可以很容易得出合成的总刚度矩阵，为简化讨论，下面以拉普拉斯场为例介绍总系数矩阵的合成。

对于 Laplace 场，有

$$J(\boldsymbol{\varphi}) = \boldsymbol{\varphi}^{\mathrm{T}} \boldsymbol{K} \boldsymbol{\varphi} = \sum_{j=1}^{M_0} \sum_{i=1}^{M_0} K_{ij} \varphi_i \varphi_j \qquad (9\text{-}29)$$

式中，M_0 为场域总节点数；

$$\boldsymbol{\varphi} = [\varphi_1, \varphi_2, \cdots, \varphi_{M_0}]^{\mathrm{T}}$$

$$\boldsymbol{K} = \begin{bmatrix} K_{11} & \cdots & K_{1M_0} \\ \vdots & & \vdots \\ K_{M_0 1} & \cdots & K_{M_0 M_0} \end{bmatrix}, \text{为总系数矩阵。}$$

由变分原理，对式(9-29)求极值，有

$$\partial J(\varphi) / \partial \varphi_i = 0 \quad (i = 1, 2, \cdots, M_0) \qquad (9\text{-}30)$$

可以得到

$$\sum_{j=1}^{M_0} K_{ij} \varphi_j = 0 \qquad (9\text{-}31)$$

即

$$\boldsymbol{K} \boldsymbol{\varphi} = \boldsymbol{0} \qquad (9\text{-}32)$$

式(9-32)即为拉普拉斯场的有限元方程，结合 Direchlet 条件求解式(9-32)即可获得待求场域中各分点的位置，进而解得其他各场量。

由于其灵活的场域适应能力，有限元法已被广泛应用广多个领域，成为工程计算中一种重要的数值算法。

9.3.1.3　矩量法

矩量法是广泛意义上的加权余数方法，也就是将微分、积分方程转化成矩阵方程。矩量法已广泛用于天线与微波技术及 EMC 分析。对于电磁场分析来说，矩量法是开发最完善的数值计算方法之一，且能够较好地利用所有的数值技术，更多地用于解积分方程，在解决包含由线和面组成的金属结构问题时特别有效。例如，欧洲 EADS 公司开发的 EMC 2000 软件就是用矩量法对大型系统（空中客车、船舰）做仿真计算。

矩量法(MoM)是一种把连续方程离散化，使之成为代数方程组的方法。矩量法又称广义伽辽金(Galerkin)法，是求解微分方程和积分方程的重要方法，但更多用于求解积分方程。矩量法实施的关键是加权余数法，即通过选择基函数和权函数，把连续域上的连续函数离散成一系列节点上的函数值。

矩量法包含四个步骤：第一，把要建模的结构离散成一连串的线段或片，它们的尺寸必须比感兴趣的波长小得多；第二，选择表示未知变量（如导体表面的感应电流）的近似函数和加权函数；第三，用内积方法计算矩阵元素并且在结构体上解出未知量的分布；第四，处理输出电流值，可以解出系统的近场、远场和其他期望的特性，如功率和阻抗。

矩量法不仅可以用于分析导体结构，还可以用于复杂的非均匀介质。本小节仅限于介绍理想导体结构。矩量法的名字来源于其矩阵方程中的元素是假定的近似函数与所取的权函数的内积，意味着"矩"的概念。其近似函数和权函数则可根据具体问题采取最佳的选择，不仅可以是多项式，而且也可以是三角函数、各种级数或样条函数等。权函数的选择应注意其与近似函数的搭配，既要避免内积无法实现（如取两个 δ 函数），也要估计到运算时间，特别是对积分算子。矩量法矩阵方程的一种形式为

$$\sum a_n < T\varphi_n, w_m > = < f, w_m >, \quad m = 1, 2, \cdots, L, \cdots, N \tag{9-33}$$

1. 矩量法的矩阵结构及解

矩量法的目标是创建一个具有 N 个未知量的 N 阶线性方程组。以求处于外电磁场中一导线中的感应电流为例，了解矩量法的过程。一旦线性算子与外加场源相关联，如

$$T(I) = E_z^{\text{in}} \tag{9-34}$$

则矩量法的第一步就是把整个导线分割成 M 段（如图 9-7 所示），每一段中的电流用近似函数 Ψ_i 替代，导线中的电流 $I(z)$ 可表示为

$$I(z) = \sum_{i=1}^{M} I_i \Psi_i(z) \tag{9-35}$$

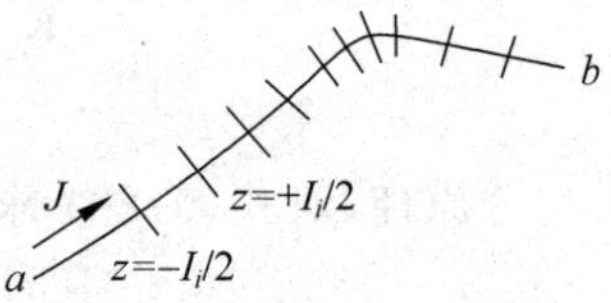

式中 I_i 是未知的系数。在用近似函数替代后，必有误差（或称余数）

图 9-7　用一组短导线段
近似的弯曲导线

$$RE = E_z^{\text{inc}} - T(I) \tag{9-36}$$

如果方程 $T(I) = E_z^{\text{in}}$ 的解是精确的，那么误差为零。矩量法的核心是使用均值或加权的过程，通过让误差为零而获得 $T(I) = E_z^{\text{in}}$ 的解。为达到这个目的，在式（9-36）两边乘以一组权函数 $w_j, j = 1, 2, 3, \cdots, N$，并在整个导线长度上积分，得到

$$\int_a^b w_j RE \, dl = \int_a^b [E_z^{\text{inc}} - T(I)] w_j \, dl = 0, \quad j = 1, 2, \cdots, K, \cdots, N \tag{9-37}$$

式中 a 和 b 表示导线的两个端点。值得注意的是，在这里利用的均值判据不是唯一的，它仅仅是要求定义加权误差（$[E_z^{\text{inc}} - T(I)] w_j$）为新的均值函数，并使其为零。

使用算子 T 的线性性质，并将式（9-34）代入式（9-36），式（9-36）的右边变为

$$\int_a^b \left[E_z^{\text{inc}} - T\left(\sum_{i=1}^{N} I_i \Psi_i \right) w_j \right] dl = 0, \quad j = 1, 2, \cdots, K, \cdots, N \tag{9-38}$$

或改写为

$$\sum_{i=1}^{N} I_i \int_a^b w_j T(\Psi_i) \, dl = \int_a^b w_j E_z^{\text{inc}} \, dl, \quad j = 1, 2, \cdots, K, \cdots, N \tag{9-39}$$

为了使方程更简练，假设

$$Z_{ij} = \int_a^b T(\Psi_i) w_j \, dl \tag{9-40}$$

$$E_j = \int_a^b w_j E_z^{\text{inc}} \, \mathrm{d}l \tag{9-41}$$

将式(9-38)和式(9-41)代入式(9-39),得到

$$\left.\begin{array}{l} Z_{11} I_1 + Z_{12} I_2 + \cdots + Z_{1N} I_N = E_1 \\ Z_{21} I_1 + Z_{22} I_2 + \cdots + Z_{2N} I_N = E_2 \\ \vdots \\ Z_{N1} I_1 + Z_{N2} I_2 + \cdots + Z_{NN} I_N = E_N \end{array}\right\} \tag{9-42}$$

以上的代数方程组可以用矩阵表示为

$$\begin{bmatrix} Z_{11} & Z_{12} & \cdots & Z_{1N} \\ Z_{21} & Z_{22} & \cdots & Z_{2N} \\ \vdots & \vdots & & \vdots \\ Z_{N1} & Z_{N2} & \cdots & Z_{NN} \end{bmatrix} \begin{bmatrix} I_1 \\ I_2 \\ \vdots \\ I_N \end{bmatrix} = \begin{bmatrix} E_1 \\ E_2 \\ \vdots \\ E_N \end{bmatrix} \tag{9-43}$$

可更简练地表示为

$$ZI = E \tag{9-44}$$

值得注意的是,式(9-44)中的矩阵系统与欧姆定律很相似,式中 Z 可以解释为广义阻抗矩阵,激励 E 可以解释为广义电压矩阵。

典型估算矩量法的计算时间可通过以下两个方面估计:第一是分段的数量,它关系到解的精度(解收敛);第二是计算矩阵元素 Z_{ij} 所需的时间。矩阵 Z 的计算时间在很大程度上依赖于近似函数和权函数的选取。

式(9-44)中小的电流矩阵 I 可以通过将矩阵 Z 转置来获得,即

$$I = Z^{-1} E \tag{9-45}$$

矩阵方程(9-45)可用多种不同且有效的方法来解。依据阻抗矩阵 Z 的结构,可以利用确定的导线结构中的对称性缩短矩阵的填充时间,同样也缩短了解矩阵的时间。通常矩阵 Z 是满阵。对于满阵,使用 Gauss-Jordan 法则可以得到有效解,Gauss-Jordan 法则中求解的时间直接与未知量 N 的平方成正比。

对于静态和准静态电场和磁场,矩量法相当于表面电荷法或表面磁荷(或表面磁流)法。对这类满阵方程的求解可采用 GMRES(General Minimum Residual)法。

对于许多实际的建模问题,用网格近似表面可以得到满意的结果,特别是最终的分析目标是远场的情况。很重要的一点是,在模型中导线网格限制电流的方向,可能不适合实际应用的情况,因为电流方向是否正确会影响精度。还有一点应该注意,当针对导线结构推导矩量法方程时,只允许出现沿着导线的轴向电流,这不包括任何圆周方向上的电流变量。对于这种能够保持精度的近似,导线的半径必须远小于波长 λ。在前面提到,当 a 小于 $\lambda/10$ 时,细线近似是有效的。

影响矩量法模拟精度的另一个因素是导线半径相比线段长度的比值 a/l。直观的感觉是离散线段越小,模型的精度越高。数学试验已经证明,a/l 的比值如果保持低于 $1/10$,可以获得很好的精度。如果 a/l 超过这个值,则接近自由导线末端的电流会出现振荡,这将引入很大的误差。

2. 矩量法解积分方程

有几个积分方程是在辐射结构中描述激励源与电流和磁流之间的关系。使用

Pocklington 和 Hallen 积分方程示范矩量法，Pocklington 和 Hallen 积分方程是最常用的用于描述辐射结构问题的方程。

9.3.1.4 几何绕射理论

前面介绍的几种算法——有限差分法、有限元法、矩量法，其共同特点都是基于场域剖分，且有较好的场域适应性，目前已成为电磁计算的主流方法。这些算法对于求解场域尺寸小，超过几个到十几个波长的问题一般都可得到满意的结果，故也把这类算法统称为低频算法。对电尺寸很大的场域求解，由于计算量和存储资源要求太高，故必须借助高频算法，其中具代表性的是几何绕射理论(GTD)及由此发展、完善的一致性绕射理论(UTD)等。

20 世纪 50 年代初，J. B. Keller 在几何光学(PO)的基础上提出绕射射线，奠定了 GTD 的算法基础，后又经 Kouyoumjian 等研究人员的进一步完善，使其解决问题的广度得到极大拓展。目前已广泛应用于电磁辐射和散射的各个方面，成为高频领域一种重要的近似算法。下面介绍其基本原理及三种主要的射线类型。

1. 基本原理

大家知道，几何光学只研究直射、反射和折射问题，不能解释绕射现象，其结果是不能计算阴影区的场。Keller 提出的绕射射线弥补了这一不足，其基本原理可归结为以下三个方面：

(1) 绕射射线轨迹遵循广义的费马(Fermat)原理，而绕射场是沿绕射射线传播的。原始的费马原理认为：几何光学射线沿从源点到场点的最短路径传播，广义的费马原理则把绕射射线也包括在内，认为绕射射线也是沿最短路径传播的。

(2) 绕射场传播满足局部性原理。即绕射只取决于绕射点邻域的物理特性和几何特性。众所周知，在反射点周围第一菲涅尔(Fresnel)区的性质对反射场的结构起主要作用。推而广之，绕射场也只取决于入射场和散射体表面的局部性质。

局部性原理的作用在于可以针对某种几何形状的散射体，导出其绕射系数，从而把入射场和绕射场联系起来。这些是进行绕射计算的基础，称为典型问题。事实上，几何绕射理论所能解决的问题范围取决于已知的典型问题的数量。目前主要有以下两种典型问题：平面波在理想导电劈上的绕射和平面波在理想导电圆柱上的绕射。

(3) 离开绕射点后的绕射射线仍遵循几何光学定律，即在绕射线管中能量是守恒的，而沿射线路径的相位延迟就等于媒质的波数和距离的乘积。

2. 射线类型

所谓的绕射点是指：在界面上入射的几何光学场不连续的点，如在光滑曲面、物体的边缘和尖顶上与入射线相切的点，分别对应表面绕射射线、边缘绕射射线和尖顶绕射射线。下面逐个介绍其定义及计算方法。

1) 表面绕射射线

当射线向光滑的理想导电凸曲面入射时，其中一部分入射能量将沿着物体的表面传播而成为表面绕射射线，该射线在沿曲面传播时将不断沿曲面的切线方向发出绕射射线，如图 9-8(a)所示。

对于图 9-8(b)，就散射体阴影区的场点 P 而言，入射射线和绕射射线分别和柱面上的 Q_1 和 Q_2 相切，而射线是沿从 Q_1 到 Q_2 点间的最短路程传播的。

下面以图 9-9 所示的圆柱和单级天线为例，介绍不同区中波能量的计算方法。设图 9-9

中振子天线所在方向为 $\theta=0°$，沿顺时针方向为正角度。以振子为基准将圆柱体周围的空间划分为照明区和阴影区，在阴影边界两侧还有一定的角区属于过渡区。阴影边界就是天线所在点的切平面。设圆柱体半径为 a，则过渡区就是从阴影边界向两侧各张开 $\theta'=(ka)^{-1/3}$（k 为波数）的角区。

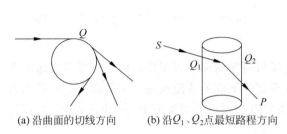

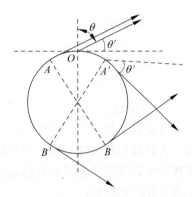

(a) 沿曲面的切线方向　　(b) 沿 Q_1、Q_2 点最短路程方向

图 9-8　表面绕射射线　　　　　　　　　图 9-9　圆柱体上单级振子区分示意图

计算内容可分成以下三个部分。

(1) **照明区**$[-(\pi/2-\theta')\leqslant\theta\leqslant(\pi/2-\theta')]$

$$F_{IT} = F(O,S) + F(O,A) + F(O,B) \tag{9-46}$$

式中　θ——从振子轴线旋转到计算方向的角度；

　　　F_{IT}——总合成方向函数；

　　　$F(0,S)$——直射场方向函数；

　　　$F(O,A)$——从绕射点 A 发出的绕射射线的方向函数；

　　　$F(O,B)$——从绕射点 B 发出的绕射射线的方向函数。

而

$$F(0,S) = 2\sin\theta e^{jka\cos\theta} \tag{9-47}$$

$$F(0,A) = \sum_{P=1}^{N} \frac{1}{q_P \mathrm{Ai}(-q_P)} \exp\left\{-\left[jka\left(\frac{3\pi}{2}+\theta\right)+a_p^h\left(\frac{3\pi}{2}+\theta\right)a\right]\right\} \tag{9-48}$$

$$F(0,B) = \sum_{P=1}^{N} \frac{1}{q_P' \mathrm{Ai}(-q_P')} \exp\left\{-\left[jka\left(\frac{3\pi}{2}+\theta\right)+a_p^h\left(\frac{3\pi}{2}+\theta\right)a\right]\right\} \tag{9-49}$$

其中，q_P' 为绕射系数；$\mathrm{Ai}()$ 为艾里（Airy）函数。

(2) **过渡区照明侧**$[(\pi/2-\theta')\leqslant\theta\leqslant\pi/2,3\pi/2\leqslant\theta\leqslant(3\pi/2+\theta')]$

$$F_{IT} = F(O,-A) + F(O,A) - F(O,B) \tag{9-50}$$

其中，$F(O,-A)$ 可认为是由 O 点沿 $-\theta$ 方向传至 A 点，再由 A 点沿切线方向传输到观察点 P，即

$$F(O,-A) = \sin\theta\exp\left[jk\left(\frac{\pi}{2}-\theta\right)a\right]\times g\left[-\left(\frac{\pi}{2}-\theta\right)M\right] \tag{9-51}$$

式中 $g()$ 为福克（Fock）函数，另外两项计算同上。

　过渡区阴影侧$[\pi/2\leqslant\theta\leqslant(\pi/2+\theta'),(3\pi/2-\theta')\leqslant\theta\leqslant3\pi/2]$

$$F_{IT} = F'(O,-A) - F(O,B) \tag{9-52}$$

而

$$F'(O,A) = \exp\left[-jk\left(\frac{\pi}{2}-\theta\right)a\right]\times g\left[-\left(\frac{\pi}{2}-\theta\right)M\right] \tag{9-53}$$

$F(O,B)$ 计算同上,公式中出现的 $g(x) = \frac{1}{\sqrt{\pi}}\int_{\Gamma}\frac{e^{-jxt}}{w(t)}dt$ 属于 Fock 型 Airy 积分函数。

(3) **阴影区** $\left[(\pi/2+\theta)\leqslant\theta\leqslant(3\pi/2-\theta')\right]$

$$F_{\mathrm{IT}} = F''(O,A) - F(O,B) \tag{9-54}$$

$$F''(O,A) = \sum_{P=1}^{N}\frac{1}{q_P\mathrm{Ai}(-q_P)}\exp\left\{-\left[jka\left(\theta-\frac{\pi}{2}\right)+a_p^h\left(\theta-\frac{\pi}{2}\right)a\right]\right\} \tag{9-55}$$

2) 边缘绕射射线

与反射类似,在边缘绕射中,边缘绕射射线与边缘的夹角等于相应的入射线与边缘的夹角。入射线与绕射线分别位于绕射点与边缘垂直的平面的两侧或在一个平面上。一条入射线将激励起无穷多条绕射射线,但都位于以绕射点为顶点的圆锥面上,如图 9-10 所示,该圆锥面又称凯勒圆锥。

对于边缘绕射计算,其计算关键是绕射系数的确定,对此有

$$D_{s,h} = \frac{-e^{j\pi/4}}{2n\sqrt{2\pi k}\sin\gamma}$$

$$\times\left\{\begin{array}{l}\left[\cot\left(\frac{\pi+(\varphi-\varphi')}{2n}\right)F(kLa^{+}(\varphi-\varphi'))+\cot\left(\frac{\pi-(\varphi-\varphi')}{2n}\right)F(kLa^{-}(\varphi-\varphi'))\right]\\ \pm\left[\cot\left(\frac{\pi+(\varphi+\varphi')}{2n}\right)F(kLa^{+}(\varphi+\varphi'))+\cot\left(\frac{\pi-(\varphi+\varphi')}{2n}\right)F(kLa^{-}(\varphi+\varphi'))\right]\end{array}\right\}$$

$$\tag{9-56}$$

式中,$F(x) = 2j\sqrt{x}\,e^{jx}\int_{\sqrt{x}}^{\infty}e^{-j\tau^2}d\tau$,是 Fresnel 积分的一种变形,而

$$a^{\pm}(\varphi\pm\varphi') = 2\cos^2\left[\frac{2n\pi N^{\pm}-(\varphi\pm\varphi')}{2}\right] \tag{9-57}$$

其他各项的具体算法可参见参考文献。

3) 尖顶绕射射线

尖顶绕射射线是指从源点经过尖顶点到达场点的射线,如图 9-11 所示。因为由尖顶发出的绕射射线可以向散射体所占空间以外的任意方向传播,所以其绕射波阵面是以尖顶为中心的球面。在定量分析方面,目前只得出了 90°拐角顶点的角绕射系数,尚没有普遍适用的尖顶绕射系数。在实际工程计算中,尖顶绕射场一般可以忽略不计。

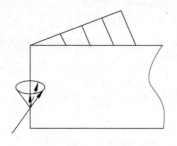

图 9-10　边缘绕射

图 9-11　尖顶绕射

9.3.2　路的方法

路的分析方法是以集中的观点来观察、研究问题域。电路理论又称电网格理论,是整个电气科学技术中一门极为重要的基础理论。某历史已有 100 多年,但目前工程中用到的算法主要是 20 世纪 60 年代以后发展起来的近代电路理论,其基础是以 Kirchhoff 定律、欧姆定律为代表的经典电路理论。

从传输的内容来分,可分为实现电能量产生、传输和转换的电力系统和实现信息产生、发送、接收、处理的通信系统。电磁兼容的研究范围则涵盖两方面的内容。

由于应用的广泛性,电路的分类极其庞杂,如按元件特性可分为有源电路、无源电路,线性电路、非线件电路;按响应特征可分为时变电路、时不变电路;按信号形式可分为数字电路、模拟电路;按规模分可涵盖单立元件电路到集成电路等。

在电路理论的发展方面具有以下鲜明特性:全面引入网络图论,紧密与系统理论相结合,深受计算机的冲击,重视对非线性电路与系统的研究。在分析方法上有节点类分析方法和网孔类分析方法等。在电磁兼容分析中常应用的是直流稳态分析和电路的瞬态分析(包括线性电路和非线件电路)。

1. 直流稳态分析

在直流激励作用下,电路最后达到稳态,把这种情况下对电路的分析称为直流分析,而分析的结果称为直流稳态解。

如果是对非线性电路作直流分析,则可以认为电路中的电容开路而电感短路。这样在电路中的非线性元件就只有非线性电阻,其对应的描述方程是非线性代数方程。对于直流稳态分析,欧姆定律就是这种情况下最基本、最重要的描述方程。

2. 瞬态分析

当电路遇到突然作用的激励时,计算电路的瞬态过程称为瞬态分析。若电路是线性的,则其动态特性能够用一组线性微分方程来描述,对于非时变的情况,则线性微分方程具有常系数;如果电路是非线件的,则描述其动态行为的是一组非线性微分代数方程组,对这类问题,往往要借助于数值方法。

与稳态分析不同,瞬态电路问题的响应不仅与当前激励有关,且与前一个状态有关。

9.3.3　场路结合

在电磁兼容预测与建模中,单纯路的方法或场的方法往往难以解决工程问题,而场路相结合将大大改善解决问题的广度和深度。一般而言,可通过场的办法提取等效电路参数,形成等效子电路,进而用路的方法进行稳态或瞬态仿真。目前已有这方面的相关软件,可以解决一些工程问题。

9.4　电磁兼容预测常用软件功能

电磁兼容分析、仿真和预测软件在近 10 年内得到了快速的发展,国内外出现了一批专业的电磁兼容软件公司(如北京艾姆克科技有限公司、德国 Emvtechnik 公司、Langer 公司等)。现在市场上销售的软件大多是基于可视化人机接口的,可操作性强,功能强大。各种软件所实现的功能的细节虽然千差万别,但工作原理、应用方法却有许多共同之处。目前具代表性的要属美国 Zeland 公司的高频电磁场仿真与分析软件(Zeland 软件)和美国 Applied Simulation Technology 公司 PCB 板级仿真与分析软件(Apsim)等。在此分别以这两个典型软件为例,介绍目前市场上一些电磁兼容预测软件的性能与应用方法。

9.4.1 Zeland 软件

Zeland 软件主要用于微波/毫米波集成电路(MMIC)、RF 印制板电路、微带天线、线电线和其他形式的 RF 天线、HTS 电路及滤波器、IC 的内部连接和高速数字封装方面的设计。它包括平面和三维电磁场仿真与优化软件包(IE3D)以及时域有限差分全三维电磁场仿真软件包(FIDELITY)。

1. 三维电磁场仿真与优化软件包(IE3D)

IE3D 是一个基于矩量法的电磁场仿真工具,可以解决多层介质环境下三维金属结构的电流分布问题。它利用积分的方式求解麦克斯韦方程组,从而解决电磁波效应、不连续性效应、耦合效应和辐射效应问题。仿真结果包括 s、y、z 参数,VWSR、RLC 等效电路及电流分布、近场分布和辐射方向图、方向性、效率和 RCS 等。IE3D 在微波/毫米波集成电路(MMIC)、RF 印制板电路、微带天线、线电线和其他形式的 RF 天线、HTS 电路及滤波器、IC 的内部连接和高速数字电路封装方面是一个非常有用的工具。IE3D 具有以下的特点:

- 基于 MS-Windows 鼠标驱动的图形界面。
- 在多层媒质中对真正的三维金属结构进行建模。
- 具有高效、高准确度及灵活的仿真引擎。
- 可利用草图、内在库及强大的编辑工具创建平面和三维金属结构。
- 自动生成适于所分析的几何形体的非均匀矩形、三角形网格。
- 具有自动边缘网格的特点,使初学者得到精准的专业结果。
- 可对具有无限和有限接地面的结构进行建模。
- 对局部的去嵌入和差分馈源设计进行准确和灵活的电路参数提取。
- 能精确地对金属厚度、极薄的介质、损耗介质、HTS 中的高 ε_r 介质进行建模。
- 利用可靠、高效的优化器 GeneticEM 自动灵活地实现电磁场优化功能。
- 对大规模集成电路的混合电磁进行仿真和节点分析。
- 对 CPW 结构和口径耦合结构进行建模。
- 具有自适应功能,利用较少的仿真即可以快速准确地得到宽频带的分析结果。
- 具有仿真和探求激励功能,允许监视馈电网络中天线阵列的功率分布。
- 利用对称矩阵求解器、微分矩阵求解器和迭代矩阵求解器提高仿真效率。
- 提取与 SPICE 仿真器相兼容的 RLC 等效电路。
- 以笛卡儿和史密斯圆图方式显示 s、y、z 参数,VSWR 和辐射方向图。
- 可以进行辐射参数的计算,包括方向性、效率、RCS 和辐射功率。
- 以二维和三维方式显示电流分布、辐射方向图和近场分布。

2. 时域有限差分全三维电磁场仿真软件包(Fidelity)

Fidelity 是基于非均匀网格的时域有限差分方法的全三维电磁场仿真器,可以解决具有复杂填充介质求解域的场分布问题。仿真结果包括 s、y、z 参数,以及 VSWR、RLC 等效电路、近场分布、波印廷矢量和辐射方向图等。Fidelity 可以分析非绝缘和复杂介质结构的问题。它在微波/毫米波集成电路(MMIC)、RF 印制板电路、微带天线、线电线和其他形式的 RF 天线、HTS 电路及滤波器、IC 的内部连接和高速数字电路封装、EMI 及 EMC 方面具有广泛的应用。

Fidelity 具有以下特点：

- 基于 MS Windows 鼠标驱动的图形界面。
- 可对真正的三维金属和非绝缘介质结构进行建模。
- 具有高效、高准确非均匀网格的 FDTD 仿真引擎。
- 便于分析目标的排列定位和几何结构的编辑与检查。
- 具有多种二维和三维视图，以便对所分析的结构得到最好的视觉理解。
- 可对非各向同性介质填充的同轴波导和矩形波导进行建模。
- 具有自动网格生成功能、网格优化功能和对输入的几何结构进行单独网格生成的功能。
- 预定义同轴、微带、矩形波导和用户定义端口。
- 不同边界条件的实现，包括 PML。
- 具有集成的预处理和后处理功能，包括 s 参数提取和时域信号显示。
- 可进行辐射方向图的计算。
- 具有切片显示功能的三维和二维电场、磁场及波印廷矢量的显示。
- 具有近场动态显示功能。
- 一次仿真即可得到宽带频谱的功能。
- 平面波激励和 SAR 计算功能。

9.4.2 Apsim 仿真软件

随着主频的提高、布线密度的增加以及大量数/模混合电路的应用，人们对 PCB 设计的要求越来越高。高速数字和模拟电路的设计需要对信号失真给予特别的关注。反射、串扰、传输时延、地/电层噪声等，会严重影响设计的功能。设计人员必须借助一套信号完整性分析工具才能精确预测并消除这些问题。这种工具应该能计算每个元器件物理特性和电气特性的影响及其相互作用，还必须能从设计的 PCB 中自动提取和建立模型，并具有能对实际设计进行动态特性描述的仿真器。由于大量采用了地/电平面的分割，导致共模噪声的增加，由此可能会产生 Delta-I 噪声、地弹或瞬态交换噪声。同时，产品的电磁兼容性(EMC)指标已经成为产品能否走向市场的关键。

美国 Applied Simulation Technology 公司 PCB 板级仿真与分析软件(Apsim)针对上述 PCB 及系统的设计特点，推出了全套的 SI(信号完整性)、EMC/EMI(电磁兼容性)、PI(电源完整性)以及 SPI(一体化仿真)仿真工具，并辅以齐全的建模工具，可与各种常用 CAD 系统紧密结合，适用于数字电路、模拟电路、数/模混合电路的仿真。

1. Apsim 提供的仿真工具和建模工具

(1) ApsimRADIA：EMC/EMI 辐射噪声仿真工具。

(2) ApsimDELTA-I：地/电平面噪声仿真工具，用于评估有去耦电容时地/电层的电性能。

(3) ApsimSPICE：高性能电路仿真工具，是 SI/PI/EMI 仿真的核心工具。

(4) ApsimOMNI：信号和地/电平面分析工具。

(5) ApsimR-PATH：EMI 路径分析工具，分析地/电平面上的回流路径。

(6) ApsimFDTD：三维全波电磁场分布仿真器。

(7) ApsimFDTD-SPICE：全波非线性 SI 和 EMI 仿真，针对 1GHz 以上的应用，解决非线性器件的电磁场问题。

(8) ApsimFDTD-SPAR：将 s 参数转换为 SPICE 模型。

(9) ApsimPLANE：3D 感应场求解器，是一个包括参考平面在内的结构分析工具，主要用于提取感抗和阻抗参数。

(10) ApsimRLGC：2D 容性场求解器，用于对有损耗的耦合传输线进行建模，计算其电阻、电导、电感和电容矩阵；也可以对过孔和同轴电缆等三维元件进行建模。

(11) ApsimCAP-3D：三维电容建模工具。

(12) ApsimSPAR：把 s 参数转换为 ApsimSPICE 模型。

(13) ApsimMPG：封装模型产生器。

(14) ApsimIBIS Translator：把 IBIS 模型转换为 ApsimSPICE 模型。

(15) ApsimTSG：Table SPICE 产生器，用于把 SPICE 模型转换为 IMIC 模型。

(16) ApsimIBIS Tool Kit：ApsimIBIS 工具组（SPICE 到 IBIS）。

(17) 其他工具

- SKETCH：布线前 SI 和 EMI 分析的原理图输入工具。
- LIF：Apsim 工具与 CAD 工具的集成环境（含 ApsimTopol），能使用户在同一环境下观测和分析 PCB 板及其信号的完整性情况和电磁辐射情况。
- RADIA-3D：RADIA 的选项，实现对机箱等的快速三维评估。
- ALM：RADIA 的选项，可以对具有电源分割和任意形状的实体进行精确的共模分析。
- SMODEL：通过器件手册建立器件的 IBIS 模型。
- AAIF/AIF-Extractor：CAD 数据到 Apsim 的接口。
- AAIF2PLANE：AAIF 数据（由 CAD 数据和 Apsim 的接口工具提取）到 PLANE 的接口。
- PGEditor：一个作图工具，用于输入和编辑物理结构图，可以从常用的 CAD 软件中读取 DXF 格式的文件或 TIFF 文件。
- IBIS LCR：IC 封装的电特性化工具。
- ApsimLCD：液晶显示器（LCD）仿真工具。

2. 电磁兼容性（EMI）分析

随着 PCB 功能和速度的提升，瞬态电流也随着增加。大面积的电源和地平面就是为了满足这个需要而设计的。但是由于设计的复杂性，例如多种电源和多种地需要同时使用，使得地/电平面被分割而成为有缺陷的平面。由此会产生感应噪声，当这种噪声大到一定程度时，就会影响集成电路的功能和性能。这种噪声是指 Delta-I、地弹或瞬态交换噪声。大家知道去耦电容可以降低这些噪声。目前，电源和地平面的噪声只能通过对原型产品的测量或由工程师凭经验来控制，经常凭经验把去耦电容的容量设定为默认值。实践中，去耦电容的数量、容量值以及电容的放置位置都与频率有关,要确定其最佳值是件非常困难的事。为了正确预测电容的有效性,需要精确考虑瞬态电流和电源实际的供电路径。一旦做到了这一点,电源/地平面上的噪声就可以看到了,也就可以通过在适当位置放置适当容量的电容有效地控制其噪声。

(1) ApsimDELTA-I

ApsimDELTA-I 用于评估有去耦电容时的地/电层的电性能,可以在 PCB 制作前对地/电平面、电容值、电容放置位置、电容类型等进行评估。AspimDelta-I 可以精确而快速地对大而复杂的 PCB 模拟出随频率变化的阻抗。通过对电源供电点或 IC 电源引脚在一定频率范围内进行阻抗预测,对去耦电容的有效性进行评估。

AspimDelta-I 把带有裂缝、分割以及大量过孔的电源和地平面分成大量的小单元,大量小单元可以组成各种形状。AspimDelta-I 调用 ApsimPLANE 来产生每个小单元的子电路 SPICE 模型。ApsimPLANE 对有大量孔、分割、镂空等的复杂平面产生网孔,再把电路压缩为大量的自电感、电阻、电容和互电感、电阻、电容。FFT 技术大大节省了 CPU 的时间和内存的占用空间,使得 AspimDelta-I 非常有效,并能处理大量其他方法无法解决的问题。所有的小单元、去耦电容和器件模型一起组成的最终模型是一个简明的 SPICE 格式的模型,AspimDelta-I 会自动根据用户设定的测试点配置模型。然后可以用 ApsimSPICE 以图形形式显示随频率变化的 Z、Y、H、S 矩阵结果,接着用户就可以改变离散的电容值和同频率有关的电容模型。可以采用多种手段进行评估,例如改变电容的放置位置,改变 PCB 的层次堆叠结构或用 CAD 改变地/电平面的结构。

(2) ApsimRPATH (EMI 回流路径分析器)

EMI 的主要原因是共模辐射噪声。共模辐射噪声是由于地/电平面有过孔、分割、镂空等缺陷而造成的。ApsimOMNI 可以精确仿真共模辐射噪声。不过共模辐射噪声的精确分析需要功能强大的计算机以及电源、地和信号精确的非线性器件模型。EMI 工程师的主要工作是找到电流路径或电流环路,复杂的系统要求 PCB 工程师避免大的回流路径。ApsimRPATH 是目前业内唯一可以画出回流路径的仿真器,主要用于解决 EMI 问题。

随着便携式系统或混合电平器件的增加,为了降低功耗、分离模拟地和数字地、减少 PCB 层数,PCB 设计中大量采用了地/电平面的分割。但是,地/电平面的分割会导致共模噪声的增加。大家知道有两种形式的辐射噪声,即差模噪声和共模噪声。共模噪声远大于差模噪声,因为共模噪声没有电流的抵消。回流路径不当是产生共模噪声的主要原因,前向电流经过信号线流出,但是回来的电流可能会流经未知区域,前向电流和回流所形成的区域就会产生辐射噪声。因此,为了降低 EMI 噪声,有必要知道回流路径。回流路径是由信号线、电源和地平面的结构决定的,还与供电点、去耦电容、器件等的位置和数量有关,所以很难找到回流路径。尽管通过把系统内所有信号、电源和地建模后,可以精确地预测共模噪声,但这却是非常耗时的工作,因此,有必要提供一种比较实用而快速的方法实现确保精确度的回流路径的评估。尽管回流路径的检测不能直接用于计算电磁场场强,但是可以在设计的早期阶段及时发现问题,这对于节省时间、降低成本是非常重要的。ApsimRPATH 回流路径分析器对 EMI 工程师和 PCB 工程师来说是非常有用的工具。

3. 电磁场仿真

来自系统和微电子线路的电噪声及辐射将严重地影响产品的功能、性能稳定性和上市时间。因此,在设计开发早期检测、理解并校正这些隐患变得尤为重要。传统的电磁场仿真工具都是采用静态或类似静态的 TEM 分析方法。然而,当频率变高时,TEM 方法不能精确推算电磁场的寄生繁殖场(如二次场、三次场等),但这些寄生场恰恰严重地造成电路的延时、串扰等。由于工作频率升高,可能会产生更大的辐射噪声,微小的反馈电流往往会产生很大的辐射冲击。如果不事先设计精确的电磁场分析方案,EMI 及电磁辐射问题就不能被及早发现并排除。ApsimFDTD 是一个全波电磁场仿真器,其精确计算方法十分适合于较高频率 PCB 板的信号完整性仿真和 EMI 仿真。

ApsimFDTD 是采用"有限时域差分"算法的三维全波电磁场仿真器。它将二次、三次场等都准确仿真出来,相比静态的二维、三维 TEM 方法,精度大大地提高了。例如,扩散场、趋肤效应、绝缘介质泄漏、反馈电流等也都被精确计算在内,这些往往会严重影响系统的正常工作。其仿真结果为三维显示,十分有利于工程师查找、理解和排除错误源。

ApsimFDTD 是首次采用精确计算模型和算法来解决上述问题的软件。功能齐备,具有直观的仿真报告。如直观三维显示 PCB 板 EMI 图、空间场分布图。

ApsimFDTD 在时域求解麦克斯韦方程组,它使用了新的算法,可改变网格大小,从而能处理复杂问题,并获得精确结果。除此之外,它还使用了新版的 PML,因而能大幅降低问题的规模,不至于因为边界上的辐射而影响精度。

ApsimFDTD 比其他静态的二维、三维仿真器有更宽的频率范围、更好的准确度,在EMI 及高频应用中非常理想。

ApsimFDTD 允许工程师从图形方式显示的结果中观察存在的问题,空间的场分布被绘制成一张随时间变化的图。除此之外,它还能输出任意位置上随时间变化的场、电流与电压。这对于数字电路设计是非常理想的,因为时间是一个重要参数,它能输出 s 参数或电路仿真器(如 SPICE)用的电路元件;还能输出不同函数的傅里叶变换,对于 EMI、微波及其他模拟应用,将更有助于从频率的视角观察函数关系。

还有许多问题适合采用 ApsimFDTD 处理。例如:一条具有自耦合特性的时钟线如何走线;分析 PCB 板上三维结构中 IC 的引线与一条线、过孔或是地平面间的相互作用;高频时过孔、导线、IC 的封装等三维结构中的返回电流的预测。ApsimFDTD 非常适于解决此类特别难处理的问题。

ApsimFDTD 既能仿真磁导率的变化,也能仿真介电常数的变化,所以它能实现磁性材料和绝缘材料的精确仿真。

4. 全波非线性 SI 和 EMI 仿真

全波非线性 SI 和 EMI 仿真可通过 FDTD、PGEditor 和 FDTD-SPICE 工具软件进行,适合于工作频率 1GHz 以上的线性和非线性系统的信号完整性、电源完整性以及电磁兼容性的分析和仿真。能非常精确地给出三维电磁场空间分布图、信号线的波形图和电源信号的波形图等,便于工程师发现并解决信号完整性问题、电源完整性问题和电磁干扰问题。可为模拟信号频率达到 1GHz 或数字信号频率达到 200MHz 以上的应用场合提供非常精确的仿真。

在 PCB 和 IC 设计中,当频率达到甚至超过 1GHz 时,必须考虑由于布线和电源分布系统引起的噪声,这种噪声可以破坏时序关系并引起系统功能性故障。对这些信号完整性问题的仿真已非常必要。目前已经普遍采用各类仿真工具理解和控制这些信号/电源的完整性和 EMI 影响,但这些工具在 500MHz 频率以下时,其仿真结果会很好。但是在 1GHz 及以上的频率或在宽带数字应用中就不再精确了。这时三维和二次场效应开始在延时、噪声和辐射等方面起重要作用,这些影响需要采用麦克斯韦等式来解决。对于线性电路全波仿真已经有不少好的工具,但还没有一种能对非线性电路进行全波仿真的方案。

ApsimFDTD-SPICE 是业内第一款非线性电路全波电磁场仿真器。ApsimFDTD-SPICE 结合了有限差分时域三维建模工具和工业标准非线性电路仿真器 SPICE。其设计目标是针对工作频率在 1GHz 及以上的应用,当然也可以用在任何其他频率。对于非线性器件的电磁场问题,这种解决方案的精度是最高的。在时钟时序和精密时延非常关键的高频设计中,这是非常理想的工具。

习题

1. 电磁兼容的预测方法有哪几种? 现在流行的电磁兼容的预测软件采用什么方法?
2. 电磁兼容预测分析的步骤有哪些?
3. 举例说明电磁兼容预测软件的设计之初,应该建立哪些数学模型。

电磁兼容国家标准目录（2016）

通用基础类			
序号	标准代号	标准名称	采标情况
1	GB/T 4365—2003	电工术语 电磁兼容	
2	GB/T 6113.101—2008	无线电骚扰和抗扰度测量设备和测量方法规范 第1—1 部分：无线电骚扰和抗扰度测量设备 测量设备	CISPR 16—1—1：2006
3	GB/T 6113.102—2008	无线电骚扰和抗扰度测量设备和测量方法规范 第1—2 部分：无线电骚扰和抗扰度测量设备 辅助设备 传导骚扰	CISPR 16—1—2：2006
4	GB/T 6113.103—2008	无线电骚扰和抗扰度测量设备和测量方法规范 第1—3 部分：无线电骚扰和抗扰度测量设备 辅助设备 骚扰功率	CISPR 16—1—3：2004
5	GB/T 6113.104—2008	无线电骚扰和抗扰度测量设备和测量方法规范 第1—4 部分：无线电骚扰和抗扰度测量设备 辅助设备 辐射骚扰	CISPR 16—1—4：2005
6	GB/T 6113.105—2008	无线电骚扰和抗扰度测量设备和测量方法规范 第1—5 部分：无线电骚扰和抗扰度测量设备 30～1000MHz 天线校准	CISPR 16—1—5：2003
7	GB/T 6113.201—2008	无线电骚扰和抗扰度测量设备和测量方法规范 第2—1 部分：无线电骚扰和抗扰度测量方法 传导骚扰测量	CISPR 16—2—1：2003
8	GB/T 6113.202—2008	无线电骚扰和抗扰度测量设备和测量方法规范 第2—2 部分：无线电骚扰和抗扰度测量方法 骚扰功率测量	CISPR 16—2—2：2004
9	GB/T 6113.203—2008	无线电骚扰和抗扰度测量设备和测量方法规范 第2—3 部分：无线电骚扰和抗扰度测量方法 辐射骚扰测量	CISPR 16—2—3：2003
10	GB/T 6113.204—2008	无线电骚扰和抗扰度测量设备和测量方法规范 第2—4 部分：无线电骚扰和抗扰度测量方法 抗扰度过测量	CISPR 16—2—4：2003

续表

通用基础类			
序号	标准代号	标准名称	采标情况
11	GB/Z 6113.205—2013	无线电骚扰和抗扰度测量设备和测量方法规范 第2—5部分：大型设备骚扰发射现场测量	
12	GB/Z 6113.3—2006	无线电骚扰和抗扰度测量方法规范 第3部分：无线电骚扰和抗扰度测量技术报告	CISPR 16—3：2003
13	GB/Z 6113.401—2007	无线电骚扰和抗扰度测量设备和测量方法规范 第4—1部分：不确定度、统计学和限值建模标准化的EMC试验不确定度	CISPR 16—4—1/TR：2005
14	GB/T 6113.402—2006	无线电骚扰和抗扰度测量设备和测量方法规范 第4—2部分：不确定度,统计学和限值建模测量设备和设施的不确定度	CISPR 16—4—2：2003
15	GB/Z 6113.403—2007	无线电骚扰和抗扰度测量设备和测量方法规范 第4—3部分：不确定度、统计学和限值建模批量产品的EMC符合性确定	CISPR 16—4—3/TR：2004
16	GB/Z 6113.404—2007	无线电骚扰和抗扰度测量设备和测量方法规范 第4—4部分：不确定度、统计学和限值建模 抱怨的统计和限值的计算	CISPR 16—4—4/TR：2003
17	GB/Z 6113.405—2010	无线电骚扰和抗扰度测量设备和测量方法规范 第4—5部分：不确定度、统计学和限值建模替换试验方法的使用条件	
18	GB 8702—2014	电磁环境控制限值	
19	GB/T 12190—2006	电磁屏蔽室屏蔽效能的测量方法	
20	GB/T 15658—2012	无线电噪声测量方法	
21	GB/T 17624.1—1998	电磁兼容 综述 电磁兼容基本术语和定义的应用与解释	IEC 61000—1—1：1992
22	GB 17625.1—2012	电磁兼容 限值 谐波电流发射限值（设备每相输入电流≤16A）	IEC 61000—3—2：2009
23	GB 17625.2—2007	电磁兼容 限值 对每相额定电流≤16A且无条件接入设备在公用低压供电系统中产生的电压变化、电压波动和闪烁	IEC 61000—3—3：2005
24	GB/Z 17625.3—2000	电磁兼容 限值 对额定电流大于16A的设备在低压供电系统中产生的电压波动和闪烁的限值	IEC 61000—3—5：1994
25	GB/Z 17625.4—2000	电磁兼容 限值 中、高压电力系统中畸变负荷发射限值的评估	IEC 61000—3—6：1996
26	GB/Z 17625.5—2000	电磁兼容 限值 中、高压电力系统中波动负荷发射限值的评估	IEC 61000—3—7：1996
27	GB/Z 17625.6—2003	电磁兼容 限值 对额定电流大于16A的设备在低压供电系统中产生的谐波电流的限值	IEC TR 61000—3—4：1998

<table>
<tr><td colspan="4" align="center">通用基础类</td></tr>
<tr><td>序号</td><td>标 准 代 号</td><td>标 准 名 称</td><td>采 标 情 况</td></tr>
<tr><td>28</td><td>GB/Z 17625.7—2013</td><td>电磁兼容 限值 对额定电流≤75A且有条件接入的设备在公用低压供电系统中产生的电压变化、电压波动和闪烁的限值</td><td></td></tr>
<tr><td>29</td><td>GB/T 17625.8—2015</td><td>电磁兼容 限值 每相输入电流大于16A小于等于75A连接到公用低压系统的设备产生的谐波电流限值</td><td></td></tr>
<tr><td>30</td><td>GB/T 17626.1—2006</td><td>电磁兼容 试验和测量技术 抗扰度试验总论</td><td>IEC 61000—4—1：2000</td></tr>
<tr><td>31</td><td>GB/T 17626.2—2006</td><td>电磁兼容 试验和测量技术 静电放电抗扰度试验</td><td>IEC 61000—4—2：2001</td></tr>
<tr><td>32</td><td>GB/T 17626.3—2006</td><td>电磁兼容 试验和测量技术 射频电磁场辐射抗扰度试验</td><td>IEC 61000—4—3：2002</td></tr>
<tr><td>33</td><td>GB/T 17626.4—2008</td><td>电磁兼容 试验和测量技术 电快速瞬变脉冲群抗扰度试验</td><td>IEC 61000—4—4：2004</td></tr>
<tr><td>34</td><td>GB/T 17626.5—2008</td><td>电磁兼容 试验和测量技术 浪涌（冲击）抗扰度试验</td><td>IEC 61000—4—5：2001</td></tr>
<tr><td>35</td><td>GB/T 17626.6—2008</td><td>电磁兼容 试验和测量技术 射频场感应的传导骚扰抗扰度</td><td>IEC 61000—4—6：2006</td></tr>
<tr><td>36</td><td>GB/T 17626.7—2008</td><td>电磁兼容 试验和测量技术 供电系统及所连设备谐波、谐间波的测量和测量仪器导则</td><td>IEC 61000—4—7：2002</td></tr>
<tr><td>37</td><td>GB/T 17626.8—2006</td><td>电磁兼容 试验和测量技术 工频磁场抗扰度试验</td><td>IEC 61000—4—8：2001</td></tr>
<tr><td>38</td><td>GB/T 17626.9—2011</td><td>电磁兼容 试验和测量技术 脉冲磁场抗扰度试验</td><td>IEC 61000—4—9：2001</td></tr>
<tr><td>39</td><td>GB/T 17626.10—1998</td><td>电磁兼容 试验和测量技术 阻尼振荡磁场抗扰度试验</td><td>IEC 61000—4—10：1993</td></tr>
<tr><td>40</td><td>GB/T 17626.11—2008</td><td>电磁兼容 试验和测量技术 电压暂降短时中断和电压变化的抗扰度试验</td><td>IEC 61000—4—11：2004</td></tr>
<tr><td>41</td><td>GB/T 17626.12—2013</td><td>电磁兼容 试验和测量技术 振铃波抗扰度试验</td><td>IEC 61000—4—12：2006</td></tr>
<tr><td>42</td><td>GB/T 17626.13—2006</td><td>电磁兼容 试验和测量技术 交流电源端口谐波、谐间波及电网信号的低频抗扰度试验</td><td>IEC 61000—4—13：2002</td></tr>
<tr><td>43</td><td>GB/T 17626.14—2005</td><td>电磁兼容 试验和测量技术 电压波动抗扰度试验</td><td>IEC 61000—4—14：2002</td></tr>
<tr><td>44</td><td>GB/Z 17626.15—2011</td><td>电磁兼容 试验和测量技术 闪烁仪 功能和设计规范</td><td>IEC 61000—4—15：2003</td></tr>
<tr><td>45</td><td>GB/T T17626.16—2007</td><td>电磁兼容 试验和测量技术 0Hz～150kHz 共模传导骚扰抗扰度试验</td><td>IEC 61000—4—16：2002</td></tr>
<tr><td>46</td><td>GB/T 17626.17—2005</td><td>电磁兼容 试验和测量技术 直流电源输入端口纹波抗扰度试验</td><td>IEC 61000—4—17：2002</td></tr>
<tr><td>47</td><td>GB/T 17626.20—2014</td><td>电磁兼容 试验和测量技术 横电磁波（TEM）波导中的发射和抗扰度测试</td><td></td></tr>
</table>

通用基础类

序号	标 准 代 号	标 准 名 称	采 标 情 况
48	GB/T 17626.21—2014	电磁兼容 试验和测量技术 混波室试验方法	
49	GB/T 17626.24—2012	电磁兼容 试验和测量技术 HEMP 传导骚扰保护装置的试验方法	IEC 61000—4—24：1997
50	GB/T 17626.27—2006	电磁兼容 试验和测量技术 三相电压不平衡抗扰度试验	IEC 61000—4—27：2000
51	GB/T 17626.28—2006	电磁兼容 试验和测量技术 工频频率变化抗扰度试验	IEC 61000—4—28：2001
52	GB/T 17626.29—2006	电磁兼容 试验和测量技术 直流电源输入端口电压暂降、短时中断和电压变化的抗扰度试验	IEC 61000—4—29：2006
53	GB/T 17626.30—2012	电磁兼容 试验和测量技术 电能质量测量方法	
54	GB/T 17626.34—2012	电磁兼容 试验和测量技术 主电源每相电流大于16A的设备的电压暂降、短时中断和电压变化抗扰度试验	IEC 61000—4—34：2009
55	GB/T 17799.1—1999	电磁兼容 通用标准 居住、商业和轻工业环境中的抗扰度试验	IEC 61000—6—1：1997
56	GB/T 17799.2—2003	电磁兼容 通用标准 工业环境中的抗扰度试验	IEC 61000—6—2：1999
57	GB 17799.3—2012	电磁兼容 通用标准 居住、商业和轻工业环境中的发射	IEC 61000—6—3：2011
58	GB 17799.4—2012	电磁兼容 通用标准 工业环境中的发射	IEC 61000—6—4：2011
59	GB/T 17799.5—2012	电磁兼容 通用标准 室内设备高空电磁脉冲(HEMP)抗扰度	IEC 61000—6—6：2003
60	GB/Z 18039.1—2000	电磁兼容 环境 电磁环境的分类	IEC 61000—2—5：1996
61	GB/Z 18039.2—2000	电磁兼容 环境 工业设备电源低频传导骚扰发射水平的评估	IEC 61000—2—6：1996
62	GB/T 18039.3—2003	电磁兼容 环境 公用低压供电系统低频传导骚扰及信号传输的兼容水平	IEC 61000—2—2：1990
63	GB/T 18039.4—2003	电磁兼容 环境 工厂低频传导骚扰的兼容水平	IEC 61000—2—4：1994
64	GB/Z 18039.5—2003	电磁兼容 环境 公用供电系统低频传导骚扰及信号传输的电磁环境	IEC 61000—2—1：1990
65	GB/Z 18039.6—2005	电磁兼容 环境 各种环境中的低频磁场	IEC 61000—2—7：1998
66	GB/Z 18039.7—2011	电磁兼容 环境 公用供电系统中的电压暂降、短时中断及其测量统计结果	IEC/TR 61000—2—8：2002
67	GB/T 18039.8—2012	电磁兼容 环境 高空核电磁脉冲(HEMP)环境描述 传导骚扰	IEC 61000—2—10：1998
68	GB/T 18039.9—2013	电磁兼容 环境 公用中压供电系统低频传导骚扰既信号线传输的兼容水平	
69	GB/Z 18509—2001	电磁兼容 电磁兼容标准起草导则	IEC GUIDE 107：1998

序号	标准代号	标准名称	采标情况
		车船类 EMC 标准	
1	GB/T 7349—2002	高压架空送电线、变电站无线电干扰测量方法	
2	GB 7495—1987	架空电力线路与调幅广播收音台的防护间距	
3	GB/T 10250—2007	船舶电气与电子设备的电磁兼容性	
4	GB 14023—2011	车辆、船和内燃机无线电骚扰特性 用于保护车外接收机的限值和测量方法	CISPR 12：2009
5	GB 15707—1995	高压交流架空送电线无线电干扰限值	
6	GB/T 15708—1995	交流电气化铁道电力机车运行产生的无线电辐射干扰的测量方法	
7	GB/T 15709—1995	交流电气化铁道接触网无线电辐射干扰测量方法	
8	GB/T 17619—1998	机动车电子电器组件的电磁辐射抗扰性限值和测量方法	
9	GB/T 18387—2008	电动车辆的电磁场辐射强度的限值和测量方法宽带 9kHz～30MHz	
10	GB/T 18655—2010	车辆、船和内燃机 无线电骚扰特性 用于保护车载接收机的限值和测量方法	CISPR 25：2008
11	GB/T 19951—2005	道路车辆 静电放电产生的电骚扰试验方法	ISO 10605：2001
12	GB/T 21437.1—2008	道路车辆 由传导和耦合引起的电骚扰 第1部分：定义和一般描述	ISO 7637—1：2002
13	GB/T 21437.2—2008	道路车辆 由传导和耦合引起的电骚扰 第2部分：沿电源线的电瞬态传导	ISO 7637—2：2004
14	GB/T 24338.1—2009	轨道交通 电磁兼容 第1部分：总则	IEC 62236—1：2003
15	GB/T 24338.2—2011	轨道交通 电磁兼容 第2部分：整个轨道系统对外界的发射	IEC 62236—2：2003
16	GB/T 24338.3—2009	轨道交通 电磁兼容 第3—1部分：机车车辆 列车和整车	IEC 62236—3—1：2003
17	GB/T 24338.4—2009	轨道交通 电磁兼容 第3—2部分：机车车辆 设备	IEC 62236—3—2：2003
18	GB/T 24338.5—2009	轨道交通 电磁兼容 第4部分：信号和通信设备的发射与抗扰度	IEC 62236—4：2003
19	GB/T 24338.6—2009	轨道交通 电磁兼容 第5部分：地面供电装置和设备的发射与抗扰度	IEC 62236—5：2003
20	GB/Z 21713—2008	低压交流电源(不高于1000V)中的浪涌特性	
21	GB/T 25119—2010	轨道交通 机车车辆电子装置	IEC 60571：2006
		电工电子类	
序号	标准代号	标准名称	采标情况
1	GB 4343.1—2009	电磁兼容 家用电器、电动工具和类似器具的要求第1部分：发射	CISPR 14—1：2005
2	GB 4343.2—2009	电磁兼容 家用电器、电动工具和类似器具的电磁兼容要求 第2部分：抗扰度	CISPR 14—2：2008

续表

电工电子类			
序号	标 准 代 号	标 准 名 称	采 标 情 况
3	GB 4824—2013	工业、科学和医疗(ISM)射频设备 骚扰特性 限值和测量方法	CISPR 11：2010
4	GB 7343—1987	10kHz～30MHz 无源无线电干扰滤波器和 抑制元件抑制特性的测量方法	
5	GB 11032—2010	交流无间隙金属氧化物避雷器	IEC 60099—4：2006
6	GB 12668.3—2012	调速电气传动系统 第3部分：电磁兼容性要 求及其特定的试验方法	IEC 61800—3：2004
7	GB/T 14598.10—2012	量度继电器和保护装置 第22—4部分：电气 骚扰试验 电快速瞬变/脉冲群抗扰度试验	IEC 60255—22—4：2008
8	GB/T 14598.13—2008	电气继电器 第22—1部分：量度继电器和保 护装置的电气骚扰试验 1MHz脉冲群抗扰 度试验	IEC 60255—22—1：2007
9	GB/T 14598.16—2002	电气继电器第25部分：量度继电器和保护 装置的电磁发射试验	IEC 60225—25：2000
10	GB/T 14598.18—2012	量度继电器和保护装置 第22—5部分：电气 骚扰试验 浪涌抗扰度试验	IEC 60255—22—5：2008
11	GB/T 14598.19—2007	电气继电器 第22—7部分：量度继电器和保 护装置的电器骚扰试验——工频抗扰度试验	IEC 60255—22—7：2003
12	GB/T 14598.20—2007	电气继电器 第26部分：量度继电器和保护 装置的电磁兼容性要求	IEC 60255—26：2004
13	GB/T 15153.1—1998	远动设备及系统 第2部分：工作条件 第1 篇：电源和电磁兼容性	IEC 60870—2—1：1995
14	GB/T 15579.10—2008	弧焊设备 第10部分：电磁兼容性(EMC) 要求	IEC 60974—10：2007
15	GB/T 16607—1996	微波炉在1GHz以上的辐射干扰测量方法	
16	GB 17743—2007	电气照明和类似设备的无线电骚扰特性的限 值和测量方法	CISPR 15：2005
17	GB/T 18029.21—2012	轮椅车 第21部分：电动轮椅车、电动代步车 和电池充电器的电磁兼容性要求和测试方法	
18	GB/T 18268.1—2010	测量、控制和试验室用的电设备电磁兼容性 要求 第1部分：通用要求	IEC 61326—1：2005
19	GB 18499—2008	家用和类似用途的剩余电流动作保护器 (RCD)电磁兼容性	IEC 61543：1995
20	GB/T 18663.3—2007	电子设备机械结构 公制系列和英制系列试 验 第3部分：机柜、机架和插箱的电磁屏蔽 性能试验	IEC 61857—3：2006
21	GB/Z 18732—2002	工业、科学和医疗设备限值的确定方法	CISPR 23：1987
22	GB/T 18595—2014	一般照明用设备电磁兼容抗扰度要求	IEC 61547：2009
23	GB/Z 19397—2003	工业机器人 电磁兼容性试验方法和性能评 估准则指南	ISO/TR 11062：1994

电工电子类			
序号	标准代号	标准名称	采标情况
24	GB/Z 19511—2004	工业、科学和医疗设备(ISM)——国际电信联盟(ITU)指定频段内的辐射电平指南	CISPR 28:1997
25	GB/T 21067—2007	工业机械电气设备 电磁兼容 通用抗扰度要求	
26	GB/T 21398—2008	农林机械 电磁兼容性 试验方法和验收规则	ISO 14982:1998
27	GB/T 21419—2013	变压器、电抗器、电源装置及其组合的安全电磁兼容(EMC)要求	IEC 62041:2010
28	GB/T 22359—2008	土方机械 电磁兼容性	ISO 13766:2006
29	GB/T 22663—2008	工业机械电气设备 电磁兼容 机床抗扰度要求	
30	GB 23313—2009	工业机械电气设备 电磁兼容 发射限值	
31	GB 23712—2009	工业机械电气设备 电磁兼容 机床发射限值	
32	GB/T 24807—2009	电磁兼容 电梯、自动扶梯和自动人行道的产品系列标准 发射	EN 12015:2004
33	GB/T 24808—2009	电磁兼容 电梯、自动扶梯和自动人行道的产品系列标准 抗扰度	EN 12016:2004
34	GB/T 25633—2010	电火花加工机床 电磁兼容性试验规范	
35	GB/T 28554—2012	工业机械电气设备 内带供电单元的建设机械电磁兼容要求	
电声与广播电视类			
序号	标准代号	标准名称	采标情况
1	GB/T 9383—2008	声音和电视广播接收机及有关设备抗扰度限值和测量方法	CISPR 20:2006
2	GB 13836—2000	电视和声音信号电缆分配系统第2部分:设备的电磁兼容	IEC 60728—2/FDIS:1997
3	GB 13837—2012	声音和电视广播接收机及有关设备 无线电骚扰特性 限值和测量方法	IEC/CISPR 13:2009
4	GB 16787—1997	30MHz～1GHz声音和电视信号的电缆分配系统辐射测量方法和限值	
5	GB 16788—1997	30MHz～1GHz声音和电视信号的电缆分配系统抗扰度测量方法和限值	
6	GB/T 18655—2010	车辆、船和内燃机 无线电骚扰特性 用于保护车载接收机的限值和测量方法	CISPR 25:2008
7	GB/T 19954.1—2005	电磁兼容 专业用途的音频、视频、音视频和娱乐场所灯光控制设备的产品类标准 第1部分:发射	EN 55103—1:1997
8	GB/T 19954.2—2005	电磁兼容 专业用途的音频、视频、音视频和娱乐场所灯光控制设备的产品类标准 第2部分:抗扰度	EN 55103—2:1997
9	GB/T 21560.3—2008	低压直流电源 第3部分:电磁兼容性(EMC)	IEC 61204—3:2000

续表

电声与广播电视类

序号	标 准 代 号	标 准 名 称	采 标 情 况
10	GB/T 22630—2008	车载音视频设备电磁兼容性要求和测量方法	
11	GB/T 25102.13—2010	电声学 助听器 第13部分：电磁兼容(EMC)	IEC 60118—13：2004
12	GB/Z 19871—2005	数字电视广播接收机电磁兼容性能要求和测量方法	

信息技术与通信系统类

序号	标 准 代 号	标 准 名 称	采 标 情 况
1	GB 6364—2013	航空无线电导航台(站)电磁环境要求	
2	GB 6830—1986	电信线路遭受强电线路危险影响的容许值	
3	GB 7495—1987	架空电力线路与调幅广播收音台的防护间距	
4	GB 9254—2008	信息技术设备的无线电骚扰限值和测量方法	CISPR 22：2006
5	GB/T 12572—2008	无线电发射设备参数通用要求和测量方法	
6	GB 12638—1990	微波和超短波通信设备辐射安全要求	
7	GB 13613—2011	对海远程无线电导航台和监测站电磁环境要求	
8	GB 13614—2012	短波无线电收信台(站)及测向台(站)电磁环境要求	
9	GB/T 13615—2009	地球站电磁环境保护要求	
10	GB/T 13616—2009	微波接力站电磁环境保护要求	
11	GB 13618—1992	对空情报雷达站电磁环境防护要求	
12	GB/T 13619—2009	数字微波接力通信系统干扰计算方法	
13	GB/T 13620—2009	卫星通信地球站与地面微波站之间协调区的确定和干扰计算方法	
14	GB/T 15152—2006	脉冲噪声干扰引起移动通信降级的评定方法	IEC/CISPR 21：1999

附录 B 电磁兼容技术术语

APPENDIX B

一、一般术语

- 设备(Equipment)。设备是指作为一个独立单元进行工作,并完成单一功能的任何电气、电子或机电装置。
- 分系统(Subsystem)。从电磁兼容性要求的角度考虑,下列任一状况都可认为是分系统:

(1) 作为单独整体起作用的许多装置或设备的组合,但并不要求其中的装置或设备独立起作用;

(2) 作为在一个系统内起主要作用并完成单项或多项功能的许多设备或分系统组合。

以上两类分系统内的装置或设备,在实际工作时可以分开安装在几个固定或移动的台站、运载工具及系统中。

- 系统(System)。系统是指"若干设备、分系统、专职人员及可以执行或保障工作任务的技术组合"。一个完整的系统,除包括有关的设施、设备、分系统、器材和辅助设备外,还包括在工作和保障环境中能胜任工作的操作人员。

图 B-1 给出了系统、分系统与设备的关系图。

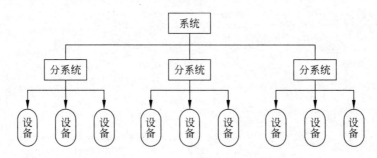

图 B-1　系统、分系统与设备关系图

- 电磁兼容性(ElectroMagnetic Compatibility)。电磁兼容性是指在不损失有用信号所包含的信息条件下,信号和干扰共存的能力。
- 标准(Standard)/建议(Recommendation)。标准和建议是能够被重复和连续地使用,由认可的标准化组织批准的一套技术规范,其符合性不是强制性的而是推荐性的。IEC 对标准所下的定义为:"标准是为了促进国际贸易,对某个技术领域达成国际一致意见的公开文档。一致意见是根据批准和出版国际标准的严格程序得到的"。

- 技术规范(Technical Specification)。技术规范在详细内容和完整性方面近似标准，因为未达成一致意见或还不成熟，未通过批准程序。技术规范规定了产品要求的特性，例如，质量水平、性能、安全或尺寸，并包括可用于产品的要求。如术语、符号、试验和试验方法、包装、标志或标签等。

- 技术报告(Technical Reports)。除了未达成一致意见外，技术报告还具有以下特点：

(1) 所涉及的内容仍处于技术发展阶段，不适于作为国际标准出版，但将来有可能成为国际标准；

(2) 将某个标准化组织的标准作为资料出版；

(3) 包含与将要出版的国际标准不同内容的信息，例如，特定技术领域的技术水平的调查信息。

- 工业、科学、医疗设备(Industrial Scientific and Medical(ISM)Equipment)。按工业、科学、医疗、家庭或类似用途的要求而设计，用以产生并局部使用无线电频率能量的设备或装置，不包括用于通信领域的设备。

- 电磁环境(ElectroMagnetic Environment)。电磁环境是指存在于给定场所的所有电磁现象的总和。"给定场所"即"空间"，"所有电磁现象"包括了全部"时间"与全部"频谱"。

二、干扰术语

- 电磁噪声(ElectroMagnetic Noise)。电磁噪声是"一种明显不传送信息的时变电磁现象，它可能与有用信号叠加或组合"。电磁噪声通常是脉动的和随机的，但也可能是周期的。

- 自然噪声(Natural Noise)。自然噪声是"由自然电磁现象产生的电磁噪声"，是来源于自然现象而不是由机械或其他人造装置产生的噪声。

- 人为噪声(Man-made Noise)。人为噪声是"由机电或其他人造装置产生的噪声"。

- 无线电噪声(Radio Noise)。无线电噪声是"射频频段内的电磁噪声"。一般认为无线电频率是 9kHz～3000GHz，而"电磁现象"则包括所有的频率，除包括无线电频率之外，还包括所有的低频(含直流)电磁现象。

- 大气无线电噪声(Atmospheric Radio Noise)。大气无线电噪声是由大气自然现象产生的无线电噪声。

- 无用信号(Unwanted Signal, Undesired Signal)。无用信号是指可能损坏有用信号接收的信号。

- 干扰信号(Interfering Signal)。干扰信号是"损害有用信号接收的信号"。比较术语"无用信号"和"干扰信号"可见，差别仅在于无用信号是"可能损害……"，而干扰信号是"损害……"，表明无用信号仅在某些条件下是无害的，而干扰信号在任何情况下都是有害的。

- 电磁骚扰(ElectroMagnetic Disturbance)。电磁骚扰是"任何可能引起装置、设备或系统性能降级或对有生命或无生命物质产生损害作用的电磁现象。电磁骚扰可能是电磁噪声、无用信号或传播媒介自身的变化"。

- 电磁干扰(ElectroMagnetic Interference)。电磁干扰是"由电磁骚扰引起的设备、传输通道或系统性能的下降"。电磁骚扰仅仅是电磁现象,即客观存在的一种物理现象。它可能引起设备性能的降级或损害,但不一定已经形成后果。而电磁干扰是由电磁骚扰引起的后果。过去在术语上并未将物理现象与其造成的后果明确划分,统称为干扰(Interference)。但是进入20世纪90年代,IEC50(161)于1990年发布后,才明确引入了Disturbance这一术语。为了明确与过去惯用的干扰一词的区分,中文翻译为"骚扰"。这一标准还扩大了电磁骚扰的范畴,过去称为电磁干扰的常常指电磁噪声,现在电磁骚扰还包括了无用信号。例如,短波通信电离层的变化,空气中雨、雾等对微波通信的影响等。

- 无线电干扰(Radio Interference)。无线电干扰是"在射频频段(9kHz～3000GHz)内的电磁干扰"。

- 脉冲骚扰(噪声)(Impulsive Disturbance Noise)。脉冲骚扰效应能分解成一系列不连续脉冲的电磁骚扰(噪声)。

- 随机骚扰(噪声)(Random Disturbance Noise)。随机骚扰是指时间上和(或)幅度上随机出现的大量不连续的电磁骚扰(噪声)。

- 传导干扰(Conducted Interference)。传导干扰是指沿着导体传播的电磁干扰。

- 辐射干扰(Radiated Interference)。辐射干扰是指通过空间以电磁波形式传播的电磁干扰。

- 宽带干扰(Broadband Interference)。宽带干扰是指有足够宽的频谱能量分布,以致所用的干扰测量仪在正负两个脉冲带宽内调谐时,其输出响应变化不大于3dB的一种电磁干扰。

- 窄带干扰(Narrowband Interference)。窄带干扰是指基本频谱能量处于所用干扰测量仪通带以内的电磁干扰。

- 干扰源(Interference Source)。干扰源是指任何产生电磁干扰的元件、器件、装置、设备、系统或自然现象。

- 宇宙干扰(Cosmic Interference)。宇宙干扰是指由银河系的电磁辐射所造成的干扰。

- 工业干扰(Industrial Interference)。工业干扰是指各种电气、电子设备或系统所产生的电磁干扰。

三、发射术语

- 电磁发射(ElectroMagnetic Emission)。电磁发射是"从源向外发出电磁能的现象",即以辐射或传导形式从源发出的电磁能量,此处"发射"与通信工程中常常用的"发射"的含义并不完全相同。电磁兼容中的"发射"既包含传导发射,也包含辐射发射,而通信工程中的"发射"主要指辐射发射;电磁兼容中的"发射"常常是无意的,因而并不存在有意制作的发射部件,是一些本来作其他用途的部件(例如电线、电缆等)充当了发射源(部件)的角色,而通信中则是精心制作发射部件(例如天线等),并且"发射"是在无线发射台产生的,通信中的"发射"有时也使用Emission,但更多的是使用 Transmission。

- 电磁辐射(ElectroMagnetic Radiation)。电磁辐射是由不同于传导机理所产生的有用信号的发射或电磁骚扰的发射。电磁辐射是将能量以电磁波形式由源发射到空间并且以电磁波形式在空间传播的。

注意："发射"与"辐射"的区别。"发射"指向空间以辐射形式和沿导线以传导形式发出的电磁能量,而"辐射"指脱离场源向空间传播的电磁能量,不可将两者混淆。

- 机壳辐射(Cabinet Radiation)。机壳辐射是由设备外壳产生的辐射,不包括所接天线或电缆产生的辐射。
- 辐射发射(Radiated Emission)。辐射发射是通过空间传播的、有用的或不希望有的电磁能量。
- 传导发射(Conducted Mission)。传导发射是沿电源、控制线或信号线传输的电磁发射。
- 宽带发射(Broadband Emission)。宽带发射是能量谱分布足够均匀和连续的一种发射。当电磁干扰测量仪在几倍带宽的频率范围内调谐时,它们的响应无明显变化。
- 窄带发射(Narrowband Emission)。窄带发射是带宽比电磁干扰测量仪带宽小的一种发射。
- 杂散发射(Spurious Emission)。杂散发射是在必要发射带宽以外的一个或几个频率上的电磁发射。这种发射电平降低时不会影响相应信息的传输。杂散发射包括谐波发射、寄生发射及互调制的产物,但不包括为传输信息而进行的调制过程在紧靠必要发射带宽附近的发射。
- 谐波发射(Harmonic Emission)。谐波发射是发射机发出的频率为载波频率整数倍的不是信号组成部分的一种发射。
- 寄生发射(Parasitic Emission)。寄生发射是发射机发出的由电路中不希望有的振荡引起的一种电磁辐射。它既不是信息信号的组成部分,也不是载波的谐波。

四、电磁兼容性能术语

- 对骚扰的抗扰度(Immunity to a Disturbance)。对骚扰的抗扰度是指装置、设备或系统面临电磁骚扰不降低运行性能的能力。
- 电磁敏感性(ElectroMagnetic Susceptibility)。电磁敏感性是指在电磁骚扰的情况下,装置、设备或系统不能避免性能降低的能力。

注:敏感性高,抗扰度低。

- 时变量的电平(Level of Time Varying Quantity)。时变量的电平是用规定方式在规定时间间隔内求得的诸如功率或场参数等时变量的平均值或加权值。

注:电平可用对数来表示,例如相对某一参考值的分贝数。Level 一词在强电领域习惯译为"水平"。

- 骚扰限值(Limit of Disturbance)。骚扰限值是对应于规定测量方法的最大电磁骚扰允许电平。
- 干扰限值(Limit of Interference)。干扰限值(允许值)是"电磁骚扰使装置、设备或系统最大允许的性能降低"。

- 电磁兼容电平(ElectroMagnetic Compatibility Level)。电磁兼容电平是预期加在工作于指定条件的装置、设备或系统上规定的最大电磁骚扰电平。

注：实际上电磁兼容电平并非绝对最大值，而可能以小概率超出。

- 性能降低(Degradation of Performance)。性能降低是"装置、设备或系统的工作性能与正常性能的非期望偏离"。应注意，此种非期望偏离(向坏的方向偏离)并不意味着一定会被使用者觉察，但也应视为性能降低。

- 骚扰源的发射电平(Emission Level of a Disturbance Source)。骚扰源的发射电平是用规定的方法测得的特定装置、设备或系统发射的某给定电磁骚扰电平。

- 来自骚扰源的发射限值(Emission Limit From a Disturb Source)。来自骚扰源的发射限值是规定电磁骚扰源的最大发射电平。

- 抗扰度电平(Immunity Level)。抗扰度电平是将某给定的电磁骚扰施加于某一装置、设备或系统，而该装置设备或系统仍能正常工作并保持所需性能等级时的最大骚扰电平。

注：超过此电平，该装置、设备或系统就会出现性能降低。而敏感性电平是指刚刚开始出现性能降低的电平。所以对某一装置、设备或系统而言，抗扰度电平与敏感性电平是同一个数值。

- 抗扰度限值(Immunity Limit)。抗扰度限值是规定的最小抗扰度电平。

- 抗扰度裕量(Immunity Margin)。抗扰度裕量是装置、设备或系统的抗扰度限值与磁兼容电平之间的差值。

- 电磁兼容裕量(Electron Magnetic Compatibility Margin)。电磁兼容裕量是装置、设备或系统的抗扰度限值与骚扰源的发射限值之间的差值。

- 骚扰抑制(Disturbance Suppression)。骚扰抑制是削弱或消除电磁骚扰的措施。

- 干扰抑制(Interference Suppression)。干扰抑制是削弱或消除电磁干扰的措施。

- 发射裕量(Emission Margin)。发射裕量是装置、设备或系统的电磁兼容电平与发射限值之间的差值。

- 电源骚扰(Mains-borne Disturbance)。电源骚扰是指经由供电电源线传输到装置上的电磁骚扰。

- 电源抗扰度(Mains Immunity)。电源抗扰度是对电源骚扰的抗扰度。

- 电源去耦系数(Mains Decoupling Factor)。电源去耦系数是施加在电源某一规定位置上的电压与施加在装置规定输入端且对装置产生同样骚扰效应的电压值之比。

- 电波暗室(Anechoic Enclosure)。电波暗室是一种专门设计的房间，它具有吸收射电磁波的各个界面，对所研究频段的电磁波，基本上保持无反射条件。

- 受试设备(Equipment Under Test)。受试设备(试样)是待试验或正在试验中的装置、设备、分系统或系统。

- 关键点(Key Point)。关键点是分系统中对干扰最敏感的点，它与灵敏度、固有的敏感度、任务目标的重要性以及所处的电磁环境等因素有关。实际上这是一个电气点，通常处于分系统输出级之前。

- 电磁干扰测量仪(Electro Magnetic Interference Meter)。电磁干扰测量仪是测量各种电磁发射电压、电流或场强的仪器。它实质上是一种按规定要求专门设计的接收机。

- 敏感度门限(Susceptibility Threshold)。敏感度门限是使试样呈现最小可辨别的、不希望有响应的信号电平。
- 电磁干扰安全裕度(Electro Magnetic Interference Safety Margin)。电磁干扰安全裕度是敏感度门限与出现在关键试验点或信号线上的干扰之比值。
- 电磁兼容性故障(Electro Magnetic Compatibility Trouble)。电磁兼容性故障是由于电磁干扰或敏感性原因,使系统或有关的分系统及设备失灵,从而导致使用寿命缩短、运载工具受损、飞机失事或系统效能发生不允许的永久性下降。

图 B-2 和图 B-3 给出了上述有关术语之间的关系。

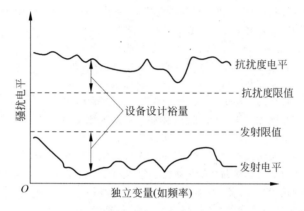

图 B-2　发射设备和敏感设备的限值与电平和独立变量(如频率)的关系

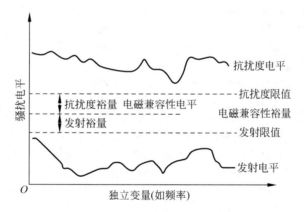

图 B-3　各个限值、电平、裕量与独立变量(如频率)的关系

参 考 文 献

[1] 何宏,等.电磁兼容设计及测试技术[M].北京:北京航空航天大学出版社,2008.
[2] 何宏,等.电磁兼容与印制电路板[M].北京:国防工业出版社,2011.
[3] 邹澎,等.电磁兼容原理、技术和应用[M].2版.北京:清华大学出版社,2014.
[4] 何宏,等.单片机原理及应用——基于 Proteus 单片机系统设计及应用[M].北京:清华大学出版社,2012.
[5] 张厚,等.电磁兼容技术及其应用[M].西安:西安电子科技大学出版社,2013.
[6] 高攸纲,高思进.电磁兼容技术展望及建议(上)[J].电子质量,2005(6):73-76.
[7] 周佩白,等.电磁兼容问题的计算机模拟与仿真技术[M].北京:中国电力出版社,2006.
[8] 张林昌.发展我国的电磁兼容事业[J].电工技术学报,2005,20(2):23-28.
[9] 高攸纲.电磁兼容总论[M].北京:北京邮电大学出版社,2001.
[10] 白同云,等.电磁兼容设计[M].北京:北京邮电大学出版社,2001.
[11] 林国荣,等.电磁干扰及控制[M].北京:电子工业出版社,2003.
[12] 路宏敏.工程电磁兼容[M].西安:西安电子科技大学出版社,2003.
[13] 何宏,等.电磁兼容与电磁干扰[M].北京:国防工业出版社,2007.
[14] 邱焱,等.电磁兼容标准与认证[M].北京:北京邮电大学出版社,2001.
[15] 陈淑凤,等.电磁兼容实验技术[M].北京:北京邮电大学出版社,2001.
[16] 单国栋,等.计算机电磁信息泄漏与防护研究[M].电子技术应用,2002(4).
[17] 郭梯云,等.移动通信[M].西安:西安电子科技大学出版社,1995.
[18] 邓重一.电磁兼容标准与其选用[J].世界电子元器件,2005(2):67-70.
[19] 王晓明.电磁兼容现状及预测分析[J].电子材料与电子技术,2006(2):1-4.
[20] R F 哈林登.计算电磁场的矩量法[M].北京:国防工业出版社,1981.
[21] 韩放.计算机信息电磁泄漏与防护[M].北京:科学出版社,1993.
[22] 汪茂光.几何绕射理论[M].西安:西安电子科学技术大学出版社,1985.
[23] 中国电磁兼容网 www.emc.onchina.net.
[24] 沙斐.机电一体化系统的电磁兼容技术[M].北京:中国电力出版社,1999.
[25] 杨克俊.电磁兼容原理与设计技术[M].北京:人民邮电出版社,2004.
[26] 陈景良,马双武.PCB电磁兼容技术——设计与实践[M].北京:清华大学出版社,2004.
[27] 钱振宇.3C认证中的电磁兼容测试和对策[M].北京:电子工业出版社,2004.
[28] 钱振宇.开关电源的电磁兼容设计与测试[M].北京:电子工业出版社,2005.
[29] 王庆斌,等.电磁干扰与电磁兼容技术[M].北京:机械工业出版社,2004.
[30] 张松春,等.电子控制设备干扰技术及其应用[M].北京:机械工业出版社,2004.
[31] 郭银景.电磁兼容原理及应用[M].北京:清华大学出版社,2004.
[32] R F 哈林登.计算电磁场的矩量法[M].北京:国防工业出版社,1981.
[33] [英]Harrington.矩量法[M].王尔杰,等译.北京:国防工业出版社,1981.
[34] 林国荣.电磁干扰及控制[M].张友德改编.北京:电子工业出版社,2003.
[35] 区健吕.电子设备的电磁兼容性设计[M].北京:电子工业出版社,2003.
[36] 李世智.电磁辐射与散射问题的矩量法[M].北京:电子工业出版社,1984.

图 书 资 源 支 持

感谢您一直以来对清华版图书的支持和爱护。为了配合本书的使用，本书提供配套的资源，有需求的读者请扫描下方的"书圈"微信公众号二维码，在图书专区下载，也可以拨打电话或发送电子邮件咨询。

如果您在使用本书的过程中遇到了什么问题，或者有相关图书出版计划，也请您发邮件告诉我们，以便我们更好地为您服务。

我们的联系方式：

地　　址：北京市海淀区双清路学研大厦 A 座 714

邮　　编：100084

电　　话：010-83470236　010-83470237

客服邮箱：2301891038@qq.com

QQ：2301891038（请写明您的单位和姓名）

资源下载：关注公众号"书圈"下载配套资源。

资源下载、样书申请

书 圈

获取最新书目

观看课程直播